# 北大西洋 U1313 站深海沉积物记录的早更新世气候变化

郭志永　翟秋敏　著

科学出版社

北 京

# 内 容 简 介

深海沉积物、极地冰芯和黄土被称为全球气候变化的三大信息库。深海沉积物与其他的替代性指标相比,因其受到人类影响较小,连续的沉积剖面能够在百万年时间尺度上记录丰富的气候变化信息,在揭示全球古气候变化方面具有难以替代的独特优势,被越来越广泛地用于古气候研究。北大西洋对全球变化极其敏感,被认为是全球气候变化的源头和驱动器。本书对综合大洋钻探北大西洋 306 航次 U1313 站位深海沉积物进行了一系列的研究,重建了表层海水古盐度、海水氧同位素背景值、古海水表层温度和 $CaCO_3$ 含量,发现一系列亚轨道尺度古气候变化周期,恢复了北大西洋早更新世(2420.88~1460.89ka BP)古气候变化情况,确定了 26 个冰期–间冰期旋回。

本书可供全球变化、古海洋学、沉积学、第四纪地质、地理学、环境科学等领域的专业人员阅读参考。

**图书在版编目(CIP)数据**

北大西洋 U1313 站深海沉积物记录的早更新世气候变化 / 郭志永,翟秋敏著. —北京:科学出版社,2019.11
ISBN 978-7-03-063163-3

Ⅰ.①北… Ⅱ.①郭… ②翟… Ⅲ.①早更新世–气候变化–研究 Ⅳ.①P532

中国版本图书馆 CIP 数据核字(2019)第 244832 号

责任编辑:孟美岑 王 运 韩 鹏 / 责任校对:张小霞
责任印制:赵 博 / 封面设计:北京图阅盛世

**科学出版社** 出版
北京东黄城根北街 16 号
邮政编码:100717
http://www.sciencep.com

北京华宇信诺印刷有限公司印刷
科学出版社发行 各地新华书店经销
*
2019 年 11 月第 一 版 开本:787×1092 1/16
2025 年 2 月第二次印刷 印张:13 1/4 插页:2
字数:337 000
**定价:138.00 元**
(如有印装质量问题,我社负责调换)

# 前　言

深海沉积物具有沉积剖面连续、后期干扰少、气候信息丰富及对比性强等优点,在揭示古气候变化方面能发挥巨大的作用,被越来越广泛地用于古气候研究。北大西洋对全球变化极其敏感,被认为是全球气候变化的源头和驱动器。格陵兰冰芯记录中发现的 Dansgaard-Oeschger 循环和大西洋深海沉积记录中的 Heinrich 事件等均反映了北大西洋地区在古海洋学、古气候学研究中的重要地位。在大洋钻探计划(ODP)北大西洋 162 和 172 航次已经取得重要成果的基础上,综合大洋钻探计划(IODP)伊始就安排 2 个航次(303 和 306)在北大西洋进行钻探,主要目标就在于重建上新世以来的标准地层,探讨古气候变化规律和机制。

本书在国家自然科学基金项目"北大西洋深海沉积物记录的千年尺度气候变化研究"(批准号:40601105)的资助下,立足于 IODP 北大西洋 306 航次位于大洋中脊西部侧面的 U1313 站(约 41°N,32°W)2 个高分辨率钻孔(A 孔和 D 孔)拼接的深海沉积物研究剖面,在分析利用 U1313 站 A 孔和 D 孔颜色反射率、磁化率和密度等航行资料的基础上,对沉积物样品进行了浮游有孔虫 *Globigerinoides ruber*(白色)壳体的碳氧同位素组成、Mg/Ca 值、Sr/Ca 值、粒度组成和矿物成分等分析。在数据分析的基础上,重建了表层海水古盐度(SSS)、海水氧同位素背景值 $\delta^{18}O_{seawater}$、古海水表层温度(SST)和 $CaCO_3$ 含量;采用环境敏感粒度组分分析方法探讨了不同环境敏感粒度组分的环境指示意义;引入经验模态分解(EMD)方法,并和小波分析方法相对比,对 U1313 站的多个沉积记录指标进行了多时间尺度分析,发现一系列亚轨道尺度古气候变化周期;恢复了北大西洋早更新世(2420.88 ~ 1460.89ka BP)古气候变化情况,确定了 26 个冰期–间冰期旋回。

主要的结论如下:

1)北大西洋早更新世 2420.88 ~ 1460.89ka BP,发生了多次冰漂砾沉积事件,尤以研究剖面 A10H5 段 104 ~ 124cm(98.97 ~ 99.17m,2082.63 ~ 2086.79ka BP)最为显著,出现了明显的冰筏碎屑沉积层,肉眼可见存在有数块粒径约 3 ~ 20mm 的砾石。

2)研究剖面主要是由黏土和粉砂组成,其中又以黏土为主,平均含量达到了 76.13%,粉砂含量平均为 23.84%,砂的含量平均仅为 0.03%。粒度频率曲线均呈现明显的双峰分布,说明是由两种不同的物源组成。对环境敏感粒度组分的分析表明,存在组分 Ⅰ(<1.729μm)和组分 Ⅱ(>1.729μm)两个环境敏感粒度组分,它们对环境变化的敏感程度基本相同,分别代表岩心沉积的粗细颗粒的多少,推测是在西风环流和北大西洋暖流两种动力条件的搬运下沉积形成的,其含量高低的变化能够反映气候的冷暖波动情况。矿物分析结果表明研究剖面样品主要由石英、钙长石和伊利石等矿物组成。

3)利用 EMD 方法和小波分析方法对颜色反射率、$CaCO_3$ 含量、平均粒径、中值粒径、细黏土含量(%)、细粉砂含量(%)、细黏土/细粉砂、细黏土/>8μm、组分 Ⅱ 和组分 Ⅰ/组分 Ⅱ 等指标进行多时间尺度分析的结果表明,大西洋地区早更新世气候变化不仅存在着地球轨道参数变化引起的偏心率周期(400ka 和 100ka)、岁差周期(23ka 和 19ka)和倾斜角周期

(41ka),还存在着 8ka(7.4~8.12ka)、6ka(5.79~6.4ka)、4ka(4.24~4.54ka)、3ka(3.16~3.65ka)、2ka(1.99~2.88ka)和 1ka(1.38~1.48ka)等一系列亚轨道的千年尺度周期。

4)依据 $CaCO_3$ 含量和亮度 $L^*$ 的波动情况,研究剖面 115.48~69.43m(2420.88~1460.89ka BP)可以分为 26 个沉积旋回。根据深海 $CaCO_3$ 沉积第四纪大西洋型旋回的冰期 $CaCO_3$ 含量低和间冰期含量高的明显特点,可以判断出 $CaCO_3$ 含量和亮度 $L^*$ 的峰值对应间冰期、谷值对应冰期,说明在 2420.88~1460.89ka BP,北大西洋地区气候变化波动频繁,至少发育了 26 次大小不等的冰期,$\delta^{18}O$ 和 SST 与 $CaCO_3$ 含量和亮度 $L^*$ 的波动情况吻合较好,证实了以上结论。

5)综合分析 $CaCO_3$ 含量、亮度 $L^*$、磁化率、平均粒径、中值粒径、细黏土含量(%)、细粉砂含量(%)、细黏土/细粉砂、细黏土/>8μm、组分Ⅱ、组分Ⅱb、组分Ⅰ/组分Ⅱ、$\delta^{18}O$、$\delta^{13}C$、SST 和 Mg/Ca 等 16 个指标,U1313 站 115.48~69.43m(2420.88~1460.89ka BP)揭示的古气候变化过程可以分为 A、B、C、D、E、F、G、H 和 I 共 9 个阶段,各个阶段的古气候变化特征如下。

A 阶段(2420.88~2376.49ka BP),时间跨度为 44.39ka,包括 2 个冰期。粗颗粒含量增加,气候变冷,对应冰期,全球冰量增加,伴有 IRD 事件发生。

B 阶段(2376.49~2261.53ka BP),时间跨度为 114.96ka。包含 3 个冰期。细颗粒含量明显增加,气候变暖,以间冰期为主,全球冰量减少,没有证据显示发生 IRD 事件。

C 阶段(2261.53~2219.64ka BP),时间跨度为 41.89ka。仅包含 1 个冰期,粗颗粒含量增加,气候变冷,对应冰期,全球冰量增加,伴有 IRD 事件发生。

D 阶段(2219.64~2092.21ka BP),时间跨度为 127.43ka。包含有 4 个冰期。粗细颗粒含量均没有明显增加或者减少,气候波动较小,对应较长时间的间冰期,全球冰量减少,没有证据显示发生 IRD 事件。

E 阶段(2092.21~2019.66ka BP),时间跨度为 72.55ka。包含 3 个冰期。A10H5 段 80~138cm(98.73~99.29m,2077.63~2089.29ka BP),出现明显的冰筏碎屑沉积层,证实发生多次 IRD 事件。此阶段粗颗粒含量增加,气候变冷,对应冰期,冰期的规模要大于相邻阶段,全球冰量增加幅度较大。

F 阶段(2019.66~1914.70ka BP),时间跨度为 104.96ka。包含 2 个冰期。此阶段粗细颗粒含量均没有明显增加或者减少,气候波动较小,对应较长时间的间冰期,全球冰量减少,没有证据显示发生 IRD 事件。

G 阶段(1914.70~1865.57ka BP),时间跨度 49.13ka。仅包含 1 个冰期。此阶段粗颗粒含量增加,气候变冷,对应冰期,全球冰量增加,但组分Ⅱb 在此阶段内全部为零,没有证据发生多次 IRD 事件。

H 阶段(1865.57~1683.87ka BP),时间跨度 181.70ka。包含 5 个冰期。此阶段细颗粒含量明显增加,气候变暖,对应间冰期,全球冰量减少,没有证据显示发生 IRD 事件。

I 阶段(1683.87~1460.89ka BP),时间跨度为 222.98ka。包含 5 个冰期。此阶段粗细颗粒含量高低变换频繁,且幅度较大,说明气候极端不稳定,波动剧烈,冰川多次进退,冰期和间冰期迅速转换,全球冰量多次迅速增加又快速减少,发生多次 IRD 事件。

南京大学朱诚先生和张振克先生认真审阅了初稿,提出了宝贵的修改意见,中国科学院海洋研究所李安春教授和徐方建博士、哈尔滨师范大学谢远云教授和中国石油大学(华东)王建博士详细地指导了对环境敏感粒度组分的粒级–标准偏差算法,中国地质大学(北京)赵庆乐博士热情地提供了频谱分析的 Matlab 程序,中国气象局培训中心刘莉红教授指导了 EMD 方法和小波分析方法,武汉大学张代青博士和环境保护部南京环境科学研究所李海东博士指点了小波分析方法,在此一并表示感谢!感谢同济大学田军博士提供了有关数学分析的 Matlab 程序以及具体的建议,感谢南京信息工程大学尹义星副教授提供了 EMD 方法的 Matlab 程序并且详细指导了操作。

感谢河南大学的领导和同事们,特别是贾少鑫书记、秦耀辰院长、杨俊中书记和秦明周院长。感谢河南大学的硕士研究生王海荣、沈娟、孙卉、李磊、袁媛、窦天才、赵俊、赵小飞、路小芳和秦赛赛,在实验过程和撰写书稿过程中,给予了最大的帮助。

本书使用的样品由综合大洋钻探计划(IODP)提供;海洋地质国家重点实验室和河南大学环境变化与水土污染防治实验室帮助完成了相关实验;实验过程中得到了同济大学翦知湣和成鑫荣教授以及中国地质大学(北京)丁旋博士等的指导;本研究得到了国家自然科学基金委员会和河南大学环境与规划学院的支持,特此致谢!

由于气候变化和古海洋学研究工作方兴未艾,许多问题尚处于探索阶段,加之作者水平有限,书中肯定存在许多不足之处,已有的认识亦十分肤浅,敬请读者批评指正。

郭志永　翟秋敏

2019 年 8 月 28 日于开封

# 目　录

# 第一章 绪 论

## 第一节 全球环境变化与古气候变化研究

目前全世界范围内各种日益严重的环境问题威胁着人类的生存和社会的可持续发展，民众渴望的"诺亚方舟"是指治理环境之道。因此通过对不同时间尺度的全球气候变化规律进行深入研究，从而揭示全球各种环境问题产生的根本原因，理解环境的演变过程与日益加剧的人类活动之间的相互作用机理，准确评价环境变化带来的严重影响并最终预测未来的环境状况，制定相应的应对措施，已成为当今人类面临的重要任务。

全球环境变化研究从 20 世纪 80 年代初开始酝酿（朱诚等，2003），先后以大气圈为研究主体产生了世界气候研究计划（WCRP），以生物圈为主要研究对象形成了国际生物多样性计划（DIVERSITAS）和国际地圈生物圈计划（IGBP），并针对日益重要的人类活动的影响开展了国际全球环境变化人文因素计划（IHDP）。在这些大型国际合作研究计划的不断推动下，全球环境变化研究取得了一系列重要进展（张兰生等，2000；林海，2001；叶笃正等，2002）。

气候变化是全球变化的集中体现，因此全球环境变化的核心和主要内容是全球气候变化。过去全球变化（PAGES）作为国际地圈生物圈计划（IGBP）的核心计划之一，在 2004 年开始实施的 IGBP 第二阶段（Phase Ⅱ）中延续下来（葛全胜等，2007）。由于现代环境和气候变化观测记录开展较晚，仅对它们进行研究难以理解现代地球环境和气候变化的演变规律和运行机制，更无法准确地预测未来地球环境和气候变化规律。过去全球变化（PAGES）就是为了弥补这种不足，在过去不同时间尺度地球环境变化和气候变化中寻求与今天状况接近或相似的"历史相似形"，准确理解并把握地球环境和气候变化的规律和内在机制，从而为更好地预测未来环境和气候变化规律并帮助决策者制订相应的对策提供科学依据。

PAGES 着重于最近 150ka 和最近 2ka 的研究，国际上许多科学家认为，较短时间尺度的环境研究作为过去和现在的"接口"当然非常重要，但仅研究这样短的时间尺度不能达到 PAGES 研究的目的，对更长时间尺度地球环境历史的研究既是可行的，也是非常必要的（安芷生等，2001）。而有的学者认为全球变化应划分为几秒至几小时、几天至几个季度、几年至几百年、几千年至几十万年和几百万年至几十亿年 5 个特征时间尺度（陈效述，2001；朱诚等，2003）。PAGES 一方面充分地运用了第四纪地质学和第四纪环境学的现有研究成果，另一方面也推动第四纪地质学和第四纪环境学向更加综合的学科快速发展（安芷生等，2001）。古气候变化研究以第四纪以来的气候研究为主，以深海沉积、极地冰芯、黄土沉积和湖泊沉积为主要研究对象，其研究的主要目的是为了预测未来的气候变化趋势，主要是为人类生存服务。古气候变化研究采用"将古论今"的方法，是第四纪地质学、第四纪环境学的核心内容，与 PAGES 有着异曲同工之妙，甚至很大程度上是同曲同工。

## 第二节　国内外古气候变化研究进展

地球的历史进入最新的阶段——第四纪以来,全球气候经历了多次明显的周期性冷暖波动,出现了冰期与间冰期的旋回变化(Bowen et al.,1986;杨怀仁,1987;Ehler,1996;刘东生等,1997;Riser,2002;Menzies,2002)。第四纪气候波动的显著特征是高频、大幅度,尤其是强烈的冷波动(Lowe et al.,2010)。

## 一、国外研究进展

近半个世纪来,国际上在地球古气候研究方面取得了重大进展。可提取用于重建古气候和古环境的代用资料的信息来源有冰芯、深海沉积、黄土、湖泊沉积、树木年轮、孢粉、石笋、珊瑚、古土壤和历史记录等,其中,极地冰芯、深海沉积和黄土被称为全球气候变化的三大信息库(刘东生,1997;刘志杰等,2008)。

### (一) 冰芯研究

冰芯具有高分辨率、时间序列长和洁净度高等特点,能真实地保存大量古气候环境的信息,目前已成为研究过去全球气候变化的最好载体之一(姚檀栋,1998a;秦大河等,2006)。冰芯研究的思想最初由 H. Bader 于 1954 年提出(Bader,1958),C. C. Langway 等人又进一步发展和实践了这一思想(姚檀栋等,1997)。

1966 年,在格陵兰世纪营地(Camp Century)钻取了第一支穿透格陵兰冰层的透底冰芯,长度约 1387m(Hansen et al.,1966;Dansgaard et al,1969);1968 年,第一支穿透南极冰层的透底冰芯在 Byrd 站获得,长度为 2164m(Gow et al.,1968;Gow et al.,1970)。其后,在南极实施了 Dome C 冰芯计划(Lorius et al.,1989)和 Vostok 冰芯计划(Lorius et al.,1985),在格陵兰实施了 Dye 3 冰芯计划(Dahl-Jensen,1985)等。20 世纪 90 年代初,欧洲共同体八国完成的格陵兰岛冰芯计划(GRIP Project Members,1993)和美国完成的 GISP2(Groots et al.,1993)标志着冰芯研究进入新阶段。

格陵兰姊妹冰芯(GRIP 和 GISP2)钻取地点相距 30km,冰芯长度分别为 3022m 和 3050m,均揭示了末次冰期时频繁的气候突变特征,但两个冰芯的研究结果所揭示的末次间冰期是否存在气候突变却存在矛盾(Alley et al.,1997)。GRIP 的研究结果表明在末次冰期和末次间冰期,甚至在更早的倒数第二次冰期–间冰期旋回中,气候均存在不稳定性(Dansgaard et al.,1993),而 GISP2 中并没有以上变化的记录,两个冰芯的底部对比性并不好,存在明显的不一致性(Taylor et al.,1993;Grootes et al.,1993)。

为了验证上述格陵兰 GRIP 和 GISP2 冰芯记录的结果哪个更加准确,并进一步确认末次间冰期是否存在快速气候变化,20 世纪 90 年代末在格陵兰冰盖最高区域偏北的地方又实施了北格陵兰岛冰芯计划(姚檀栋等,2002)。此冰芯记录的分辨率更加精确,时间尺度为 12.3 万年。其结果不仅进一步证实了末次冰期时存在着快速气候变化,而且显示末次间冰期也存在气候突变事件(NGRIP members,2004)。但是,由于 NGRIP 冰芯的底部处于融化状态,该冰芯记录未能完全覆盖末次间冰期(任贾文等,2009)。

由于各种条件的限制,冰芯尚未能像深海沉积和黄土一样获得数百万年甚至上千万年的样品,近年来实施的国际极地年计划(IPY 2007—2008)、国际横穿南极科学考察(ITASE)计划和国际冰芯研究伙伴(IPICS)计划寻求更精细化和更大范围冰芯记录的提取(秦大河等,2006;唐学远等,2009)。IPICS 2008 年的报告指出下一阶段的目标是要去寻找一支超过150 万年的冰芯样品。Dome A 是南极内陆冰盖海拔最高的地区,海拔 4030m,目前的研究表明 Dome A 地区满足存在地球上最久远冰芯的必要条件(候书贵等,2007;效存德等,2007)。因此,在 Dome A 最有希望获取超过百万年尺度的极地冰芯记录(Nature,2006;Jones,2007)。另外,目前新一轮格陵兰深冰芯(NEEM)计划正在实施中(任贾文等,2009)。

冰芯研究至今只有约半个世纪的历史,但冰芯研究极大地丰富了气候与环境变化的研究内容,取得了许多重要成果。冰芯研究确认了米兰科维奇理论(姚檀栋等,1997;张志强等,1999)。对 Vostok、Dome C 和 Dome Fuji 等南极冰芯数据的分析显示:地球的气候在过去800ka 期间波动了 8 个冰期旋回,二氧化碳浓度和大气平均温度值介于冰川期的 0.18‰和10℃到间冰期的 0.30‰和 15℃(Kawamura et al.,2006;Jouzel et al.,2007),800ka 前气候变化旋回的主导周期由 41ka 突然变为了 100ka(EPICA Community Members,2004,2006)。

格陵兰冰芯记录揭示出一系列快速、高效率的气候事件,即 Dansgaard-Oeschger 事件。这些气候突变事件的记录表明存在变幅7℃左右的气温变化,在短短的几十年内从冷向暖快速转变,与此相反的从暖向冷的转变则相对较慢或者经过多阶段性才完成,显示的变化曲线并不光滑,呈现锯齿状变化(Johnsen et al.,1992;Dansgaard et al.,1993;GRIP Project Members,1993;Grootes et al.,1993)。格陵兰冰芯记录的末次冰期时的快速气候变化和末次间冰期也存在气候突变事件的证据以及通过南极冰芯记录获取的 40 万~80 万年气候变化的总体特征(Petit et al.,1999;Watanabe et al.,2003)都已成为古气候变化研究的经典(任贾文等,2009)。

### (二)深海沉积和米兰科维奇的轨道周期理论

深海沉积物与其他的替代性指标相比,因其受到人类影响较小,连续的沉积剖面能够在百万年时间尺度上记录丰富的气候变化信息,在揭示全球古气候变化方面具有难以替代的独特优势,被越来越广泛地用于古气候研究。由于深海沉积物较难进行直接观察,因此自19世纪 70 年代“挑战号”环球考察开始,人们才第一次对深海沉积物进行了综合研究(徐茂泉等,2010)。可以毫不夸张地说,对深海沉积物的研究使得人们对第四纪的整个观点都得以革新(Imbrie et al.,1979)。从某种意义上来讲,利用陆地的证据去重建过去环境变化就像是玩拼图游戏,而且是要在 90% 的拼图碎片都丢失的情况下去把整幅画面拼凑起来。这是因为陆地上的大多数证据都被风化和侵蚀作用(在中高纬度地区则是冰川的侵蚀作用)破坏掉了。但是,在深海的某些地方沉积物的集聚在成千上亿年的时间里都是不受任何扰动的,因此它们可以代表第四纪完整的时间跨度(Lowe et al.,2010)。

彭克和布鲁克纳 1909 年建立了四次冰期理论(Penk et al.,1909),其说服力较强,影响地学界长达 50 年。为了解释冰期的成因,米兰科维奇 1920 年提出了气候变化冰期发生的天文学说,1938 年又进一步完善了这一学说(杨怀仁,1987)。该学说的核心思想是认为冰期旋回的原因在于地球轨道参数的变化,被后人称为"米兰科维奇理论"(汪品先,2006a,2006b)。但是,在"米兰科维奇理论"刚被提出时,学术界对此理论并不认同,甚至许多学者还对此理论进行了严厉的批判。存在争议的主要原因是当时"米兰科维奇理论"尚不完善,不能对一些问题给予较好的解释,例如,无法解释使地球气候发生变化的关键日射量是什么。另外,地质定年上还存在着较大的不确定性,而精确的地质定年恰恰是验证米氏理论的关键所在(石广玉等,2006)。

深海沉积氧同位素方面的研究获得突破,证实了沉寂几十年的米兰科维奇理论,逐渐动摇了传统的4次冰期理论(孙继敏等,1996)。1947年,Urey 奠定了同位素热力学分馏的理论基础(Urey,1947)。1953年,Epstein等的研究证明,在平衡条件下从海水中析出的碳酸盐的氧同位素组成是海水同位素组成和海水温度的函数(Epstein et al.,1953)。1955年,Emiliani 以浮游有孔虫壳体的氧同位素值第一次科学解释了古海洋环境的变迁(Emiliani,1955)。1976年 Hays 通过对深海岩心的氧同位素进行研究,发现其包含的周期成分(100ka、42ka 及 23ka)与地球轨道周期(米兰科维奇周期)有很好的对应关系,并由此确定地球轨道的几何变化是造成第四纪冰期沉积的根本原因(Hays et al.,1976)。至此,米兰科维奇理论被最终证实。汪品先认为米兰科维奇理论的建立是 20 世纪古气候研究中最为辉煌的成就(汪品先等,2003)。

深海钻探计划(DSDP)在世界各地获取了大量数千米海水下的地层记录,为人们认识地球演化开辟了新的视野(刘东生,2003)。从此以后,地球科学研究所取得的一系列重要进展,几乎均与此密切相关。通过对深海沉积物的研究,获得了第四纪以来的气候变化过程的连续信息。深海岩心中有孔虫介壳 $\delta^{18}O$ 曲线,提供了迄今最完整的全球性气候变化记录。这种记录表明,近2Ma 以来,曾出现 40 多次冷暖变化的气候波动。海洋沉积物中 $CaCO_3$ 含量也被视为气候指标,深海岩心中 $CaCO_3$ 含量的沉积旋回与氧同位素曲线有良好的对应关系(魏东岩,1993)。

长期以来,米兰科维奇的轨道理论被大多数学者奉为经典,因为它得到了越来越多的相关地质证据的支持。但是,随着科学技术的突飞猛进,地质样品定年精度得以不断提高,科学家们从多种途径不断获得大量高分辨率的气候记录,越来越多的高分辨率的气候记录的研究结果逐渐证明米兰科维奇的轨道理论存在有一定的局限性(丁仲礼,2006)。

Heinrich 通过对北大西洋的深海沉积物的深入研究,发现共有 6 层冰筏碎屑(ice-rafted detritus,IRD)存在于末次冰期的深海沉积中,认为温度的数次快速变化使得浮冰融化形成了这些碎屑层(Heinrich,1988,1992)。Broecker 和 Bond 将这些周期为 5~10ka 的短期气候突发事件命名为海因里希(Heinrich)事件(Broecker et al.,1992;Bond et al.,1993)。鹿化煜指出海因里希层存在有两个显著特征,第一,在每个海因里希层中均发现了快速堆积的丰富的碳酸盐碎屑物质;第二,海因里希层记录表明当时古海水表层温度(SST)较低、海水表层古盐度(SSS)降低以及浮游有孔虫迅速减少(鹿化煜等,1996)。

随着研究的不断深入,不仅在北大西洋及其邻区发现了多个海因里希事件(Bond et al.,1988,1993;Dowdeswell et al.,1995;Andrews et al.,1994),后来在全球范围都发现了海因里希事件,如太平洋的加利福尼亚岸外(Kennett et al.,2002;Cannariato et al.,1999)、冲绳海槽(Li et al.,2001;刘振夏等,2000)、南海(Wang et al.,1999;Lin et al.,2006)和印度洋的阿拉伯海

(Schulz et al.,1998)等的深海沉积,甚至珊瑚礁台地(Chappell,2002)、欧亚大陆的洞穴石笋(Wang et al.,2001;Genty et al.,2003;张美良等,2004;陈仕涛等,2006)和黄土(Porter et al.,1995;鹿化煜等,1996;吕连清等,2004;郭正堂等,1996)等。

海因里希事件在全球范围内的普遍存在充分说明它的全球性,不仅仅是极地冰芯及其邻近的北大西洋高纬区的特殊现象,应该具有全球性(Rehman,1995;Thunell et al.,1995)。海因里希事件的全球性特征的发现突破了对地球气候环境系统的运行机制及其对快速气候变化敏感性的传统认识(Sarnthein et al.,2002;Kennett et al.,2002)。

这类千年等级的气候突变被称为"亚轨道"或者"亚米兰科维奇"事件,相对于轨道理论的长周期,研究这些短周期事件对于人类生存环境的预测具有更加重要的意义,显然不能用米兰科维奇理论来解释。海因里希事件的周期为 5~10ka(Bond et al.,1988;Broecker and Denton,1990a),而地球轨道参数变化引起的气候变化周期是 100ka、40ka、19ka 和 21ka,远大于海因里希事件的周期,因此,海因里希事件更加快速,其运行机理尚不清楚,但能确定的是这些千年尺度的海因里希事件并非直接由地球轨道变化所导致。

深海沉积研究验证了米兰科维奇理论,又获得了许多米兰科维奇理论无法解释的新的地质证据,Broecker 据此提出米兰科维奇理论受到了挑战(Broecker,1992)。丁仲礼指出大量高分辨率及精确定年的气候变化记录的获得,从以下 4 个方面构成了对米氏理论的挑战:首先,部分低纬度地区以 2 万年岁差周期为主,并非以明显的 10 万年冰量周期为主,充分说明不同纬度存在明显差异,低纬度地区的气候变化并不是完全受到北半球冰盖扩张和收缩变化的控制;其次,在最近几次冰消期时,北半球冰盖的融化的时间和南半球以及低纬度地区的温度升高并不同步,表明北半球高纬度地区夏季太阳辐射并不是冰消期的触发机制;再次,大气中 $CO_2$ 的浓度在第二冰消期时明显增加,与南极升温相一致,说明此时大气中 $CO_2$ 浓度的增加与北半球冰盖消融不同步,有可能在北半球冰盖消融之前就已经增加;最后,南北半球的末次冰盛期不同步,南半球有可能早于北半球。这就说明已经被普遍认可的米兰科维奇理论所提出单一敏感区触发驱动机制目前已经难以圆满解释所有研究结果,天文因素控制下的轨道尺度气候变化机制研究需要进一步加以完善(丁仲礼,2006)。

## 二、国内研究进展

我国的全球变化研究是随着近代地学的出现而起步的,主要偏重对过去变化的研究,早在 20 世纪 20 年代竺可桢就开始对我国历史气候变化进行研究,后来李四光对中国东部第四纪的研究等,开创了我国关于全球变化研究的先河(张兰生等,2000)。80 年代以来,我国科学家积极参与各项全球变化研究的国际计划,并提出了将全球气候变化作为全球变化研究的中心问题的观点(Yeh et al. 1985;林海,2002;孙枢,2005)。

### (一)青藏高原

青藏高原位于中国西南部,约占中国陆地面积的 1/4,平均海拔在 4000m 以上,是世界上最高、地形最复杂的高原。青藏高原作为世界第三极,非常独特,板块碰撞造成的强烈隆起对高原本身及其毗邻地区自然环境和气候的演化影响深刻,在全球气候环境变化研究中具有重要意义(郑度等,1999)。青藏高原的隆起可能是全球晚新生代气候恶化的重要原因(Ruddiman et al.,1989)。

半个多世纪以来,我国在青藏高原先后组织了多次综合科学考察,在众多学科方面的研究工作均取得了一系列丰硕成果(中国科学院综合科学考察队,1996,1998,1999;施雅风等,1998;孙鸿烈等,1998;李炳元等,2002)。

南北极冰芯研究因为处于独特的区位条件,在全球气候变化研究中起着领先的作用。但是也要认识到,仅依靠南北极冰芯来解释整个全球气候环境变化难免失之偏颇,不够全面,说服力不强。在重视南北极冰芯研究的同时,还必须以中纬度地区的冰芯研究作桥梁,把处于南北两个端点的极地冰芯连接起来,才能最终更全面地了解全球气候变化的机理。青藏高原号称"世界屋脊",其独特的地理位置(中纬度)和全球最高的海拔,毫无疑问地成为沟通南北极地之间冰芯研究的桥梁和纽带,成为南北极之外学者们最感兴趣的冰芯研究热点地区(杨保等,1999)。在青藏高原先后实施了敦德冰芯计划(Yao et al.,1992)、古里雅冰芯计划(姚檀栋等,1996)和达索普冰芯研究计划(姚檀栋,1998b)等冰芯研究项目,并取得了令人瞩目的成果(Yao et al.,1991;Thompson et al.,1997;Yao et al.,1999;Thompson et al.,2000)。

青藏高原海拔较高,人类生存条件不优越,因此高原上人类活动较少,广泛分布的湖泊受到人类影响较小,湖泊沉积物较完整地记录了高原地区的构造运动、气候变化、流域生态演化等丰富信息。因此,科学家们对青藏高原湖泊沉积研究一直较为重视,研究结果较为丰富,为更好地研究全球气候和环境变化的局部响应积累了丰富的资料。青藏高原也因此成为全球变化研究的热点地区(于守兵等,2006)。青藏高原湖泊沉积研究重点区域包括青海湖(王苏民等,1992;沈吉等,2004a)、西昆仑山–喀喇昆仑山地区(李炳元等,1991;李世杰等,1993)、高原东部若尔盖盆地(王苏民等,1996;薛滨等,1997)、羌塘高原(魏乐军等,2002;赵希涛等,2003;沈吉等,2004b)和藏南地区(朱立平等,2001;李元芳等,2002;羊向东等,2003)。王君波等进一步指出青藏高原地区的湖泊沉积记录研究是以中长时间尺度的研究为主,而短时间尺度高分辨率的研究则需要加强,特别是要重视填补不同区域不同时间尺度的研究空白,加强高原上不同区域之间的对比研究(王君波等,2005)。近年来,青藏高原冰湖研究也取得了多方位的研究成果,并逐渐成为青藏高原地表系统研究的热点之一(姚治君等,2010)。

除了冰芯和湖泊沉积外,青藏高原气候环境变化的其他代用资料如泥炭(孙广友等,2001;周卫建等,2001;鲜锋等,2006)、孢粉(刘光锈等,1995;黄赐旋等,1996;沈才明等,1996)和树木年轮(康兴成等,1997;邵雪梅等,1999)等方面的研究也取得了较大的成就。

## (二)黄土

中国的黄土高原是地球上最集中且分布面积最大的黄土区,总面积 64 万 km²(把多辉等,2005)。刘东生指出黄土是记录晚新生代以来全球自然环境和气候变化的最好载体,与极地冰芯和深海沉积相比,黄土除了更加直观以外,它所保存古气候古环境信息的数量和内容都比极地冰芯和深海沉积更加丰富,是进行全球气候环境研究的最为理想的对象,而且我们世代生活在黄土高原,对它进行相关研究远比深海和极地对人类生存更为直接和重要(刘东生等,2001)。

在黄土高原,完整的第四纪黄土沉积覆于一套古近纪和新近纪红黏土之上,红黏土与黄土之间为整合接触,中间并无缺失,表现为连续过渡沉积(刘东生,1997)。鹿化煜等指出黄土高原红黏土同其上部的黄土一样均是风成沉积物,但与黄土的沉积环境有所不同,而与其上部的古土壤沉积环境相似,红黏土的搬运动力相对于黄土堆积搬运动力变幅较小,沉积之后又经受了较强的风化成壤改造作用(鹿化煜等,1999)。

科学家们经过认真研究,发现黄土下部的红黏土所代表的气候条件为持续的温暖湿润,而黄土-古土壤系列所指示的气候条件为干冷与温湿的频繁交替,因此,从下部的红黏土发育到黄土沉积,气候发生了深刻的变化,这是一种气候演化形式的转变:以2.5Ma BP为分界点,在此以前的高斯期,气候虽有波动,但主要是持续的温暖间,2.5Ma以来的第四纪期间,气候呈现频繁的大幅度的冷暖交替,并且一直持续至今。丁仲礼等根据2.5Ma BP前后黄土高原地区所反映的地球系统出现的"气候转型事件",划分了第四纪和第三纪的分界。更多学者的研究都证实这次气候转型事件具有一定的突变性,在全球各地及各种沉积物中均有记录(Shackleton et al.,1977;Fleck,1972;Anderson,1972;Fillon,1972;Rea et al.,1998),因此,它是一次全球性事件,可作为第四纪的开始(丁仲礼等,1989)。

刘东生等把洛川黄土2.4Ma BP以来的黄土地层划分为13个气候旋回,其中包括21个亚旋回(刘东生等,1985)。王永焱认为西安2.4Ma以来的黄土地层应分为23个旋回变化(王永焱,1987)。丁仲礼和刘东生等指出根据土壤地层学与地球化学、地球物理学手段的结合,2.5Ma以来的中国黄土系列可划分出37个大的气候旋回,其中含74个气候阶段,这74个气候阶段又可细分为110个次级阶段。中国黄土-古土壤系列同深海氧同位素记录在1.7Ma至今的时段上可以很好地对比,2.5Ma BP至1.7Ma BP的气候变化,以黄土记录较为明确(丁仲礼等,1989;刘东生等,1990)。赵景波等认为2.5Ma以来的黄土地层至少可被划分为51层灰黄色古土壤与50层红褐色古土壤,可以指示51个生物、气候、土壤旋回和亚旋回的变化,与大西洋DSDP607钻孔岩心氧同位素反映2.5Ma以来的气候变化可分为53个旋回与亚旋回(Ruddiman et al.,1989)非常接近,因此黄土地层土壤气候旋回可与深海沉积氧同位素旋回对比,并可作为全球气候对比的重要标准(赵景波等,2002)。

中国黄土高原黄土-古土壤序列的环境岩石磁学性质详细地记录了2.5Ma BP以来古气候和古环境变化的信息,尤其是黄土和古土壤的磁化率作为很好的气候代用指标已得到广泛应用(旺罗等,2000)。20世纪70年代,我国学者就进行了黄土的磁性地层学研究(李华梅等,1974;安芷生等,1977)。刘东生和Friedrich Heller注意到了古土壤与黄土磁化率的明显差异,通过研究发现磁化率非常重要,可以作为一个替代性气候指标,指示黄土沉积过程中的气候变化,和深海沉积氧同位素具有可比性,从而把中国黄土和全球气候变化紧密连接起来(Heller and Liu,1982,1984,1986)。后来的研究又发现不同地区黄土-古土壤序列的磁化率记录完全同步变化,充分表明磁化率记录可指示全球环境变化的意义(Han et al.,1991)。所有这些创新性工作为磁化率作为反映古环境变化的替代性指标广泛用于第四纪古环境研究奠定了基础(刘东生,1997)。朱日祥、旺罗和邓成龙先后对我国第四纪古地磁学和黄土环境磁性进展做了很好的总结(朱日祥等,1995;旺罗等,2000;邓成龙等,2007)。

粒度具有指示环境意义明确和对气候变化反应敏感等特点,随着粒度测量技术的快速发展,其测量方法更加简单,一直以来作为黄土沉积物的一个物理指标受到了广泛的重视,在研究古气候变化、反演古环境方面有着广泛、深入的研究和应用前景(徐树建等,2005;马万栋等,2007)。早在 20 世纪 60 年代,刘东生等就发现北西向南东马兰黄土的粒度逐渐变细的特点(刘东生等,1966)。这一发现具有重要意义,不仅为黄土的风成学说提供了可靠的证据,而且从本质上为后来粒度分析在黄土高原古气候和古环境研究上的广泛应用奠定了基础。20 世纪 90 年代以来,随着激光粒度分析仪的普遍使用,对黄土粒度组成的分析研究更加方便快捷而且准确,使其在重建古气候古环境演化方面的应用更加重要。丁仲礼等把黄土粒度变化的周期性与地球轨道变化的周期进行对比,发现它们对应较好(丁仲礼等,1991)。安芷生等研究发现黄土粒度的变化与冬季风的强弱具有高度一致性,可通过研究黄土粒度的变化来反演冬季风的强弱变化(An et al.,1991;刘东生,1997)。肖举乐等研究发现黄土沉积中纯石英颗粒的含量也可以作为反映冬季风的代用指标(肖举乐等,1995);鹿化煜等指出>30μm 粗颗粒百分含量是冬季风敏感的替代性指标(鹿化煜等,1997,1998);汪海斌等研究发现>40μm 粗颗粒含量的变化与黄土高原西部冬季风强弱变化关系紧密,可以作为冬季风的替代性指标(汪海斌等,2002)。不同学者的研究结果有差异,可能均存在各自的局限性,同时也表明黄土高原不同地区的粒度敏感指标可能存在差别。除了采用颗粒含量变化指标以外,刘东生等还使用粗粉砂(50 ~ 10μm)和黏粒(<5μm)的比值,来反映风尘堆积物中基本粒组与挟持粒组的比例关系(刘东生,1985),丁仲礼等则使用了< 2μm/> 10μm 的比值曲线作为古气候代用曲线,反演冬季风的强弱变化过程(丁仲礼等,1991)。由于不同粒级之间此长彼消,其比值曲线表现出的波动幅度比含量变化指标更大,被认为是更敏感的指标。近年来较流行的提取对环境变化敏感的粒度组分的方法起源于海洋沉积物的研究(Prins et al.,2000;孙有斌等,2003),徐树建等已经将此种方法应用于黄土沉积研究(徐树建等,2006;徐树建,2007)。

黄土的连续性是独立地、完整地得到古气候曲线的首要条件(丁仲礼等,1989)。在许多对黄土的研究工作中,一般是通过不同的测年手段得到几个年龄点,或者利用黄土磁化率的变化曲线与深海氧同位素时间序列对比获得时间控制点,内插或外推得出整个研究序列的时间标尺。上述方法是在假设黄土沉积是连续的没有沉积间断的基础上进行的,一旦黄土沉积被证明并非是连续的,这些研究的结果就无法令人信服。实际上有些学者很早就对中国黄土的时间连续性持怀疑态度(曹继秀等,1988),最近这个怀疑得到了证实。鹿化煜在黄土高原选取了具有代表性的几个晚第四纪黄土剖面进行了大量细致的工作,研究结果表明,在大约 15 ~ 10ka BP,几个黄土剖面均存在缺失,可能是风蚀加强的结果,充分说明黄土沉积在千年时间尺度的不连续性。这些证据表明黄土堆积难以记录连续的高分辨率古气候变化,以前的相关研究结果值得商榷(鹿化煜等,2006a,2006b)。李郎平等通过对黄土高原 84个实测黄土-古土壤剖面的计算分析,发现黄土高原 250ka BP 以来在自然背景下一直存在较强的侵蚀作用,且冰期的面状侵蚀速率略强于间冰期(李郎平等,2010)。

鹿化煜等最近的研究表明,气候变化控制着沙漠沙地-黄土的沉积和侵蚀过程,沙漠沙地-黄土区作为沉积区,本身也经受着侵蚀,黄土和沙地相比,保持着更完整的古气候信息。黄土高原在不断堆积的同时,也存在着水蚀和风蚀过程,不断加强的人类活动加剧了黄土高原的地表侵蚀,但可能还没有实质性地改变侵蚀的整体趋势。如果全球持续变暖,会造成内陆沙漠沙地地区进一步干旱,风尘活动随之加强,作为沙漠沙地堆积区的黄土高原地区的粉尘沉积速率相应地将进一步加快(鹿化煜等,2010)。

### (三)古海洋学

古海洋学是深海钻探计划(DSDP)的产物(许靖华,1984)。古海洋学研究的主要内容之一是寻找和采用高分辨率的多因子替代指标,对沉积岩心记录进行综合分析,重建/反演古海洋环境和古气候演化的进程,探讨各种因素的循环机制和相互关系。古海洋学研究的主要材料是海洋沉积物,古海洋学已成为古气候、古环境研究的重要途径(汪品先,1994)。

由于历史原因,我国没有跟上20世纪60年代末世界范围的由深海钻探引发的世界地学革命(汪品先,1998a)。虽然我国以青藏高原和黄土高原地区为代表的陆上第四纪研究在国际上早已享有盛誉,但我国的海洋第四纪研究由于起步较晚,相对较为落后,而且长期以来局限于近岸浅海研究。我国的以深海研究为特点的古海洋学研究基本是从80年代开始,初期由于重视程度不够,加上缺乏人才和先进的分析手段,又难以获取高质量的深海研究样品,发展初期可谓是步履维艰。进入90年代,我国对海洋研究重视程度的不断提高,促使古海洋学研究大力开展国际合作,并与国内的陆上研究紧密结合,开展相互对比研究,已取得了跨越式的高速发展,开始跻身于国际行列,由于人才资金等的限制,到目前为止发展的主战场主要还局限于南海(赵泉鸿等,1999)。

1998年以来,我国地学界积极推动并参加ODP和IODP等"大洋钻探"计划,1999年2月,在汪品先院士等中国科学家的主持下,"决心号"驶入南海执行ODP第184航次,实现了中国海洋深海科学钻探零的突破(刘东生,2003)。

南海的晚新生代年代地层学主要建立在生物地层学(钱建兴,1999;Jian et al.,1999;Wang et al.,1999;张玉兰,2009)、同位素地层学(赵泉鸿等,2001;翦知湣等,2001a)、碳酸盐地层学(Wang et al.,1995;李学杰,1997)和磁性地层学(王保贵等,1993)等方法上,而剖面上部的定年主要采用$^{14}$C方法(朱照宇等,2002)。

ODP 1148钻孔岩心约851m,记录了最为完整的33.2Ma BP以来的环境变迁(Wang et al.,2000)。翦知湣等通过对ODP 1148站1165个样品底栖有孔虫的同位素分析,获得了24Ma BP以来连续的、平均分辨率为21ka的$\delta^{18}$O曲线,这是全球晚新生代最连续、最完整和分辨率最高的$\delta^{18}$O曲线之一。总体上呈梯状递增的$\delta^{18}$O曲线清楚地记录了晚新生代以来5次变重和3次变轻事件及2个稳定期,反映了全球气候逐渐变冷过程的变化(翦知湣等,2001a,2001b)。

在南海大洋钻探成功的基础上,开展的深海项目取得了一系列的重要成果,例如发现了暖池海区冰消期表层水升温超前于北半球冰盖的融化,以及在南沙海区发现了碳同位素有40万~50万年长周期等(汪品先等,2006a,2006b)。

孙枢认为深海大洋研究目前仍然是我国全球变化科学研究中的薄弱环节,需要进一步加强(孙枢,2005)。虽然除南海以外,我国古海洋学在冲绳海槽等区域的研究也取得了重要的研究成果(李铁刚等,2009)。但汪品先认为应该通过在南海的一系列研究引导中国海洋科学研究由以浅海为主逐步向深海拓展(汪品先,2009)。

除了上述几方面以外,以王苏民为代表的湖泊沉积研究和以汪永进为代表的石笋研究等也是我国古气候研究的亮点,在国内众所周知,在国际上也享有盛誉,篇幅所限,不再展开论述。

# 第三节　北大西洋 U1313 站深海沉积物研究

本书作者对 IODP306 航次获得的大西洋深海沉积物样品展开了较为深入的研究。研究目的主要有:①重建表层海水古盐度(SSS)、海水氧同位素背景值 $\delta^{18}O_{seawater}$ 和古海水表层温度(SST);②寻找北大西洋早更新世(2420.88 ~ 1460.89ka BP)古气候变化可能存在的亚轨道千年尺度周期;③揭示北大西洋早更新世(2420.88 ~ 1460.89ka BP)古气候变化特征,确定冰期–间冰期旋回的数量。

为了达到上述目的,需要进行的研究内容主要包括:①利用 U1313 站浮游有孔虫 *Globigerinoides ruber*(白色)壳体实测的氧、碳同位素特征分析,与全球经典的碳氧同位素曲线对比分析,在假设海水氧同位素背景值 $\delta^{18}O_{seawater}$ 为零的前提下重建古海水表层温度(SST),氧同位素反映的古气候变化分析。②利用 U1313 站浮游有孔虫 *G. ruber* 壳体实测的 Mg/Ca 和 Sr/Ca 记录特征分析,利用 Mg/Ca 值采用不同公式重建 2414.2 ~ 2253.77ka BP 古海水表层温度($SST_{Mg/Ca}$)和表层海水古盐度(SSS),利用 SSS 计算氧同位素背景值 $\delta^{18}O_{seawater}$,建立回归方程重建 2414.2 ~ 1471.53ka BP 的 SST。③连续或高密度取样分别进行粒度参数分析、粒度组成各等级分析、粒度频率曲线和累积频率曲线分析、粒度比值分析、对环境敏感粒度组分分析,选取最能反映气候变化的粒度指标分析古气候变化特征。④U1313 站磁化率记录分析,颜色反射率($L^*$、$a^*$、$b^*$ 和 $a^*/b^*$)分析,利用亮度 $L^*$ 通过拟合方程式重建 $CaCO_3$ 含量,密度和矿物成分分析,磁化率、颜色反射率、密度和 $CaCO_3$ 含量反映的古气候变化分析。⑤颜色反射率($L^*$、$a^*$、$b^*$、$a^*/b^*$)和 $CaCO_3$ 含量的 EMD 方法分析和小波分析;平均粒径、中值粒径、细黏土含量(%)、细粉砂含量(%)、细黏土/细粉砂、细黏土/>8μm、组分Ⅱ和组分Ⅰ/组分Ⅱ的 EMD 方法分析和小波分析;磁化率、$\delta^{18}O$、$\delta^{13}C$ 和 SST 的 EMD 方法分析和小波分析。⑥选择 $CaCO_3$ 含量、亮度 $L^*$、磁化率、平均粒径、中值粒径、细黏土(%)、细粉砂(%)、细黏土/细粉砂、细黏土/>8μm、组分Ⅱ、组分Ⅱb、组分Ⅰ/组分Ⅱ、$\delta^{18}O$、$\delta^{13}C$、SST 和 Mg/Ca 等16 个指标来分析 U1313 站沉积记录揭示的古气候变化特征(图 1.1)。

在众多的研究内容中,需要解决的关键问题主要有两个:①北大西洋早更新世古气候变化的总体特征以及各个阶段的特征;②北大西洋早更新世(2420.88 ~ 1460.89ka BP)快速气候事件和可能存在的古气候变化的亚轨道千年尺度周期。

本研究主要的创新点可以归纳为以下几个方面:①首次将对环境敏感粒度组分分析方法应用于大西洋深海沉积;②建立亮度 $L^*$ 和 $CaCO_3$ 含量的拟合方程式,重建 $CaCO_3$ 含量的变化;③引入 EMD 方法,对多指标进行多时间尺度分析,并和小波分析结果相对比;④找到了北大西洋早更新世(2420.88 ~ 1460.89ka BP)古气候变化存在的 8ka(7.4 ~ 8.12ka)、6ka(5.79 ~ 6.4ka)、4ka(4.24 ~ 4.54ka)、3ka(3.16 ~ 3.65ka)、2ka(1.99 ~ 2.88ka)和 1ka(1.38 ~ 1.48ka)等一系列亚轨道的千年尺度周期;⑤多指标对比揭示了北大西洋早更新世(2420.88 ~ 1460.89ka BP)古气候变化特征;⑥根据 $CaCO_3$ 含量、亮度 $L^*$、$\delta^{18}O$ 和 SST 的波动情况,发现了在 2420.88 ~ 1460.89ka BP,北大西洋地区气候变化波动频繁,至少有 26 个冰期–间冰期旋回。

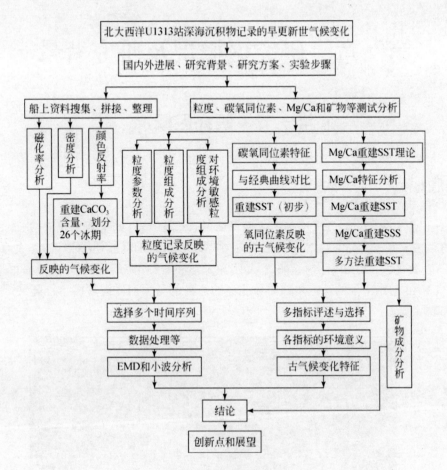

图 1.1　技术路线框图

# 第二章　研究区概况及研究背景

## 第一节　研究区概况

### 一、洋底地形

U1313 站(约 41°N,32°W)位于中大西洋海岭(大洋中脊)的上西部侧面,水深 3426m,在亚速尔群岛(36°55′～39°43′N,25°01′～31°07′W)西北部 444km 处(图 2.1)。大西洋海岭的宽度一般 15000～2000km,约占整个大西洋宽度的 1/3,海岭脊部一般距海面 2500～3000m。U1313 站东南面的亚速尔群岛和北面的冰岛都是大西洋海岭的个别高突部分露出水面形成的岛屿。

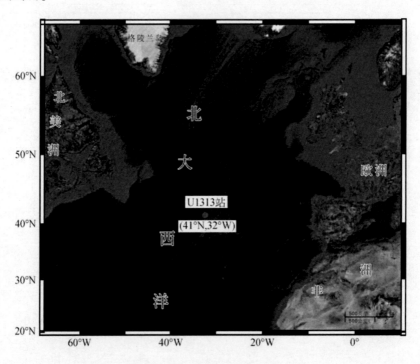

图 2.1　U1313 站位置示意图

大西洋海岭由一系列平行的岭脊组成,岭脊的高度从中轴向两侧逐级降低,岭脊之间相距 12～32km。大西洋中脊的中轴裂谷宽度约为 30～40km,而裂谷底部宽度还不到 3km。科学家运用探潜器潜入到亚速尔群岛西南(U1313 站南面)的中脊裂谷区,发现存在许多几十米的裂隙和断距达数百米的正断层,这些裂隙和正断层均与裂谷延伸的方向一致,沿着裂谷轴线散布着一系列盾状或锥状的小火山丘,熔岩的形状千奇百怪,从裂谷底部采集的岩石年龄很年轻,有的年龄还不到10ka。

U1313站和其东南部的亚速尔群岛所在的大西洋海岭把北大西洋洋底分为东西两列海盆。U1313站东面是伊比利亚海盆,南面是加那利海盆,西南面是索姆深海平原和北美海盆(北亚美利加海盆),西面是纽芬兰深海平原,北面是冰岛海盆,东北面是西欧罗巴海盆(西欧海盆)。海盆的一般深度为4000~5000m,最低平部分为深海平原,其深度多超过5500m。深海平原被认为是地球上最平坦的地区。各海盆之间常被一些海底山脉或高地分开。这些山脉或高地,一般高出附近深海底2000m左右,平均深度多在2000~3000m,多是构造活动微弱、地震很少发生的部分,属于大陆分离下沉区域。

海盆靠近大陆一侧是大陆坡和大陆架。U1313站东面沿欧洲一侧的大陆坡比较陡峻,其坡度多超过5°,宽度一般只有20~30km;U1313站西面在美洲一侧的大陆坡一般坡度较缓,常在3°以下,但宽度较大,一般可达50~80km,甚至超过90km。大陆架一般都较浅,深度大部分在100m左右,只有个别部分超过150m。在不列颠群岛周围、北海和挪威海域是世界上宽阔的大陆架区域之一,最宽部分达1000km以上。

北大西洋沿岸有不少海底峡谷和水下深海扇。U1313站西北部的格陵兰与拉布拉多之间的中大西洋海底峡谷,底平坡陡,成因可能与过去的冰川活动有关,北起戴维斯海峡北部(北极圈附近),向东南绕过纽芬兰岛外侧的大陆坡后转向西南,直达40°N附近的索姆深海平原,是世界上最长的海底峡谷。U1313站西部的圣劳伦斯海底峡谷由圣劳伦斯河口开始,向东南穿过宽阔的大陆架,一直延伸到大陆坡脚,形成巨大的圣劳伦斯河水下冲积锥。

在约一亿五千万年前的侏罗纪,北美大陆与欧洲、非洲开始分离,北大西洋初步形成。冰岛上最老的岩石年龄不超过10Ma,亚速尔群岛的岩石形成不早于20Ma,百慕大群岛的岩石年龄为35Ma等,这清楚地说明离大西洋中脊越远,岩石年龄越老,也证明现代大西洋开始形成不早于中生代。

## 二、气候特征

U1313站东南部的亚速尔群岛附近常年存在永恒性高压中心(亚速尔高压),北面的冰岛西南有一个永恒性的低压中心(副极地低压带的一部)。亚速尔高压和冰岛低压之间存在的气压变化呈现此高彼低的跷跷板现象,当南部的亚速尔地区气压偏高时,北部的冰岛地区气压偏低,反之则北高南低。亚速尔高压和冰岛低压之间气压的反向变化关系被称为北大西洋涛动(Northern Atlantic Oscillation,NAO)。NAO是北大西洋地区大气最显著的模态,不仅影响到了北大西洋,而且影响到了北美、欧洲和亚洲(Dugam et al.,1997;Hurrell,1995,1996)。NAO变强,表明南北两个活动中心之间的气压差大,北大西洋中纬度的盛行西风变强,为高指数环流。此时墨西哥湾暖流及拉布拉多寒流均变强,西北欧和美国东南部受强暖洋流影响,出现暖冬;与此同时受寒流控制的加拿大东岸和格陵兰西岸却非常寒冷。反之NAO变弱,表明南北两个活动中心之间的气压差小,北大西洋上的盛行西风减弱,为低指数环流。此时西北欧及美国东南部出现冷冬,同时加拿大东岸及格陵兰西岸则相对温暖。

U1313 站位于亚速尔高压中心偏北,属于盛行西风带。西风带被称为中高纬度强大的行星风带,是南部的副热带高压下沉气流流向副极地低压带,在地转偏向力的作用下形成的。西风带是 40°~60°N 西风漂流形成的动力。由于 U1313 站位上空经常有冷热空气相汇,易形成锋面和气旋,从而产生多变天气和较多降水。

U1313 站东南部的亚速尔群岛属于亚热带夏干气候(地中海式气候),夏季干热、冬季温湿。1971~2000 年资料显示,最热月(8 月)平均高温为 24.8℃,平均低温为 18.7℃,最冷月(2 月)平均高温为 15.8℃,平均低温为 11.1℃,年平均温度为 14.38~19.49℃,年平均降水量自东到西变化为 700~1600mm,平均为 1091mm。

## 三、水文特征

U1313 站在西风带的影响范围之内,在大气-海洋相互作用下,西风带又使 U1313 站受到北大西洋暖流的影响。具体来讲,墨西哥暖流在 40°N 附近,同北来的拉布拉多寒流相汇,受到亚速尔高压区北部的西风带的影响,开始折而向东,自西经 45°以东被称为北大西洋暖流。北大西洋暖流呈扇状在海洋表层散开,当到达大西洋东岸即欧洲西岸时,洋流的主流转向西欧和西北欧沿岸,在欧洲北端轮廓收缩的影响下,继而向东北伸展至北冰洋。大西洋暖流向东北伸展可能是热盐环流(或称为温盐环流,thermohaline circulation,THC)的影响结果。在北大西洋高纬海域,海表水因密度大而下沉形成北大西洋深层水,从而拖曳低纬表层暖海水向高纬流动,高纬温度低盐度高的深层水回流,形成了热盐环流。最近 20 多年来,多位学者的研究结果均发现在大西洋热盐环流(THC)和全球气候变化之间存在显著的相互作用(Broecker and Denton,1990b;Manabe S et al.,1994;Stocker et al.,1997;Alley,2003;Wang,2005;周天军等,2005)。

拉布拉多寒流来自于北冰洋,洋流中经常挟带大量来自于北冰洋或格陵兰岛的巨大的浮冰,在 40°N 附近与墨西哥暖流相汇,汇合以后的流动过程中,冰山或浮冰不断消融,其带来的碎屑逐渐沉积在洋底,形成冰筏碎屑(ice-rafted debris,IRD)。U1313 站位于中大西洋冰筏碎屑(IRD)的南部。

北大西洋表层海水温度的分布和变化受洋面上部气温的分布、变化影响较大。赤道地区接受太阳辐射最多,表层海水温度最高,年均温达 25~27℃,且水温的年变幅最小,一般为 1~3℃;由赤道地区向北,随着纬度位置的增高,太阳辐射量降低,水温的年变幅在北纬 30°~50°增大至 5~8℃,但更高纬度海区水温的年变幅则又变小,近北极海区约为 4℃。在局部海区,受大陆气候或寒流、暖流、锋面等因素季节变动的影响较明显,表层水温的年变幅可增大至 10℃以上。大西洋的表层水温平均仅 16.9℃,低于太平洋和印度洋的表层水温,主要是因为大西洋北端地形开阔,受北冰洋的冷水和浮冰影响最明显。

大西洋表层海水平均盐度大约为 35.9‰,高于其他大洋,而北大西洋的平均盐度又高于南大西洋,高纬度北大西洋东侧表层海水盐度又高于西侧。造成这种盐度格局的原因是多方面的,赤道附近年降水量较高,大于年蒸发量,盐度较低,约为 35.0‰;副热带海区附近海水蒸发常年强盛,降水量又少,盐度较高,达 37.3‰左右,特别是亚速尔群岛西南的东北信风带内,平均盐度达 37.9‰。除纬度高低因素以外,大西洋洋流对盐度分布影响也较为显著,例如在墨西哥暖流和北大西洋暖流的影响下,盐度较高的海水不断输向高纬度的大洋东侧,与此同时盐度较低的北冰洋海水(低于34‰)不断输向大洋西侧,造成高纬度北大西洋东侧表层海水盐度大于西侧。

# 第二节 研究背景

## 一、科学大洋钻探历史回顾

综合大洋钻探计划(IODP)及其前身大洋钻探计划(ODP)和深海钻探计划(DSDP)迄今已经运行了半个多世纪(DSDP,1968—1983;ODP,1985—2003;IODP,2003—2013),留下了内容丰富的数百卷科学航次报告,是迄今为止历时最长、成效最大的国际科学合作计划。它由于提供了全新的地学思维模式,对当代地学各个领域均所产生了深远的影响,必将作为地球科学史上一座里程碑而载入史册。

科学大洋钻探计划40多年来取得了一系列辉煌成果,如证实了板块构造和海底扩张学说,创立并发展了古海洋学,发现了古地中海曾为荒漠,海平面变化、对洋底新生硫化物和气水合物的钻探、海底地震检测站的设立,以及对深海海底地壳沉积物和岩石中微生物(深部生物圈)的发现和研究等。

### (一)前DSDP时期——莫霍计划

地球实际是一个"水球",大洋覆盖了地球表面积的72%,而超过2000m的深海占地球表面的60%,缺了深海不可能得到全球概念。随着地球科学的发展、各种科学技术的进步,地学家们已经不满足于仅局限于在陆地上的研究,逐渐认识到要想真正揭开地球起源和演化之谜,必须把观察思考的视角从陆地扩展到大洋。

科学大洋钻探的思想,可以上溯到20世纪50年代末期。1957年,W. Munk教授提议应当设立一项研究计划,它能真正解决地球科学的根本问题,从而导致地球科学的重大突破,出于此考虑,建议打一口超深钻井,能穿透莫霍面。后来的海底扩张说创始人H. Hess教授对W. Munk的建议大力支持,他们共同提出了壳/幔界线的深洋底取样计划,即稍后推出的莫霍(Mohole)计划。1961年,美国启动莫霍计划,在东太平洋穿过了3558m深的海水,有史以来第一次在深海大洋打钻成功,在洋底下的最大井深达183m,此举被美国总统肯尼迪称为是科学史上划时代的里程碑。由于技术和经济上的困境以及受是否在洋底打数量众多的浅钻井更有意义等争论的影响,1966年"莫霍计划"遭到众议院投票否决。尽管莫霍计划后来并未完成,但它作为一次伟大的探索,成为后来科学大洋钻探的先驱。

### (二)深海钻探计划(DSDP)时期

莫霍计划的失败让地学家们认识到大型地学项目需要多学科的联合和最先进技术以及巨额资金的保障,必须建立在集团合作甚至国际合作的基础上。1964年,Woods Hole海洋研究所和拉蒙特地质观测站等美国四所最著名的海洋研究机构,共同组成"地球深部取样联合海洋研究所"(简称 JOIDES)。次年,拉蒙特代表 JOIDES 提出立项报告并获得美国国家科学基金会(NSF)的资助;1966 年,由 Scripps 作为 JOIDES 的首任作业方,正式确立了深海钻探计划(DSDP)。在稍后的几年中,华盛顿大学等相继加入,DSDP 发展成为合作开展海洋研究的十姐妹集团(JOI)。

随着 DSDP 研究的不断深入,在国际上的影响越来越大,逐渐吸引了许多国家的地质界队伍,世界各国对海洋研究日益重视,苏联、联邦德国、法国、日本、英国、加拿大、荷兰、瑞典、瑞士和意大利相继加盟成为 DSDP 新增的国际合作伙伴,DSDP 揭开了前所未有的科学大洋钻探的国际合作的序幕。

1968 年 7 月 28 日,DSDP 的作业船"挑战者号"正式启航,标志大洋钻探新纪元的开始。在随后的 15 年间,"挑战者号"完成了 96 个钻探航次,总航程逾 60 万 km。在 624 个钻位上钻探了 1092 个深海钻孔,采获深海岩心总长度超过 97km(Maxwell,1993),覆盖了除北冰洋之外的三大洋。DSDP 的发展是世界科学技术发展进步的必然结果,其直接成果证实了 H. Hess 等学者提出的海底扩张学说,并且扩展了地球科学的研究领域,孕育了古海洋学,促进了地球科学的进一步发展。

### (三)大洋钻探计划(ODP)时期

1983 年 11 月,"挑战者号"退役,由一艘更壮观更先进的作业船"乔迪斯·决心号"(JOIDES Resolution)接替。1985 年 1 月,"决心号"从美国佛罗里达州劳得戴尔堡启航,标志大洋钻探计划(ODP)正式开始。

ODP 具有更广泛的国际性,世界各国的参与科研合作单位的数目不断增大。1998 年,我国正式加入 ODP,成为大洋钻探第一个"参与成员"。在同济大学汪品先院士等科学家的努力下,1999 年 2~4 月在南海成功地实施了中国海的首次深海钻探航次(ODP 184 航次),共获取约 5500m 深海岩心。

相比 DSDP,ODP 范围更加广泛,覆盖了地球四大洋,大量的沉积样品和岩石标本通过深海钻探被不断获取,这些样品和标本记录了全球不同地区丰富的深海钻孔地球物理和地球化学信息,使科学家能够在全球各敏感地区建立长时间尺度的岩心观测。2003 年 9 月底,ODP 计划圆满结束时,"决心号"共完成 111 个航次,在 669 个站位共打钻 1797 口,取心累计长达约 222km,发表航次报告数百卷。ODP 在天然气水合物、热液矿化作用、气候变化、海平面升降、板块构造深海生物圈等诸多领域取得了令人瞩目的成就(Shipboard Scientific Party,2002)。

### (四)综合大洋钻探计划(IODP)时期

IODP 计划起源于日本于 1994 年制定的 21 世纪大洋钻探(OD21)。DSDP 和 ODP 的巨大成功,促使各国积极制定 ODP 完成以后的新钻探计划。日本的 OD21 计划旨在通过应用日本最先进技术建造的立管科学钻探船来建立地球和生命科学新纪元,希望以此和美国争夺大洋研究的领导权,至少平分秋色(刘新月等,2004)。

由于 ODP 时期采用的"决心号"钻探船受到技术上的制约,不能钻探海底以下超过 2 000m 的深处,不能深入至诸如上地幔等关键部位(Jamstec,1994)。日本花费巨资建造的

"立管钻探船"——"地球号",比"决心号"大几倍,且船上设备更为先进,以期钻穿地壳、直插上地幔,实现打"莫霍钻"的科学理想。

为了与美、日在新世纪大洋钻探中竞争,欧洲各国考虑到单个国家实力较弱,专门联合成立了由 15 个国家组成的"欧洲大洋钻探联盟"(ECORD),希望能够利用欧洲各国现有的多种平台,作为大型深海钻探船的必要的补充,例如在极地和内陆架实施钻探,统称为"特定钻探平台"(MSP)。

人类诞生以来就一直致力于探索未知世界,随着科学技术的不断进步,目前上天入地均成为可能,如同我们人类不断探索地球外部星空一样,IODP 使人类能不断探索地球的内部世界。地球科学的研究如果仅仅局限于地球的陆地部分,只能称为陆地系统科学,而 IODP 在充足经费的支持下,综合多种学科,在各国顶尖科学家的主持下,对大洋内部进行深入研究,帮助人类最终深入研究给人类带来无限灾难和困惑的极端气候和快速气候变化的各种过程,以深海钻探为手段,和陆地系统科学相结合,真正实现"地球系统科学"的思想,加强对地球的研究。在 IODP 中,日本提供的"地球号"钻探船将完成深海钻探中最重要的部分;同时,美国将"决心号"改装后提供给 IODP 继续使用,而欧洲则提供"特定任务平台"作为补充。

2004 年 4 月 26 日,中国政府以"参与成员国"身份正式加入了 IODP,为我国地学界开辟了参加国际竞争的途径。

## 二、IODP 北大西洋气候研究

北大西洋对全球变化极其敏感,被认为是全球气候变化的源头和驱动器,环绕在其周围的西欧北美等科技强国的众多科研单位和相关领域的专家翘楚不断挖掘出北大西洋古海洋学、古气候学研究的新的热点和重点,例如格陵兰冰芯记录、大西洋深海沉积记录以及北大西洋涛动(NAO)、热盐环流(THC)和北大西洋深层水(NADW)等都为这一地区提供了非常敏感的高分辨率资料和响应器,使北大西洋地区一直是全球变化研究经久不衰的重要舞台。IODP 伊始就安排 2 个航次(Expedition 303 和 306)在北大西洋进行钻探,弥补 DSDP 和 ODP 阶段此区域钻探的不足,充分显示了北大西洋地区对全球气候变化的重要性。鉴于这 2 个航次的主题相同,仅是具体实施内容稍有不同,故又分别称为北大西洋气候 I 航次(IODP 303)和北大西洋气候 II 航次(IODP 306)(刘传联,2005)。

IODP 303 和 306 航次的主要内容来自由美国佛罗里达大学的 Channell 等提出的编号为 572-Full3 的井位建议书。两个航次的主题是"运用古地磁强度年代学研究北大西洋新第三纪晚期至第四纪千年尺度的冰盖–海洋–大气相互作用",总体科学目标是建立一种高分辨率的年代地层学模式,使北大西洋地区古气候学的研究和对比能够达到亚轨道周期的水平,即达到千年尺度分辨率水平(Channell et al.,2004)。

在 303 和 306 航次之前,北大西洋的两个 ODP 航次(162 和 172)已经获取了较理想的沉积序列,这些序列是连续的且具有能够满足亚米兰科维奇尺度大洋的变化的足够高的沉积速率。正是 162 航次在冰岛南部的 5 个站点(980 ~ 984)钻取的沉积序列让我们认识到了北大西洋的千年尺度变化的重要性(Raymo et al.,1998,2004;McManus et al.,1999;Raymo,

1999；Flower et al.，2000；Kleiven et al.，2003）。类似的，在 30°～35°N 西北大西洋 172 航次钻取了高沉积速率的序列，这些序列的沉积速率之高不仅满足千年尺度的研究，也许甚至可以满足百年尺度的研究（Keigwin et al.，1998）。已经有了很成功的 ODP 162 和 172 航次，为何北大西洋还需要更多的额外的站点呢？IODP 303 和 306 航次的站点从两个基本的方面增加了 162 和 172 航次的资料。第一，303 和 306 的大多数站点位于或者接近于北大西洋"冰筏碎屑带"（IRD belt），冰筏碎屑带的冰筏碎屑沉积层记录了大量冰山的融化，融冰带来的淡水造成大洋表面盐度的降低，上述多种变化可以通过对深海沉积物的研究，在浮游或底栖有孔虫的氧同位素变化中显示出来。162 航次的 980 站点也位于冰筏碎屑带，但它却位于冰漂砾带的东北边缘的末梢地带，因此，原来的站点缺少北大西洋南部和西部对千年尺度冰漂砾事件的响应资料。第二，303 和 306 的站点在海平面以下 2273～3884m 深度的沉积记录是监测北大西洋深水环流（NADW）千年尺度变化比较理想的深度。162 的站点横跨的深度是 1650～2170m，提供了研究北大西洋中层水流的深度资料。172 航次钻孔提供了相对完整的 1291～4595m 深的横断面资料（Expedition Scientists，2005）。303 和 306 航次将通过弥补 162 和 172 航次的空隙来整合北大西洋千年尺度变化的资料。

303 航次包括 U1302～U1308 共 7 个站位（图 2.2，表 2.1），在 49°～58°N、23°～48°W 的范围内共打钻 26 口，水深在 2274.8～3873.8m，共获得钻心 511 段，总长 4656.1m，平均取样率为 99.1%。7 个站位分布在拉布拉多海口到大西洋中部之间，均以气候和古海洋记录的重要性作为选择的依据，沉积速率大约为 5～20cm/ka。

306 航次作为北大西洋古海洋学研究的第二个航次，是 303 航次的延续，包括 U1312～U1315 共 4 个站位（图 2.2 和表 2.1），其中 U1315 站位是为了在 ODP642E 站附近安装新的

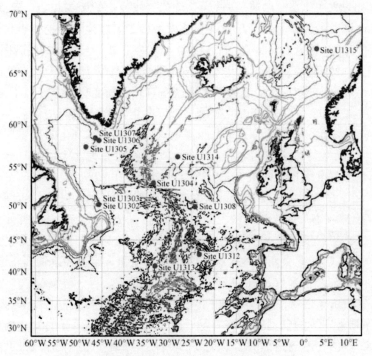

图 2.2　IODP 北大西洋 303 和 306 航次站位图

密封钻孔的观测系统——CORK,没有获取钻心的任务。U1312、U1313 和 U1314 在 41° ~ 56°N、23° ~32°W 的范围内共打钻 9 口,水深在 2811.5 ~ 3533.6m,共获得钻心 243 段,总长 2341.78m,平均取样率为 103.2%。

**表 2.1　IODP 北大西洋 303 和 306 航次站位信息**

| 站位 | 位置 | 最大水深/m | 最大井深/m | 钻孔数 | 钻心总数 | 钻心总长/m | 取样率/% |
|------|------|-----------|-----------|--------|----------|-----------|----------|
| U1302 | 50°9.985′N 45°38.271′W | 3568.6 | 104.7 | 5 | 39 | 311.0 | 90.3 |
| U1303 | 50°12.401′N 45°41.220′W | 3524.2 | 93.9 | 2 | 19 | 140.6 | 78.3 |
| U1304 | 53°3.401′N 33°31.781′W | 3069.1 | 242.4 | 4 | 81 | 761.0 | 102.6 |
| U1305 | 57°28.507′N 48°31.842′W | 3463.0 | 287.1 | 3 | 89 | 867.1 | 104.2 |
| U1306 | 58°14.228′N 45°38.588′W | 2274.8 | 305.3 | 4 | 113 | 1069.9 | 102.5 |
| U1307 | 58°30.347′N 46°24.033′W | 2275.3 | 156.6 | 2 | 36 | 317.4 | 102.0 |
| U1308 | 49°52.666′N 24°14.287′W | 3873.8 | 341.1 | 6 | 134 | 1188.9 | 95.4 |
| U1312 | 42°50.2040′N 23°5.2652′W | 3533.6 | 237.5 | 2 | 50 | 484.91 | 103.3 |
| U1313 | 41°0.0679′N 32°57.4386′W | 3424.6 | 308.6 | 4 | 113 | 1091.24 | 103.5 |
| U1314 | 56°21.8826′N 27°53.3091′W | 2811.5 | 279.5 | 3 | 80 | 765.63 | 102.7 |
| U1315 | 67°12.7406′N 2°56.2420′W | 1283.0 | — | — | — | — | — |

注:位置均采用各站位 A 孔经纬度。U1315 站未打钻,仅在 ODP642E 孔附近安装 CORK。

　　306 航次的 U1312 站位和 U1313 站位分别是对 DSDP 608 站位和 DSDP 607 站位的重新打钻。其中,在 U1313 站位共钻取了四个孔,最大深度达 308.6m。该站位的沉积物主要为微体化石软泥、有孔虫和黏土至砂砾级的陆源物质,提供了一个独特且连续完整的从上新世到更新世的沉积序列,本研究所采用的样品均来自于该站位的 A 孔和 D 孔。该站位的深海沉积物具有稳定的沉积速率,可以重建 5Ma BP 以来的海水温度变化及其与冰盖稳定性的关系和深水环流的变化,较高的沉积速率(13 ~ 14cm/ka)有利于高分辨率古气候变化研究的实现(宁伏龙等,2009)。

# 第三章 研究材料与方法

## 第一节 研 究 材 料

### 一、样品来源

研究样品来自于 IODP 北大西洋 306 航次 U1313 站位。IODP 306 航次在 U1313 站位分别钻取了 U1313A、U1313B、U1313C 和 U1313D 共 4 个钻孔。自钻台底部测量到的 4 个钻孔的海水深度依次为 3423.3m、3424.6m、3423.8m 和 3423.0m(表 3.1)。4 个钻孔自海底以下的钻进深度依次为 308.6m、302.4m、293.4m 和 152.0m。从每个钻孔分别获得若干段钻心,U1313A、U1313B、U1313C 和 U1313D 4 个钻孔的钻心分别分为 33 段、32 段、32 段和 16 段。

表 3.1 U1313 站位钻孔信息

| 钻孔 | 纬度 | 经度 | 海水深度/m | 钻心长度/m | 取样长度/m | 取样率/% | 总深度/m |
|------|------|------|-----------|-----------|-----------|---------|---------|
| U1313A | 41°0.0678′N | 32°57.4386′W | 3423.30 | 308.60 | 319.64 | 103.60 | 3731.90 |
| U1313B | 41°0.0818′N | 32°57.4380′W | 3424.60 | 300.40 | 306.54 | 102.00 | 3727.00 |
| U1313C | 41°0.0805′N | 32°57.4206′W | 3423.80 | 293.40 | 305.79 | 104.20 | 3717.20 |
| U1313D | 41°0.0667′N | 32°57.4214′W | 3423.00 | 152.00 | 159.27 | 104.80 | 3575.00 |

U1313 站 4 个钻孔的岩心组成了两个拼接地层,其中,由 B 孔和 C 孔的岩心组成的拼接地层非常完整;由 A 孔和 D 孔的岩心组成的拼接地层,由于 D 孔下部岩心较少而不太完整。本研究的样品来自由 A 孔和 D 孔拼接组成的地层。需要指出的是虽然此拼接地层不是非常完整,但对本研究没有任何限制和影响,因为本研究所涉及的拼接地层只是第二个拼接地层的一部分,而这部分是非常完整的。本书所涉及的拼接地层的顺序是 U1313D7H → U1313A8H → U1313D8H → U1313A9H → U1313D9H → U1313A10H → U1313D10H → U1313A11H → U1313D11H,共 9 个大部分,每一部分又进一步分为若干小段(图 3.1)。海底以下深度大约在 61.52~104.46m,合成深度在 69.43~115.18m。

本研究涉及的全部样品共 1491 块,是对研究剖面合成深度 69.43~115.18m 的钻心连续取样或者间隔 2cm 采样得到的,样品分割完后按照严格的储藏条件存放在实验室恒温库(4℃)。具体来讲,D7H、A8H 和 D8H 是连续取样,样品长 2cm,样品数量分别为 181、207 和 211 块;A9H、D9H、A10H、D10H、A11H 和 D11H 是间隔 2cm 取样,样品长也为 2cm(表 3.2、图 3.2)。

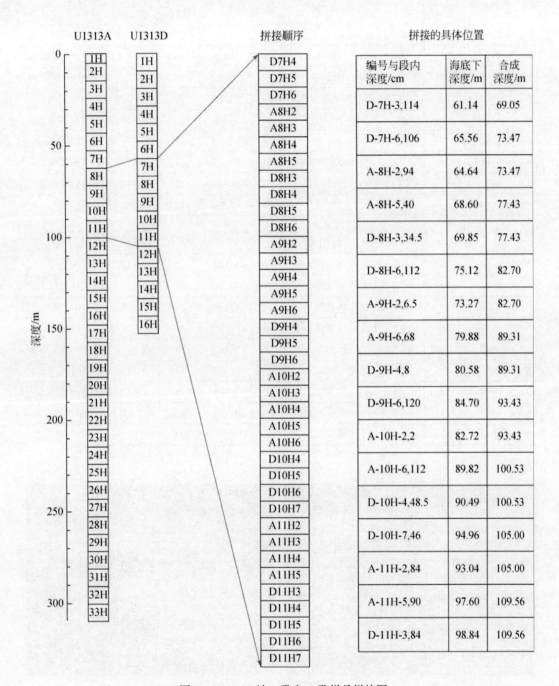

图 3.1 U1313 站 A 孔和 D 孔样品拼接图

**表 3.2　样品来源、数量及描述**

| 序号 | 样品来源 | 样品数量/个 | 简单描述 | 序号 | 样品来源 | 样品数量/个 | 简单描述 |
|---|---|---|---|---|---|---|---|
| 1 | D7H4 | 49 | 50～52 至 148～150 连续 | 20 | A10H2 | 37 | 0～2 至 148～150 间隔 2cm |
| 2 | D7H5 | 75 | 0～2 至 148～150 连续 | 21 | A10H3 | 38 | 0～2 至 148～150 间隔 2cm |
| 3 | D7H6 | 57 | 0～2 至 114～116 连续 | 22 | A10H4 | 38 | 0～2 至 148～150 间隔 2cm |
| 4 | A8H2 | 31 | 88～90 至 148～150 连续 | 23 | A10H5 | 38 | 0～2 至 148～150 间隔 2cm |
| 5 | A8H3 | 75 | 0～2 至 148～150 连续 | 24 | A10H6 | 32 | 0～2 至 124～126 间隔 2cm |
| 6 | A8H4 | 75 | 0～2 至 148～150 连续 | 25 | D10H4 | 29 | 36～38 至 148～150 间隔 2cm |
| 7 | A8H5 | 26 | 0～2 至 50～52 连续 | 26 | D10H5 | 38 | 0～2 至 148～150 间隔 2cm |
| 8 | D8H3 | 63 | 24～26 至 148～150 连续 | 27 | D10H6 | 37 | 2～4 至 146～148 间隔 2cm |
| 9 | D8H4 | 75 | 0～2 至 148～150 连续 | 28 | D10H7 | 15 | 0～2 至 56～58 间隔 2cm |
| 10 | D8H5 | 42 | 0～2 至 14～16 连续；14～16 至 146～148 间隔 2cm | 29 | A11H2 | 20 | 72～74 至 148～150 间隔 2cm |
| 11 | D8H6 | 31 | 0～2 至 124～126 间隔 2cm | 30 | A11H3 | 37 | 2～4 至 146～148 间隔 2cm |
| 12 | A9H2 | 38 | 0～2 至 148～150 间隔 2cm | 31 | A11H4 | 37 | 2～4 至 146～148 间隔 2cm |
| 13 | A9H3 | 37 | 2～4 至 146～148 间隔 2cm | 32 | A11H5 | 25 | 0～2 至 96～98 间隔 2cm |
| 14 | A9H4 | 36 | 0～2 至 140～142 间隔 2cm | 33 | D11H3 | 20 | 72～74 至 148～150 间隔 2cm |
| 15 | A9H5 | 38 | 0～2 至 148～150 间隔 2cm | 34 | D11H4 | 37 | 2～4 至 146～148 间隔 2cm |
| 16 | A9H6 | 20 | 0～2 至 76～78 间隔 2cm | 35 | D11H5 | 38 | 0～2 至 148～150 间隔 2cm |
| 17 | D9H4 | 37 | 0～2 至 148～150 间隔 2cm | 36 | D11H6 | 37 | 2～4 至 146～148 间隔 2cm |
| 18 | D9H5 | 35 | 0～2 至 148～150 间隔 2cm | 37 | D11H7 | 12 | 0～2 至 44～46 间隔 2cm |
| 19 | D9H6 | 33 | 0～2 至 128～130 间隔 2cm | | | | |

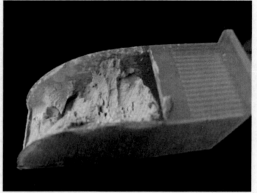

图 3.2　岩心样品示意图

## 二、钻孔剖面岩性特征

研究剖面是由钻孔 U1313A 和 U1313D 的钻心拼接而组成的地层。如上所述,研究剖面的顺序是自 U1313D7H 到 U1313D11H,共 9 个部分。其中,U1313D7H 包括 D7H4、D7H5 和 D7H6(U1313 省略,下同),U1313A8H 包括 A8H2、A8H3、A8H4 和 A8H5,U1313D8H 包括 D8H3、D8H4、D8H5 和 D8H6,U1313A9H 包括 A9H2、A9H3、A9H4、A9H5 和 A9H6,U1313D9H 包括 D9H4、D9H5 和 D9H6,U1313A10H 包括 A10H2、A10H3、A10H4、A10H5 和 A10H6,U1313D10H 包括 D10H4、D10H5、D10H6 和 D10H7,U1313A11H 包括 A11H2、A11H3、A11H4 和 A11H5,U1313D11H 包括 D11H3、D11H4、D11H5、D11H6 和 D11H7。深度大约在 61.30~104.46m,合成深度在 69.43~115.18 m,由于剖面组成较多,就以每部分为一单元描述其岩性特征。沉积物的命名方法采用 Mazzullo 等 1988 年的分类体系(Mazzullo et al.,1988)。

U1313D7H(D7H4、D7H5 和 D7H6),在 D 孔原始深度为 61.52~65.66m,合成剖面深度为 69.43~73.57m,剖面年代为 1460.89~1542.89ka BP(图 3.3a)。主要岩性:含粉砂质黏土的超微化石软泥,浅灰色(N7,5Y 7/1);超微化石软泥,白色(N9,5Y 8/1)。次要岩性:粉砂质黏土超微化石软泥,灰色(5Y,6/1),含硅藻的粉砂质黏土超微化石软泥,浅橄榄灰色(5Y,6/2)和橄榄绿色(5Y,6/3)。可见毫米至厘米级中灰色(N5)、淡绿灰色(5G 7/1)、灰绿色(5G 5/2)、淡绿色(5G 7/2,5G 6/2)和淡橄榄色(5Y 6/6)的条纹/纹层。彩色条纹普遍存在。生物扰动从少到多,部分段存在毫米至厘米级的洞穴;某些段存在点状斑纹;在各部分均出现黄铁矿的条纹,特别是常出现在上述小洞穴附近;个别部分出现黄铁矿结核和粗颗粒透镜状沉积体。主要岩性和次要岩性的界面、彩色条纹之间通常是渐进的或存在生物扰动。在 D7H6 段内 142cm 处有坠石出现。

U1313A8H(A8H2、A8H3、A8H4 和 A8H5),在 A 孔原始深度为 64.60~68.72m,合成剖面深度 73.43~77.55m(在 D 孔和 A 孔拼接剖面衔接部分专门穿插了一些数据,看起来有一些重叠,下同),剖面年代为 1540.51~1605.16ka BP(数据穿插使得剖面衔接部分年代有重叠,下同)(图 3.3b)。主要岩性:含粉砂质黏土的超微化石软泥,白色(5Y 8/1)和 浅灰色(N7,5Y 7/1)。次要岩性:超微化石软泥,白色(N9,5Y 8/1);粉砂质黏土超微化石软泥,灰色(5Y,6/1);个别部位存在毫米至厘米级中暗灰色(N4)、中灰色(N5)、中浅灰色(N6)、淡绿灰色(5G 7/1,5G 7/2)和淡绿色(5G 6/2)的条纹/纹层,在 A8H3 段和 A8H4 段存在彩色条纹。生物扰动从极少至丰富,毫米至厘米级的洞穴偶尔可见;黄铁矿的条纹较多,常出现在洞穴附近;主要岩性和次要岩性的界面、彩色条纹之间通常是渐进的或存在生物扰动。在 A8H5 段内 101cm 处有坠石出现(长度 5mm)。

U1313D8H(D8H3、D8H4、D8H5 和 D8H6),在 D 孔原始深度为 69.76~75.26m,合成剖面深度 77.34~82.84m,剖面年代为 1602.14~1714.48ka BP(图 3.3c)。含粉砂质黏土的超微化石软泥和超微化石软泥成为该段的主要岩性,分别呈现浅灰色(5Y,7/1)和白色(5Y,8/1)。偶尔可见毫米至厘米级中灰色(N5)、中浅灰色(N6)、浅灰色(N7)、淡绿色(5G,7/2)、淡橄榄色(5Y,6/3)的条纹/纹层;彩色条纹普遍存在。生物扰动极少至丰富,毫米至厘米级的洞穴偶尔出现;某些段存在点状斑纹;黄铁矿的条纹较多,且常出现在上述小洞穴附近;主要岩性和次要岩性的界面、彩色条纹之间通常是渐进的或存在生物扰动。

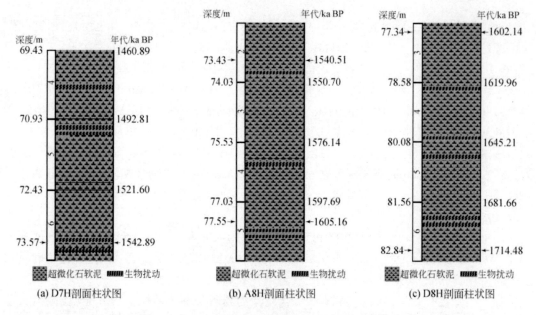

图 3.3　U1313 站 D7H、A8H 和 D8H 剖面柱状图

U1313A9H(A9H2、A9H3、A9H4、A9H5 和 A9H6),在 A 孔原始深度为 73.22 ~ 79.98m,合成剖面深度 82.65 ~ 89.41m,剖面年代为 1710.45 ~ 1855.31ka BP(图 3.4a)。主要岩性:含粉砂质黏土的超微化石软泥,白色(5Y 8/1)和 浅灰色(5Y,7/1);超微化石软泥,白色(N9,5Y 8/1)。次要岩性为灰色(5Y,6/1)的粉砂质黏土超微化石软泥;个别部位存在毫米至厘米级淡浅灰色(N8)、浅灰色(N7,5Y 7/2)、中浅灰色(N6)、中灰色(N5)、淡绿灰色(5G 7/1)、淡绿色(5G 6/2)和淡橄榄(5Y 6/4)的条纹/纹层,彩色条纹随处可见。生物扰动从较少至丰富,毫米至厘米级的洞穴偶尔出现;某些段可见点状斑纹;黄铁矿的条纹贯穿各部分,特别是在洞穴附近;存在一些黄铁矿结核(也许是洞穴)。主要岩性和次要岩性的界面、彩色条纹之间通常是渐进的或存在生物扰动。

U1313D9H(D9H4、D9H5 和 D9H6),在 D 孔原始深度为 80.52 ~ 84.80m,合成剖面深度 89.25 ~ 93.53m,剖面年代为 1852.06 ~ 1979.54ka BP(图 3.4b)。含粉砂质黏土的超微化石软泥和超微化石软泥成为该段的主要岩性,分别呈现浅灰色(5Y,7/1)和白色(5Y,8/1)。偶尔可见毫米至厘米级中浅灰色(N6),中灰色(N5),淡绿色(5G 7/2)的条纹/纹层,在 D9H4 段内有彩色条纹存在。生物扰动从极少至大量出现,毫米至厘米级的洞穴偶然可见;部分段存在点状斑纹;在各部分均出现黄铁矿的条纹,特别是常出现在小洞穴附近;主要岩性和次要岩性的界面、彩色条纹之间通常是渐进的或存在生物扰动。

U1313A10H(A10H2、A10H3、A10H4、A10H5 和 A10H6),在 A 孔原始深度为 82.72 ~ 89.96m,合成剖面深度 93.43 ~ 100.67m,剖面年代为 1976.59 ~ 2118.04ka BP(图 3.4c)。主要岩性:含粉砂质黏土的超微化石软泥,白色(N9,5Y 8/1)、浅灰色(5Y 7/1)和浅绿灰色

(5G 7/1);超微化石软泥,白色(N9)。次要岩性:粉砂质黏土超微化石软泥,灰色(5Y 6/1);偶尔可见毫米至厘米级浅灰色(N7),中浅灰色(N6),深中灰(N4),淡绿灰色(5G 7/2),灰绿色(5G5/2)的条纹/纹层,彩色条纹普遍存在。生物扰动从极少出现至丰富,毫米至厘米级的洞穴偶然可见;某些段存在点状斑纹;在各部分均出现黄铁矿的条纹,特别是常出现在上述小洞穴附近;主要岩性和次要岩性的界面、彩色条纹之间通常是渐进的或存在生物扰动。在 A10H5 段内 104～124cm 处有一些坠石出现。

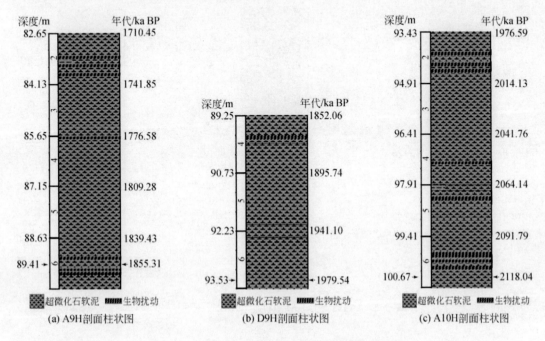

图 3.4　U1313 站 A9H、D9H 和 A10H 剖面柱状图

　　U1313D10H(D10H4、D10H5、D10H6 和 D10H7),在 D 孔原始深度为 90.38～95.08m,合成剖面深度 100.42～105.12m,剖面年代为 2112.83～2214.64ka BP(图 3.5a)。超微化石软泥为主要岩性,次要岩性则包括粉砂质黏土超微化石软泥和含粉砂质黏土的超微化石软泥。可见从厘米至分米级的灰色(5Y 6/1)、浅灰色(5Y 7/1)、淡绿灰色(5G 7/1)、白(N9,5Y 8/1)的色带。偶尔可见毫米至厘米级灰色(N5)、淡绿色(5G 7/2)的彩色条纹和斑块。显著的生物扰动罕见,中等和一般的生物扰动间隔出现。

　　U1313A11H(A11H2、A11H3、A11H4 和 A11H5),在 A 孔原始深度为 92.94～97.68m,合成剖面深度 104.90～109.64m,剖面年代为 2210.71～2298.89ka BP(图 3.5b)。主要岩性:含粉砂质黏土的超微化石软泥,白色(5Y 8/1)、浅灰色(5Y 7/1、5Y 7/2);超微化石软泥,白色(N9);偶尔可见毫米至厘米级浅灰色(N7)、中浅灰色(N6)、中灰色(N5)、淡绿色(5G 7/2、5G 6/2)的条纹/纹层,彩色条纹随处可见,生物扰动从极少至丰富,偶尔可见毫米至厘米级的洞穴;某些段存在点状斑纹;在各部分均出现黄铁矿的条纹,特别是常出现在上述小洞穴附近;主要岩性和次要岩性的界面、彩色条纹之间通常是渐进的或存在生物扰动。

　　U1313D11H(D11H3、D11H4、D11H5、D11H6 和 D11H7),在 D 孔原始深度为 98.74～

104. 46m,合成剖面深度 109. 46 ~ 115. 18m,剖面年代为 2294. 67 ~ 2415. 60ka BP(图 3. 5c)。
主要岩性:超微化石软泥。次要岩性:含黏土的超微化石软泥。可见厘米至分米级灰色
(5Y 6/1)、浅灰色(5Y 7/1)、淡绿灰色(5G 7/1)和白色(N9,5Y 8/1)的色带。偶尔可见毫米
至厘米级灰色(N5)、淡绿色(5G 7/2)的彩色条纹和斑块。显著的生物扰动罕见,中等和一
般的生物扰动间隔出现。

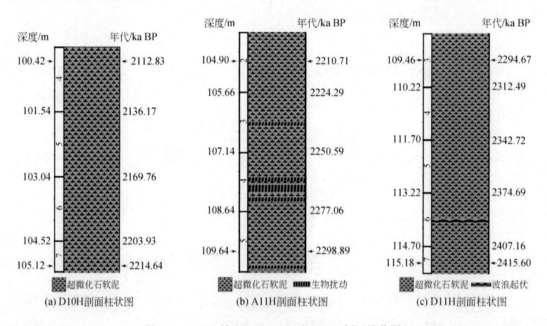

图 3. 5　U1313 站 D10H、A11H 和 D11H 剖面柱状图

# 三、年代框架

U1313 站的年代框架建立在古地磁和微体古生物事件地层的基础上,所采用的控制数
据点如表 3. 3。Lisiechi 和 Raymo 于 2005 年总结了全球 57 个 DSDP 和 ODP 钻孔的氧同位素
数据,编纂了一条 5. 3Ma 以来的综合深海氧同位素地层曲线——2005 地质年代表(Lisiecki
et al. ,2005)。306 航次科学家通过对比船载设备测得的岩心颜色反射率(以亮度 $L^*$ 表示)
曲线变化和全球深海底栖有孔虫氧同位素(2005 地质年代表)曲线变化(图 3. 6),与冰期和
间冰期终止时的亮度 $L^*$ 的急剧波动相区匹建立了拼接地层的年代标尺(Lisiecki et al.,
2005;Channell et al. ,2004)。根据所建立的年代模型和钻心深度,可计算出 3. 4Ma 以来,
U1313 站沉积速率为 3 ~ 7. 5cm/ka,平均为 4. 8cm/ka。

表 3. 3　U1313 站古生物事件的年龄

| 类型 | 古生物事件 | 年代/Ma BP | A 孔深度/m | B 孔深度/m | C 孔深度/m | D 孔深度/m |
|---|---|---|---|---|---|---|
| N | LO *Helicosphaera inversa* | 0. 16 | | 7. 45 | 7. 45 | 4. 75 |
| N | FO *Emiliania huxleyi* | 0. 25 | 18. 45 | 17. 32 | 16. 95 | 14. 25 |

续表

| 类型 | 古生物事件 | 年代/Ma BP | A孔深度/m | B孔深度/m | C孔深度/m | D孔深度/m |
|------|-----------|-----------|-----------|-----------|-----------|-----------|
| N | LO *Pseudoemiliania lacunosa* | 0.41 | 18.45 | 17.32 | 16.95 | 23.75 |
| D | LO *Fragilariopsis reinholdii* | 0.50 | 28.95 | 29.65 | | 33.25 |
| N | FO *Helicosphaera inversa* | 0.51 | 18.45 | 22.07 | 16.95 | 23.75 |
| N | LO *Reticulofenestra asanoi* | 0.85 | 22.45 | 26.91 | 26.45 | 33.25 |
| N | FO *Gephyrocapsa parallela* | 0.95 | 38.45 | 41.49 | 45.45 | 42.75 |
| F | LO *Stilostomella lepidula* | 1.00 | 38.45 | | 45.45 | |
| N | FO *Reticulofenestra asanoi* | 1.16 | 47.235 | 46.65 | 45.45 | 52.25 |
| N | LO large *Gephyrocapsa* spp. | 1.21 | 47.235 | 51.4 | 45.45 | |
| N | LO *Helicosphaera sellii* | 1.27 | 57.45 | 55.95 | 54.95 | 52.25 |
| N | FO large *Gephyrocapsa* spp. | 1.45 | 66.95 | 63.2 | 73.95 | |
| N | FO *Gephyrocapsa caribbeanica* | 1.73 | 76.45 | 75.465 | 83.45 | 80.75 |
| F | FaO *Neogloboquadrina pachyderma* (sin.) | 1.78 | 76.45 | | | |
| N | LO *Discoaster brouweri* | 1.97 | 85.95 | 79.8 | 83.45 | 80.75 |
| F | FO *Globorotalia truncatulinoides* | 2.08 | | | 73.95 | 90.25 |
| F | FO *Globorotalia inflata* | 2.09 | 95.45 | 96.15 | 83.45 | 99.75 |
| N | LO *Discoaster pentaradiatus* | 2.38 | 95.45 | 101.3 | 102.45 | 99.75 |
| F | LO *Globorotalia miocenica* | 2.40 | 95.45 | 115.15 | | 109.25 |
| F | LO *Globorotalia puncticulata* | 2.41 | 104.95 | 105.65 | 92.95 | 109.25 |
| N | LO *Discoaster surculus* | 2.54 | 104.95 | 106.05 | 102.45 | 109.25 |
| N | LO *Discoaster tamalis* | 2.74 | 114.45 | 115.15 | 102.45 | 118.75 |
| F | Dissappearance *Globorotalia hirsuta* | 3.18 | 133.45 | 134.15 | 140.45 | 137.75 |
| F | LO *Sphaeroidinellopsis seminulina* | 3.19 | 133.45 | 134.15 | 130.95 | |
| F | Reappearance *Globorotalia puncticulata* | 3.31 | 142.95 | 134.15 | 140.45 | |
| F | Disappearance *Globorotalia puncticulata* | 3.57 | 152.45 | 143.65 | 149.95 | |
| F | LO *Globorotalia margaritae* | 3.81 | 161.95 | 162.65 | 168.95 | |
| N | LO *Reticulofenestra pseudoumbilicus* | 3.85 | 152.45 | 153.15 | 159.45 | |
| F | LcO *Globorotalia margaritae* | 3.98 | 171.45 | 162.65 | 178.45 | |
| F | FO *Globorotalia puncticulata* | 4.52 | 190.45 | 193.15 | 197.45 | |
| F | FO Globorotalia crassaformis | 4.52 | 190.45 | 193.15 | | |
| F | LO *Globorotalia nepenthes* | 4.89 | 199.95 | 202.65 | 206.95 | |
| N | FO *Ceratolithus cristatus* (rugosus) | 5.089 | 218.95 | | 206.95 | |
| N | LO *Discoaster quinqueramus* | 5.537 | 228.45 | 231.15 | 225.95 | |
| N | LO *Amaurolithus amplificus* | 5.999 | 294.95 | | 290.15 | |

注:N,nannofossils(超微化石);F,foraminifers(有孔虫);D,diatoms(硅藻属)。FO,初现面;LO,末现面;FaO,参考初现面;LcO,参考末现面。表格引自303/306报告(Channell et al.,2004),略有改动。

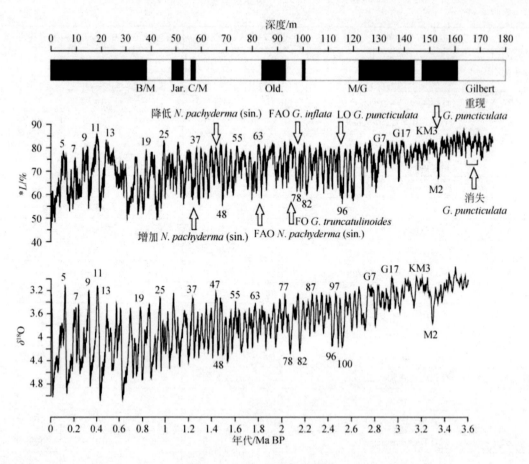

图 3.6　U1313 站年代模型图

注:亮度 $L^*$ 为船上数据 U1313 站上部 170m 合成曲线(306 航次科学家,2005);底栖有孔虫 $\delta^{18}O$ 曲线(Lisiecki and Raymo,2005),数字指示深海氧同位素阶段,磁性地层为船上数据,SST 为 U1313 站 A 孔数据(306 航次科学家,2005)。FO,初现面;FAO,参考初现面;LO,末现面;sin.,左旋的;B/M=Brunhes/Matuyama,Jar.=Jaramillo,C/M=Cobb Mountain/Matuyama,Old.=Olduvai,M/G=Matuyama/Gauss。引自 303/306 报告,略有改动

　　本书涉及的颜色反射率、磁化率、密度、粒度、碳氧同位素和 Mg/Ca 的合成深度范围如下:颜色反射率,115.48 ~ 69.43m;磁化率和密度,115.47 ~ 69.46m;粒度,115.18 ~ 69.93m;$\delta^{18}O$ 和 $\delta^{13}C$,115.1 ~ 69.93m;Mg/Ca,115.1 ~ 107.32m。本书采用 306 航次报告年代模式,选取 306 航次报告中合成深度 116.34 ~ 69.20m 共 23 个年代控制数据点(表 3.4),建立了本书研究剖面的年龄框架,在此基础上采用线性内插法获得分析样品所在深度的年龄。钻心深度与年代的关系以及沉积速率如图 3.7 所示。

表 3.4　研究剖面古地层年代−深度

| 合成深度/m | 年代/ka BP | 合成深度/m | 年代/ka BP | 合成深度/m | 年代/ka BP | 合成深度/m | 年代/ka BP |
|---|---|---|---|---|---|---|---|
| 69.20 | 1456 | 84.42 | 1748 | 98.46 | 2072 | 114.52 | 2404 |
| 71.08 | 1496 | 86.40 | 1794 | 102.30 | 2152 | 116.34 | 2436 |

续表

| 合成深度/m | 年代/ka BP | 合成深度/m | 年代/ka BP | 合成深度/m | 年代/ka BP | 合成深度/m | 年代/ka BP |
|---|---|---|---|---|---|---|---|
| 73.40 | 1540 | 89.64 | 1860 | 104.30 | 2200 | 118.56 | 2488 |
| 75.52 | 1576 | 90.86 | 1900 | 106.54 | 2240 | 120.52 | 2522 |
| 79.14 | 1628 | 92.46 | 1948 | 108.92 | 2282 | 122.70 | 2566 |
| 80.56 | 1654 | 94.36 | 2004 | 110.54 | 2320 | 124.28 | 2600 |
| 82.44 | 1706 | 96.64 | 2046 | 112.48 | 2358 | | |

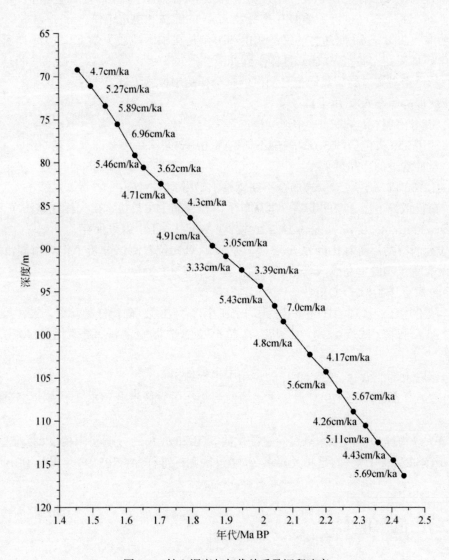

图3.7　钻心深度与年代关系及沉积速率

# 第二节　实　验　方　法

## 一、碳氧同位素

本书对研究剖面以 20cm 间距取样,共获取 228 个样品准备进行碳氧稳定同位素的测试分析。确定利用 U1313 站沉积物中的浮游有孔虫 *Globigerinoides ruber*(白色)进行碳氧同位素测试。对 228 个样品进行了浮游有孔虫 *G. ruber* 的筛洗和挑选工作。

浮游有孔虫 *G. ruber*(白色)的筛洗和挑选工作是在中国地质大学(北京)海洋实验室和河南大学环境演变实验室完成的,具体步骤如下:

(1)从选定需要进行碳氧同位素测试的每个样品中取约 1mL 湿样;

(2)所取样品在 60℃烘干;

(3)将烘干的样品在蒸馏水中连续浸泡至完全散开;

(4)使用 250 目(孔径 63μm)的全不锈钢筛先用自来水后用蒸馏水反复冲洗;

(5)对冲洗过的样品烘干;

(6)用 100 目(孔径 154μm)的全不锈钢筛干筛得到>154μm 的样品;

(7)在显微镜下用干净的毛笔分别从单个沉积样品中尽量挑选出壳体完整洁净无污染、壳径 250~300μm 的 *G. ruber* 壳体 14~26 枚,在小塑料盒子中编号保存。

本研究所有的浮游有孔虫 *G. ruber*(白色)的碳氧同位素测试分析工作均由同济大学海洋地质国家重点实验室完成。具体步骤如下:

(1)再烘干样品(<60°C);

(2)从上述已经挑选的样品中选择 *G. ruber* 个体 4~8 枚,确保样品新鲜未被污染;

(3)加入酒精(浓度≥99.7%)后,在超声波清洗器中清洗,频率保持 40kHz,时间 10~15s;

(4)移除上部浊液后,在约 60°C 的烘箱中烘干约 5h;

(5)放入样品瓶中,在 70°C 温度下经磷酸溶解作用后释放出 $CO_2$,上机测试,获取 $\delta^{18}O$、$\delta^{13}C$ 值。

同济大学海洋地质国家重点实验室提供的 $\delta^{13}C$ 和 $\delta^{18}O$ 的分析检测精度(标准偏差)分别达到 0.04‰和 0.07‰,满足相关要求,并通过国际标准样品(NBS19)与国际 PDB 尺度进行衔接。

## 二、镁钙比值(Mg/Ca)

测定每个样品的 Mg/Ca 都需要百枚左右壳径 250~300μm 的有孔虫壳体(样品量在 0.3mg 以上),比测定碳氧同位素时对样品的要求高得多,研究时间和经费也有很大的限制。因此,根据前期挑选 *G. ruber*(白色)有孔虫壳体进行碳氧同位素测试时观察到的研究剖面各部分 *G. ruber*(白色)的丰度情况,对研究剖面 107.32~115.1m(合成深度)以 20cm 的间距取样,共取得样品 41 个,进行浮游有孔虫的 Mg/Ca、Sr/Ca、Fe/Ca、Mn/Ca、Fe/Mg 和 Ca 含量等多个指标分析测试。

浮游有孔虫 G. ruber(白色)的筛洗和挑选工作是在河南大学环境演变实验室完成的,具体步骤和前面测试碳氧同位素时浮游有孔虫 G. ruber(白色)的筛洗和挑选工作的步骤一样。各个样品所挑 G. ruber(白色)个数在 80 ~ 113。

由于有孔虫壳体在沉积和埋藏以及取样的各个环节中,均会受到各种环境或人为的"污染",而有孔虫壳体中 Mg 含量本来就较低,各种轻微的污染也会对实验结果造成较大的影响,因此对有孔虫壳体进行必要清洗是 Mg/Ca 值准确测试的关键。

有孔虫 G. ruber(白色)壳体的清洗工作在同济大学海洋地质国家重点实验室完成。采用的清洗方法参考了"Mg 清洗法"(Boyle and Keigwin, 1985)和"Cd 清洗法"(Boyle and Rosenthal, 1996),并有所改进,具体步骤如下:

(1)样品准备:将样品压碎(打开有孔虫的房室即可),在此过程中,应反复检查用来压碎的玻璃板上是否沾染有杂质(包括其他的有孔虫碎片),确保不让样品受到污染;对已经压碎的壳体称重和记录后,平分为两份,分别移至两个微离心管中,标注,用作平行样测试。

(2)移除黏土:在微离心管中注满超纯水,超声振荡 30s,取出静置 10s 后,移除上部液体。相同过程重复 3 次,先后再用甲醇和超纯水分别清洗两次,步骤同上。

(3)清除金属氧化物(还原过程):每个样品中加入 0.1mL 试剂 A(0.5mL 联氨+10mL 氨水+10mL 柠檬酸氨),水浴加热 30min,每 2min 拿出来超声 2s。加热后,要用超纯水对盖子及微离心管的外表面清洗至少 3 次。

(4)去除有机质(氧化过程):每个样品中加入 0.25mL 试剂 B(20mL 0.1mol/L NaOH+ 0.2mL 30% $H_2O_2$),水浴加热 10min,在 3min 和 7min 时分别超声 1 次,每次 2s;加热后,要用超纯水对盖子及微离心管的外表面清洗至少 3 次。

(5)弱酸淋滤:将样品移入新的离心管中,在每个样品加入 0.25mL 或 0.1mL 0.001mol/ L $HNO_3$(当样品重量>0.2mg 时,加入 0.25mL,当样品重量<0.2mg 时,加入 0.1mL),超声 10s;然后加入超纯水,移去上部的液体。

(6)溶解测试:向离心管中注入 0.5mL $HNO_3$,待充分混合后,上 ICP-OES 测试,获取 Mg/Ca 和 Sr/Ca 值等数据。

浮游有孔虫 G. ruber(白色)的 Mg/Ca 值测试工作均在同济大学海洋地质国家重点实验室完成。实验过程中对每个样品均同时做一个平行样,对每个样品均测试 5 次;每测 5 个样品做一次检测;单一样品测试的相对标准偏差均小于 0.3%(以上数据由同济大学海洋地质国家重点实验室提供)。

## 三、粒度

对样品连续取样或以 2cm 为间隔采样(表 3.2),单个样品长度均为 2cm,按照严格的储藏条件(低于 4℃)把所有样品存放在河南大学环境演变实验室。粒度分析样品共 1491 个(包含部分的重复样品)。所有粒度分析样品均利用日本 HORIA 公司生产的 LA-920 型激光粒度分析仪完成测试,该仪器的测量有效范围为 0.02 ~ 2000μm。粒度测试分析之前对样品进行了较为全面的预处理工作,参考 Irino and Tada 等学者对水体的前处理方法(Irino,2000;長島佳菜等,2004),改进后的具体操作程序如下:

(1)取样:用电子天平称取 0.2 ~ 0.5g 样品置于用去离子水洗净的烧杯中(80mL 或 100mL)。

(2)去除生物碳酸盐:在样品中加入 10mL 浓度为 20% 的醋酸(不采用盐酸的原因是其作用较强,可能会造成部分陆源颗粒溶失),用玻璃棒充分搅拌约 5min 后静置 24h,将样品移入 10mL 离心管中,加满去离子水,离心 20min,移除上层清液,注满去离子水后再次离心 20min,离心机两次转速均为 4000r/min。

(3)去除有机质:将样品移入烧杯中,在此过程中反复用少量去离子水多次冲洗离心管,确保离心管内壁上未残留样品颗粒,在烧杯中加入 10mL 10% 的 $H_2O_2$,在 60℃ 的水浴锅中水浴加热 12 ~ 13h,直到不再冒泡。从烧杯中将样品移至 10mL 离心管中,注满去离子水,离心 30min,移除上层清液,加满去离子水后再次离心 30min,转速均为 4000r/min。

(4)去除生物硅(蛋白石):将样品重新移至 100mL 的烧杯中,加入 6mL 浓度为 2mol/L 的 $Na_2CO_3$ 溶液,在 85℃ 的水浴锅中把样品水浴加热 9 ~ 10h,注意在此过程中需不断加入去离子水,将样品从烧杯移至 10mL 离心管中,注满去离子水,离心 30min,移除上层清液,重复上述过程,再次离心 30min,洗去多余的 $Na_2CO_3$ 溶液,离心机两次转速均为 4000r/min。

(5)上机测试:在样品中加入 10mL 浓度为 0.05mol/L 的 $(NaPO_3)_6$ 溶液,并用玻璃棒反复搅拌,待样品充分分散后上机测试。

粒度分析的前处理和上机测试均在河南大学环境演变实验室完成。

# 四、矿物

本研究挑选了岩心上部 D7H 段、A8H 段、D8H 段和 A9H 段共 20 个样品进行了矿物分析。测试分别在中国地质科学院郑州矿产综合利用研究所和河南大学物理与电子学院完成。

(1)取样:用电子天平称取 0.2 ~ 0.5g 样品置于用去离子水洗净的烧杯中(80mL 或 100mL)。

(2)去除生物碳酸盐:在样品中加入 10mL 浓度为 20% 的醋酸(不采用盐酸的原因是其作用较强,可能会造成部分陆源颗粒溶失),用玻璃棒充分搅拌约 5min 后静置 24h,将样品移入 10mL 离心管中,加满去离子水,离心 20min,移除上层清液,注满去离子水后再次离心 20min,离心机两次转速均为 4000r/min。

(3)去除有机质:将样品移入烧杯中,在此过程中反复用少量去离子水多次冲洗离心管,确保离心管内壁上未残留样品颗粒,在烧杯中加入 10mL 10% 的 $H_2O_2$,在 60℃ 的水浴锅中水浴加热 12 ~ 13h,直到不再冒泡。从烧杯中将样品移至 10mL 离心管中,注满去离子水,离心 30min,移除上层清液,加满去离子水再次离心 30min,洗去多余的 $H_2O_2$。

(4)研磨成粉末:将样品移至烧杯中自然晾干或低温烘干,用玛瑙研钵研磨成粉末状。

(5)上机分析:将研磨好的样品压实在玻璃载玻片上,使得压实后的样品看起来较平整光滑,上机测试。

进行矿物的 X 射线衍射测试采用的仪器是丹东方圆仪器有限公司的 DX-2500 型 X 射线衍射仪。样品测试条件是:①石墨单射器,发散狭缝和散射狭缝都保持为 1°。②测试过程中 X 射线衍射仪的工作条件为 Cu 靶,管流 30mA,管压 35kV;扫描范围始终保持在(2θ)10°~90°。③确定扫描速度保持为 0.06°/s;主要根据大洋深海钻探 DSDP 的做法对全岩样品的矿物相对含量进行估算(吕华华,2005),同时考虑了 ODP 和 IODP 中的一些具体修改,选择的矿物鉴定窗口如表 3.5 所示。

表 3.5　所采用的全样 XRD 矿物鉴定窗口(DSDP,1968)

| 矿物 | 代码 | 窗口 | 对应 d 值 | 矿物 | 代码 | 窗口 | 对应 d 值 |
|---|---|---|---|---|---|---|---|
| 角闪石 | Am | 10.30~10.70 | 8.59~8.27 | 岩盐 | Hal | 45.30~45.65 | 2.00~1.99 |
| 石膏 | Gyp | 11.30~11.80 | 7.83~7.50 | 高岭石 | K | 12.20~12.60 | 7.25~7.02 |
| 辉石 | Py | 29.70~30.00 | 3.00~2.98 | 钾长石 | Or | 27.35~27.79 | 3.26~3.21 |
| 重晶石 | Ba | 28.65~29.00 | 3.11~3.08 | 钙十字沸石 | Phil | 17.50~18.00 | 5.06~4.93 |
| 方解石 | Cal | 29.25~29.60 | 3.04~3.01 | 斜长石 | Pl | 27.80~28.15 | 3.21~3.16 |
| 方英石 | Cri | 21.50~22.05 | 4.13~4.05 | 石英 | Q | 26.45~26.95 | 3.37~3.31 |
| 白云石 | Dol | 30.80~31.15 | 2.90~2.87 | 鳞石英 | Tri | 20.50~20.75 | 4.33~4.28 |
| 赤铁矿 | He | 33.00~33.40 | 2.71~2.68 | 针铁矿 | Ge | 36.45~37.05 | 2.46~2.43 |
| 磁铁矿 | Ma | 35.30~35.70 | 2.54~2.51 | 三水铝石 | Gi | 18.00~18.50 | 4.93~4.79 |
| 方沸石 | Anal | 15.60~16.20 | 5.68~5.47 | 菱锰矿 | Rho | 31.26~31.50 | 2.86~2.84 |
| 黄铁矿 | Pyr | 56.20~56.45 | 1.63~1.62 | 磷灰石 | Ap | 31.80~32.15 | 2.81~2.78 |
| 橄榄石 | Oli | 35.96~36.49 | — | — | — | — | — |

# 第四章　U1313 站碳氧同位素研究

有孔虫对环境的变化反应灵敏,具有数量丰富、易于鉴定、不能快速运动和不积极游移等特征。其壳体的碳氧同位素是提取古温度、古盐度和古洋流等方面信息的重要依据,在探索碳氧在大范围海洋–大气–陆地之间的循环机理等方面具有不可替代的作用。随着科学技术日益进步,稳定同位素理论得到不断完善,相关分析测试技术水平也得到迅速提高,有孔虫壳体的碳氧同位素作为目前使用最广泛、研究最深入也最有效的指标,已成为古海洋学研究中一个不可缺少的环节,在恢复地球古海洋、古气候变化方面具有越来越重要的作用。

1947 年,Urey 奠定了同位素热力学分馏的理论基础(Urey,1947)。1953 年,Epstein 等的研究表明平衡条件下从海水中析出的碳酸盐的氧同位素组成与海水同位素组成和海水温度之间存在函数关系(Epstein et al.,1953)。Shackleton 等后来也证明有孔虫的 $\delta^{18}O$ 是冰量、温度和区域盐度三个因子的函数,$\delta^{18}O$ 反映了冰量的变化(Shackleton et al.,1990)。1955 年,Emiliani 以浮游有孔虫壳体的氧同位素值首次成功解释了古海洋环境的变迁(Emiliani,1955)。

有孔虫壳体的氧同位素组成可以指示全球冰量变化的原理是:当冰期来临时,大量液态水被固结在极地冰盖和高山冰川,而以冰的形式存在的水富集 $^{16}O$,海水的 $^{18}O$ 相应地增加,$\delta^{18}O$ 值增大;间冰期时,由于气候温暖,极地冰盖和高山冰川大量融化,富集 $^{16}O$ 的融冰水通过各种途径最终注入海洋,造成海水的 $^{18}O$ 随之降低,海水的 $\delta^{18}O$ 值也随之相应地变小(Shackleton,1987;Oppo et al.,1995,1998)。因此,$\delta^{18}O$ 值变大,指示冰期,古温度降低,冰量增加;$\delta^{18}O$ 值变小,指示间冰期,古温度增高,冰量减少。

1961 年,Shackleton 在剑桥大学建立了稳定同位素分析试验室,通过十余年的不断努力,1973 年,其研究取得了突破性进展,奠定了氧同位素地层学的发展基础。Imbrie 等综合5 个浮游有孔虫的 $\delta^{18}O$ 的资料,编制了可代表全球气候演化特征的氧同位素地层年表,即著名的 0.8Ma BP 以来的时间标尺——SPECMAP(Imbrie et al.,1984)。Martinsonet 等对此进行了修订,建立了新的氧同位素地层年表(0.3Ma BP 以来的高分辨率时间标尺)(Martinsonet et al.,1987);Shackletont 等对赤道东太平洋 ODP 677 站的岩心研究,建立了 2.6Ma BP 以来的轨道周期年表(Shackletont et al.,1990)。ODP 第 138 航次的结果之一是建立了"1995 时间标尺"。Zachos 等总结了全球 40 余个 DSDP 和 ODP 钻孔的氧同位素资料,绘制了新生代氧同位素曲线——2001 时间标尺(Zachos et al.,2001)。Lisiechi 和 Raymo 总结了全球 57 个DSDP 和 ODP 钻孔的氧同位素数据,编纂了一条 5.3Ma BP 以来的综合深海氧同位素地层曲线——2005 时间标尺(Lisiechi et al.,2005)。

在自然界碳主要具有两种同位素——$^{13}C$ 和 $^{12}C$,并在自然过程中发生分馏。有孔虫在生长过程中壳体的 $\delta^{13}C$ 与环境水体的 $\delta^{13}C$ 保持平衡,因此能反映其生长时周围海水的碳同位素状况(Mulitza et al.,1999)。对海洋沉积物碳同位素的研究同样能够为第四纪海洋的演化提供重要的信息。

浮游有孔虫壳体的 $\delta^{13}C$ 是海水溶解总无机碳的函数(Spero,1992),由此可知有孔虫壳

体低的 $\delta^{13}C$ 值与海水平均 $\delta^{13}C$ 值的变化具有一致性。浮游有孔虫壳体碳同位素提供了上层水体生产率和 $^{12}C$ 通量的信息（Shackleton and Pisias，1985）。这些信息同样能够帮助我们了解大气圈 $CO_2$ 的变化（Shackleton et al.，1992）。浮游有孔虫 $\delta^{13}C$ 值可以指示表层海水的海气交换作用（Duplessy，1978）和海水的营养状况（Sarnthein et al.，1994）。底栖有孔虫碳同位素记录了底层海水循环的变化。例如，北大西洋水体的垂向运动将上层富氧水体带入底层，随着垂向混合作用的减弱，生物生产率下降，化石中碳同位素记录了这一变化。因此，通过分析底栖有孔虫壳体碳同位素可以重建海洋深水循环的变化历史（Sarnthein et al.，1994）。

# 第一节 U1313 站浮游有孔虫碳氧同位素记录

## 一、有孔虫壳体碳氧同位素特征分析

*Globigerinoides ruber* 属于表层种浮游有孔虫，主要生活在热带-亚热带暖水区，又可以分成白色和粉红色两种。U1313 站 A 孔和 D 孔拼接钻心碳氧同位素采用浮游有孔虫表层种 *G. ruber*（白色）测定，年代在 2414.2 ~ 1471.53ka BP，碳氧同位素记录分析结果如下。

碳氧同位素样品总数均为 228，$\delta^{18}O$ 值为 -0.46‰ ~ 1.54‰，均值为 0.56‰，中值为 0.59‰，众数为 0.65‰，标准差为 0.31‰，方差为 0.1，偏度为 -0.29，峰度为 0.43，分布曲线为尖峰分布，轻微左偏，接近正态分布（表 4.1，图 4.1、图 4.2）。在冰期-间冰期旋回中，$\delta^{18}O$ 值的最大变化幅度达到了约 2‰（$\Delta\delta^{18}O$）。$\delta^{13}C$ 值为 0.06‰ ~ 2.1‰，均值为 1.12‰，中值为 1.1‰，众数为 1.03‰，标准差为 0.36‰，方差为 0.13，偏度为 0.05，峰度为 -0.01，分布曲线为平峰分布，轻微右偏，近似正态分布。在冰期-间冰期旋回中，$\delta^{13}C$ 值的最大变化幅度达到了约 2.16‰（$\Delta\delta^{13}C$）。

表 4.1　$\delta^{18}O$ 和 $\delta^{13}C$ 描述统计量

| 项目 | 样品数 $N$ | 极小值（PDB）/‰ | 极大值（PDB）/‰ | 均值（PDB）/‰ | 中值（PDB）/‰ | 众数（PDB）/‰ | 标准差（PDB）/‰ | 方差 | 偏度 | 峰度 |
|---|---|---|---|---|---|---|---|---|---|---|
| $\delta^{18}O$ | 228 | -0.46 | 1.54 | 0.56 | 0.59 | 0.65 | 0.31 | 0.10 | -0.29 | 0.43 |
| $\delta^{13}C$ | 228 | 0.06 | 2.10 | 1.12 | 1.10 | 1.03 | 0.36 | 0.13 | 0.05 | -0.01 |

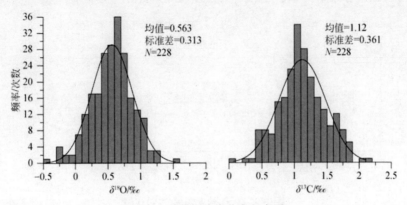

图 4.1　碳氧同位素分布频率图

利用 SPSS 软件的探索分析正态性检验功能,判断数据是否服从正态分布。对 $\delta^{18}O$ 和 $\delta^{13}C$ 进行修正过的 Kolmogorov-Smirnov 检验和 Shapiro-Wilk 检验,$\delta^{18}O$ 概率值为 0.20 和 0.24,大于 0.05,服从正态分布,$\delta^{13}C$ 的概率值为 0.06 和 0.42,大于 0.05,服从正态分布 (表 4.2)。对 $\delta^{18}O$ 和 $\delta^{13}C$ 进行相关分析,Pearson 简单相关系数为 −0.33,显著性(双侧)为 0,小于 0.1,在 0.1 水平(双侧)上显著相关,但属于负相关,相关性较小。

表 4.2　$\delta^{18}O$ 和 $\delta^{13}C$ 正态性检验

| 项目 | Kolmogorov-Smirnov[a] | | | Shapiro-Wilk | | |
|---|---|---|---|---|---|---|
| | 统计量 | df | Sig. | 统计量 | df | Sig. |
| $\delta^{18}O$ | 0.045 | 228 | 0.20 * | 0.992 | 228 | 0.239 |
| $\delta^{13}C$ | 0.058 | 228 | 0.064 | 0.993 | 228 | 0.420 |

a. Lilliefors 显著水平修正;*. 真实显著水平的下限。

图 4.2 是 U1313 站 *G. ruber* 碳氧同位素曲线对比图,利用 Grapher 8.0 软件拟合功能添加了 5 点滑动平均曲线并进行了线性拟合。本书选择 5 点滑动平均进行拟合,既考虑了低通滤波的效果,又尽量保留数据序列的信号。线性拟合可看作是曲线的斜率,反映了数据序列总体变化的趋势。

从图 4.2 可以看出,2414.2 ~ 1471.53ka BP,U1313 站 $\delta^{18}O$ 和 $\delta^{13}C$ 的总体变动趋势相反,$\delta^{18}O$ 值持续变大,而 $\delta^{13}C$ 逐渐变轻(图 4.2)。$\delta^{18}O$ 值变大的趋势大于 $\delta^{13}C$ 值逐渐变小的趋势。$\delta^{18}O$ 值变大,指示温度降低,冰量增加,验证了第四纪以来温度总体趋势下降的观点。

$\delta^{13}C$ 值波动幅度较大,2011.92ka BP 达到最大值 2.10,1649.61ka BP 减少至最小值 0.06‰。$\delta^{18}O$ 值波动幅度较小,1531.09ka BP 达到最大值 1.54‰,2203.93ka BP 减少至最小值 −0.46‰。如上所述,$\delta^{18}O$ 值 2414.2 ~ 1471.53ka BP 持续变大,其最大值和最小值分别位于两端点附近,符合持续变大的趋势。$\delta^{13}C$ 逐渐变轻,最大值却没有位于相应的 2415ka BP,反而位于偏中间部位,这从另一个侧面也反映了 $\delta^{13}C$ 值波动幅度较大。

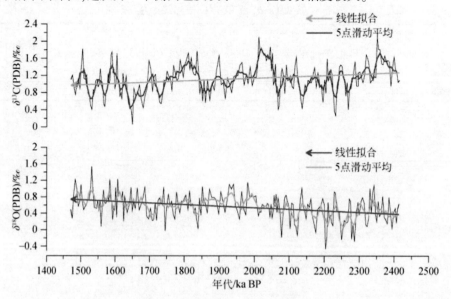

图 4.2　$\delta^{18}O$ 和 $\delta^{13}C$ 曲线对比图

从图 4.2 还可以看出 $\delta^{18}O$ 和 $\delta^{13}C$ 的波动在很多阶段明显呈现负相关。例如,$\delta^{18}O$ 在 1531.09ka BP 达到最大值 1.54‰,而此时 $\delta^{13}C$ 却正好处于一个低谷值;$\delta^{18}O$ 在 2203.93ka BP 减少至最小值时,$\delta^{13}C$ 却正好处于一个高峰值;这种情况在 1839.43ka BP 等处也可以轻易看到。实际上,在 2051~2358ka BP 长达约 200ka 之间,这种负相关表现得都非常明显。

$\delta^{18}O$ 在 1531.09~1627.71ka BP 和 2051~2350.56ka BP 波动幅度较大,围绕着趋势线上下摆动;在 1843.09~2051ka BP 波动幅度较小,均位于趋势线以上。

不过也应该注意到,$\delta^{18}O$ 和 $\delta^{13}C$ 的响应并不是处处都很明显。例如,在 2011.92ka BP,$\delta^{13}C$ 达到最大值 2.10‰,此时,$\delta^{18}O$ 值只是一个局部的低谷值,与 $\delta^{13}C$ 最大值的响应并不明显。这是因为有孔虫壳体 $\delta^{18}O$ 值的变化主要是受物理的因素(温度、盐度、冰期效应)以及生命效应影响,但是壳体的 $\delta^{13}C$ 值则主要是受极其复杂的生命效应控制,物理的因素居于相当次要的地位。因此,$\delta^{18}O$ 值和 $\delta^{13}C$ 值的变化有所不同非常正常。

从表 4.3 中可以看出,$\delta^{18}O$ 和 $\delta^{13}C$ 极差的年代差值之和为 1035.158ka,接近偏心率 100ka 周期的 10 倍;$\delta^{18}O$ 极小值减去 $\delta^{13}C$ 极大值的年代差值为 192.008ka,接近岁差 19ka 周期的 10 倍;$\delta^{18}O$ 极大值减去 $\delta^{13}C$ 极小值的年代差值为 118.52ka,接近岁差 23ka 周期的 5 倍;表中两个 1035.158 值来源道理相同,不过,从另一个角度也说明了 $\delta^{18}O$ 和 $\delta^{13}C$ 的极大值之差和极小值之差的年代差值之和接近 100ka 的 10 倍。

表 4.3　$\delta^{18}O$ 和 $\delta^{13}C$ 数值和年代差值的规律性

| 项目 | 极小值(PDB)/‰ | 极小值年代/ka | 极大值(PDB)/‰ | 极大值年代/ka | 数值差值(PDB)/‰ | 年代差值/ka | 差值之和/ka |
|---|---|---|---|---|---|---|---|
| $\delta^{18}O$ | -0.46 | 2203.929 | 1.54 | 1531.086 | 2 | 672.843 | 1035.158 |
| $\delta^{13}C$ | 0.06 | 1649.606 | 2.1 | 2011.921 | 2.04 | 362.315 | |
| $\delta^{18}O$ 极大值减去 $\delta^{13}C$ 极小值 | | | | | 1.48 | 118.52 | |
| $\delta^{18}O$ 极小值减去 $\delta^{13}C$ 极大值 | | | | | 2.56 | 192.008 | |
| $\delta^{18}O$ 极大值减去 $\delta^{13}C$ 极大值 | | | | | -0.56 | -480.835 | 1035.158 |
| $\delta^{18}O$ 极小值减去 $\delta^{13}C$ 极小值 | | | | | -0.52 | 554.323 | |

汪品先等指出已经发现全球大洋碳储库的长周期,每过 40 万~50 万年无论浮游或底栖有孔虫,无论哪一海区,$\delta^{13}C$ 值均周期性地出现最大值,即 $\delta^{13}C_{max}$ 事件,反映了大洋碳储库的改组(Wang et al.,2003;Wang et al.,2004);从图 4.2 可以看出,$\delta^{13}C$ 值最大的前三个值是 1.822‰(1504.53ka)、2.102‰(2011.92ka)和 2.097‰(2350.56ka),其中,2.102‰(2011.92ka)和 2.097‰(2350.56ka)很接近,年代差值为 507.39ka,接近汪品先提出的 $\delta^{13}C$ 值出现最大值的周期 400~500ka。1.822‰与 2.102‰和 2.097‰相比,有较大的差距,因此,很可能接近 2.10‰的 $\delta^{13}C$ 值很快出现,只不过由于资料的长度限制,没有在图上体现出来。

## 二、与 607$\delta^{18}O$ 等经典氧同位素曲线对比分析

### (一)氧同位素对比曲线的选择

丁仲礼等指出到 20 世纪 90 年代初为止,共有四条深海氧同位素时间标尺曲线影响较

大,分别是:①Imbrie 等建立的 0.8Ma BP 以来的时间标尺,即 SPECMAP(Imbrie et al.,1984);
②Martinson 等建立的 0.3Ma BP 以来的高分辨率时间标尺(Martinson et al.,1987);③
Ruddiman 等、Raymo 等在北大西洋钻孔 DSDP607 建立的 2.8Ma BP 以来的时间标尺
(Ruddiman et al.,1989;Raymo et al.,1989);④Shackleton 等在赤道太平洋钻孔 ODP 677 建立
的 2.6Ma BP 以来的时间标尺(Shackleton et al.,1996)。这四条时间标尺都是用轨道调谐的
方法建立的(丁仲礼等,1991a)。丁仲礼和余志伟等通过对黄土高原宝鸡剖面的研究,建立
了陆相沉积的时间标尺(丁仲礼等,1991b;Yu et al.,1998)。90 年代以来又有了新的发展,
ODP 第 138 航次的结果之一是建立了"1995 时间标尺"。Zachos 等(2001)总结了全球 40 余
个 DSDP 和 ODP 钻孔的氧同位素资料,绘制了新生代氧同位素曲线——2001 时间标尺
(Zachos et al.,2001)。Lisiechi 和 Raymo(2005)总结了全球 57 个 DSDP 和 ODP 钻孔的氧同
位素数据,编纂了一条 5.3Ma 以来的综合深海氧同位素地层曲线——2005 时间标尺
(Lisiechi and Raymo,2005)。

　　本研究测试得到了 U1313 站 A 孔和 D 孔拼接钻心浮游有孔虫 *G. ruber*(白色)1471 ~
2415ka BP 期间 $\delta^{18}$O 数据(简称 1313$\delta^{18}$O,下同)。因此,丁仲礼提到的前两条即 0.8Ma BP
和 0.3Ma BP 以来的时间标尺无法用来对比。本书选择了四条氧同位素曲线进行对比
(图 4.3),分别是 ODP677(简称 677$\delta^{18}$O,下同)、DSDP607(简称 607$\delta^{18}$O,下同)、2001 时间
标尺(简称 2001$\delta^{18}$O,下同)和 2005 时间标尺(简称 2005$\delta^{18}$O,下同)。其中,因为 IODPU
1313 站是对 DSDP607 的重新钻进,607$\delta^{18}$O 是本书的最主要对比曲线。

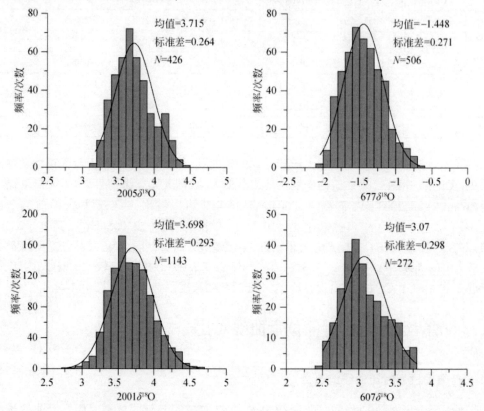

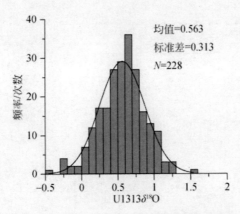

图 4.3　U1313 站 $\delta^{18}O$ 与四条经典 $\delta^{18}O$ 曲线频率对比图

### (二) 氧同位素曲线数据统计特征对比

从表 4.4 和图 4.4 中可以明确看出,五条曲线反映的 $\delta^{18}O$ 值的范围是明显不同的。a 图 677$\delta^{18}O$ 值在 $-2.4‰ \sim -0.4‰$,b 图 $\delta^{18}O$ 值在 $2.4‰ \sim 4.8‰$,c 图 $\delta^{18}O$ 值在 $-0.4‰ \sim 1.6‰$,d 图 $\delta^{18}O$ 值在 $2.0‰ \sim 4.0‰$,e 图 $\delta^{18}O$ 值在 $2.8‰ \sim 4.8‰$,这主要是采用的有孔虫种类不同造成的,不仅底栖和浮游有孔虫的 $\delta^{18}O$ 值差别很大,即使都是浮游有孔虫,因为种类不同造成的 $\delta^{18}O$ 值差别也很大。例如,Shackleton 和 Duplessy 等计算出有关 *Uvigerina peregerina* 与 *Cibicidoides wuellerstorfi* 的 $\delta^{18}O$ 值的差值标准,将 *Uvigerina peregerina* 的 $\delta^{18}O$ 值减去 0.64‰以后,与 *Cibicidoides wuellerstorfi* 的同位素相均衡(Shackleton et al.,1974;Duplessy et al.,1984)。a 图中 ODP677 的 $\delta^{18}O$ 数据是采用浮游有孔虫 *G. ruber* 的 $\delta^{18}O$ 数据,c 图 U1313 站 A 孔和 D 孔拼接钻心的 $\delta^{18}O$ 数据也是采用浮游有孔虫 *G. ruber* 的 $\delta^{18}O$ 数据,d 图,DSDP607 孔的 $\delta^{18}O$ 数据是采用底栖有孔虫 *Cibicidoides* 的 $\delta^{18}O$ 数据,b 图和 e 图均是采用多个钻孔的数据经过处理的来的曲线,其中 e 图是 Lisiecki 和 Raymo(2005)总结全球 57 个 DSDP 和 ODP 钻孔底栖有孔虫 $\delta^{18}O$ 数据。因此,$\delta^{18}O$ 值的范围不同是非常正常的。

表 4.4　参与对比的 $\delta^{18}O$ 值描述统计量

| 项目 | 样本数 $N$ | 极小值 (PDB)/‰ | 极大值 (PDB)/‰ | 均值 (PDB)/‰ | 中值 (PDB)/‰ | 众数 (PDB)/‰ | 标准差 (PDB)/‰ | 方差 | 偏度 | 峰度 |
|---|---|---|---|---|---|---|---|---|---|---|
| 1313$\delta^{18}O$ | 228 | -0.46 | 1.54 | 0.56 | 0.59 | 0.65 | 0.31 | 0.10 | -0.29 | 0.43 |
| 2001$\delta^{18}O$ | 1143 | 2.76 | 4.80 | 3.70 | 3.67 | 3.54 | 0.29 | 0.09 | 0.36 | 0.05 |
| 2005$\delta^{18}O$ | 426 | 3.18 | 4.41 | 3.72 | 3.69 | 3.68 | 0.26 | 0.07 | 0.38 | 0.48 |
| 607$\delta^{18}O$ | 272 | 2.50 | 3.80 | 3.07 | 3.02 | 2.82 | 0.30 | 0.09 | 0.43 | 0.15 |
| 677$\delta^{18}O$ | 506 | -2.04 | -0.67 | -1.45 | -1.47 | -1.47 | 0.27 | 0.07 | 0.11 | -0.27 |

从表 4.4、图 4.1 和图 4.3 可以看出,样品数量差别很大,2001$\delta^{18}O$ 样品数据量最多,达到 1143,677$\delta^{18}O$、2005$\delta^{18}O$、607$\delta^{18}O$ 和 1313$\delta^{18}O$ 样品数据数是分别是 506、426、272 和 228。

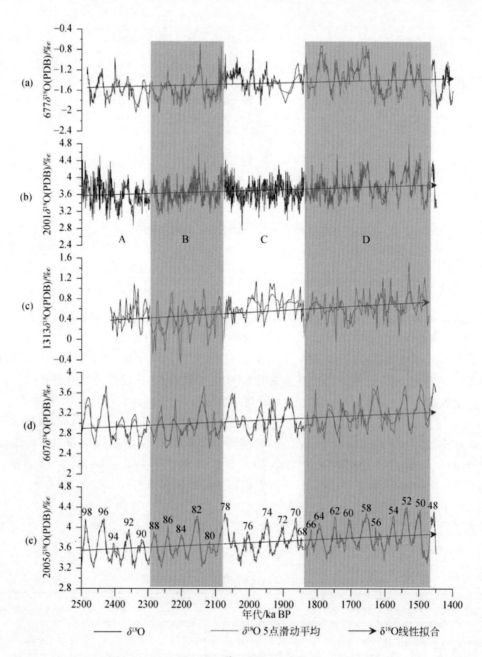

图 4.4　$\delta^{18}$O 曲线对比图

(a)677$\delta^{18}$O,ODP677 浮游有孔虫 *G. ruber* 1400~2484ka 期间 $\delta^{18}$O 数据(Shackleton,1996);(b)2001$\delta^{18}$O,
Zachos 等(2001)根据全球 40 余个 DSDP 和 ODP 钻孔的 $\delta^{18}$O 数据所绘曲线的 1451~2500ka 期间数据
(Zachos et al.,2001);(c)1313$\delta^{18}$O,本研究 U1313 站 A 孔和 D 孔拼接钻心浮游有孔虫 *G. ruber*(白色)
1471~2415ka 期间 $\delta^{18}$O 数据;(d)607$\delta^{18}$O,DSDP607 孔底栖有孔虫 *Cibicidoides* 1452~2500ka 期间 $\delta^{18}$O
数据(Raymo and Ruddiman,2004);(e)2005$\delta^{18}$O,Lisiecki 和 Raymo(2005)总结全球 57 个 DSDP 和 ODP 钻
孔底栖有孔虫 $\delta^{18}$O 数据所绘曲线 1450~2500ka 期间数据(Lisiecki and Raymo,2005)

因为样品数据量不同, $\delta^{18}$ O 曲线的数据密集度不一样, 图 4.4 中的 b 图要比其他图密集许多。

从表 4.4、图 4.1 和图 4.3 还可以看出, $1313\delta^{18}$ O 值介于 -0.46‰ ~ 1.54‰, 均值为 0.56‰, 中值为 0.59‰, 众数为 0.65‰, 标准差为 0.31‰, 方差为 0.1, 偏度为 -0.29, 峰度为 0.43, 分布曲线为尖峰分布, 轻微左偏, 接近正态分布。在冰期–间冰期旋回中, $\delta^{18}$ O 值的最大变化幅度达到了约 2‰( $\Delta\delta^{18}$ O)。 $2001\delta^{18}$ O 值介于 2.76‰ ~ 4.8‰, 均值为 3.7‰, 中值为 3.67‰, 众数为 3.54‰, 标准差为 0.29‰, 方差为 0.09, 偏度为 0.36, 峰度为 0.05, 分布曲线为尖峰分布, 右偏, 不服从正态分布。在冰期–间冰期旋回中, $\delta^{18}$ O 值的最大变化幅度达到了约 2.04‰( $\Delta\delta^{18}$ O)。 $2005\delta^{18}$ O 值介于 3.18‰ ~ 4.41‰, 均值为 3.72‰, 中值为 3.69‰, 众数为 3.68‰, 标准差为 0.26‰, 方差为 0.07, 偏度为 0.38, 峰度为 0.48, 分布曲线为尖峰分布, 右偏, 不服从正态分布。在冰期–间冰期旋回中, $\delta^{18}$ O 值的最大变化幅度达到了约 1.23‰ ( $\Delta\delta^{18}$ O)。 $607\delta^{18}$ O 值介于 2.5‰ ~ 3.8‰, 均值为 3.07‰, 中值为 3.02‰, 众数为 2.82‰, 标准差为 0.3‰, 方差为 0.09, 偏度为 0.43, 峰度为 0.15, 分布曲线为尖峰分布, 右偏, 不服从正态分布。在冰期–间冰期旋回中, $\delta^{18}$ O 值的最大变化幅度达到了约 1.3‰( $\Delta\delta^{18}$ O)。 $677\delta^{18}$ O 值介于 -2.04‰ ~ -0.67‰, 均值为 -1.45‰, 中值为 -1.47‰, 众数也为 -1.47‰, 标准差为 0.27‰, 方差为 0.07, 偏度为 0.11, 峰度为 -0.27, 分布曲线为平峰分布, 轻微右偏, 不服从正态分布。在冰期–间冰期旋回中, $\delta^{18}$ O 值的最大变化幅度达到了约 1.37‰( $\Delta\delta^{18}$ O)。

利用 SPSS 软件的探索分析正态性检验, 对 5 条 $\delta^{18}$ O 进行修正过的 Kolmogorov-Smirnov 检验和 Shapiro-Wilk 检验, $1313\delta^{18}$ O 概率值为 0.20 和 0.24, 大于 0.05, 服从正态分布, 其他 4 条曲线的概率值均小于 0.05, 不服从正态分布(表 4.5)。

**表 4.5　参与对比的 $\delta^{18}$ O 值正态性检验**

| 项目 | Kolmogorov-Smirnov[a] | | | Shapiro-Wilk | | |
|---|---|---|---|---|---|---|
| | 统计量 | df | Sig. | 统计量 | df | Sig. |
| $1313\delta^{18}$ O | 0.045 | 228 | 0.200[*] | 0.992 | 228 | 0.239 |
| $2001\delta^{18}$ O | 0.058 | 1143 | 0.000 | 0.990 | 1143 | 0.000 |
| $2005\delta^{18}$ O | 0.061 | 426 | 0.001 | 0.978 | 426 | 0.000 |
| $607\delta^{18}$ O | 0.078 | 272 | 0.000 | 0.972 | 272 | 0.000 |
| $677\delta^{18}$ O | 0.051 | 506 | 0.003 | 0.987 | 506 | 0.000 |

a. Lilliefors 显著水平修正; *. 真实显著水平的下限。

### (三) 氧同位素曲线分阶段对比

从图 4.4 中可以明显看出, 5 条 $\delta^{18}$ O 曲线的长期变化趋势是非常相似甚至是相同的。2414.2 ~ 1471.53ka BP, 5 条曲线的 $\delta^{18}$ O 值都是逐渐增大的, 根据 $\delta^{18}$ O 值增大指示温度降低和冰量增加的原理, 可以判断出 2414.2 ~ 1471.53ka BP, 气候虽然在不断波动, 但总的趋势是在不断变冷的。这和公认的第四纪以来全球气候持续变冷的主流观点是完全一致的。

从图 4.4 中可以看出, c 图 $1313\delta^{18}$ O 没有 2500 ~ 2414.2ka BP 的数据, 本书在选择其他 4 条 $\delta^{18}$ O 曲线的数据时, 有意延长至 2500ka BP 处。2500 ~ 2414.2ka BP, d 图 $607\delta^{18}$ O 和 e

图 2005$\delta^{18}$O 有一个明显的波动，a 图 677$\delta^{18}$O 和 b 图 2001$\delta^{18}$O 在此阶段也有波动，但波动幅度不如 d 和 e 图，而 c 图 1313$\delta^{18}$O 因为资料的限制，没有此阶段的数据，无法反映出此次波动情况。Shackleton 等通过分析北纬 56°附近的钻孔 DSDP522A，发现 2.5Ma BP 左右，这个地区有一次小的冰筏碎屑沉积，2.4Ma BP 前后出现第一个大的冰筏碎屑层（Shackleton et al.，1984）。Shackleton 的结论在图 4.3 中可以得到验证。

如图 4.4 中所示，c 图 1313$\delta^{18}$O，2414.2～1471.53ka BP 可以划分为 A、B、C 和 D 共四个阶段，各个阶段的特点如下。

### 1. A 阶段

2414.2～2291.38ka BP，时间跨度为 122.82ka。c 图 1313$\delta^{18}$O 5 点平滑后的曲线主要在趋势线上部波动，很少向下越过趋势线。1313$\delta^{18}$O 在 2342.72ka BP 和 2330.97ka BP 有两个峰值，分别为 1.08 和 1.01；d 图 607$\delta^{18}$O 在 2339.4ka BP 有一个峰值 3.18‰，与 c 图峰值的年代很接近。e 图 2005$\delta^{18}$O 在 2357.5ka BP 有一个峰值 3.96‰。在整个 A 阶段，5 条 $\delta^{18}$O 曲线各自的 $\Delta\delta^{18}$O 均较小，c 图、a 图和 d 图波动较平缓，b 图和 e 图波动幅度稍大。

### 2. B 阶段

2291.38～2078.46ka BP，时间跨度为 212.92ka。5 条 $\delta^{18}$O 曲线均波动剧烈，指示古气候大幅度升温和降温，至少应有 3 个冰期–间冰期旋回。c 图 1313$\delta^{18}$O 在 2203.93ka BP，$\delta^{18}$O 值减少至最小值−0.46‰，与该阶段内 2136.17ka BP 的较大值 1.01 相差了 1.47‰（$\Delta\delta^{18}$O）。d 图 607$\delta^{18}$O 在 2246ka BP 有一低谷值为 2.51‰，与该阶段内 2134.2ka BP 的较大值 3.72‰相差了 1.21‰（$\Delta\delta^{18}$O）。5 条 $\delta^{18}$O 曲线在 2150ka BP 前后均有一个明显的峰值，对应情况较好，c 图 1313$\delta^{18}$O 峰值（2136.17ka BP，1.01‰）和 d 图 607$\delta^{18}$O 峰值（2134.2ka BP，3.72‰）年代相差 1.97ka，非常接近，肉眼从图中难辨出年代区别，可以认为相同。e 图 2005$\delta^{18}$O 峰值为 4.23‰，年代为 2155ka BP；a 图 677$\delta^{18}$O 峰值为−0.67‰，年代为 2147ka BP；b 图 2001$\delta^{18}$O 峰值为 4.6‰，年代为 2151ka BP；5 条 $\delta^{18}$O 曲线峰值年代接近，相差较小。

### 3. C 阶段

2078.46～1839.43ka BP，时间跨度为 239.03ka。c 图 1313$\delta^{18}$O 值基本都在趋势线上部小幅度波动，说明气候波动不明显，温度较低，该时期应该对应一个漫长的冰期，一两个低谷值说明此期间可能有短暂的间冰期。d 图 607$\delta^{18}$O 和 e 图 2005$\delta^{18}$O 波动幅度较大；a 图 677$\delta^{18}$O 和 b 图 2001$\delta^{18}$O 波动较平缓，与 c 图 1313$\delta^{18}$O 波动情况类似，但与 c 图相比，向下越过趋势线的波动次数增多。c 图 1313$\delta^{18}$O 和 d 图 607$\delta^{18}$O 在 1935ka BP 前后有一个峰值，年代基本相同，对应情况较好，甚至连一个小小的分叉都几乎一模一样。c 图 1313$\delta^{18}$O 在 1929.1ka BP 有一个峰值 1.11‰，在 1941.1ka BP 处有一个峰值也为 1.11‰，中间 1935.1ka BP 处有一个相对低值 0.99‰，两峰值夹一相对谷值，在图形上表现为一个很小的分叉。d 图 607$\delta^{18}$O 情况类似，在 1929.3ka BP 处，有一个峰值 3.49‰，在 1935.9ka BP 处有一个峰值 3.49‰，中间 1932.6ka BP 处有一个相对低值 3.27‰，也是两峰值夹一相对谷值，在图形上同样表现为一个很小的分叉。c 图 1313$\delta^{18}$O 在 1958.32ka BP 处低谷值 0.26‰与 d 图 607$\delta^{18}$O 在 1952.6ka BP 处的低谷值 2.58‰对应也较好。也应该看到对应不太好的地方，c 图

1313$\delta^{18}$O 在 C 阶段的最大峰值 1.16‰位于 1981.31ka BP 处,与 a 图 677$\delta^{18}$O 对应相对较好,而与其他 3 条曲线对应都不明显,b 图 2001$\delta^{18}$O 在此处没有明显的峰值,与 d 图 607$\delta^{18}$O 在此处的峰值 3.42‰(1966.2ka BP)年代相差较大。而 e 图 2005$\delta^{18}$O 在此处附近竟然是一个低谷值。

4. D 阶段

1839.43～1471.53ka BP,时间跨度为 367.9ka。5 条 $\delta^{18}$O 曲线均波动剧烈,指示古气候大幅度升温和降温,至少应有 7 个冰期-间冰期旋回。在整个 D 阶段,5 条 $\delta^{18}$O 曲线各自的 $\Delta\delta^{18}$O 值均较大。c 图 1313$\delta^{18}$O 波动幅度较大,在该阶段内的 1531.09ka BP 处达到整条曲线的最大值 1.54,与该阶段内 1746.09ka BP 的最小值-0.02 的差值 $\Delta\delta^{18}$O 值约为 1.56,大于 A、B 和 C 阶段的 $\Delta\delta^{18}$O 值。d 图 607$\delta^{18}$O 在该阶段内有多个明显的峰值,在 1495.9ka BP 处、1541.2ka BP 处、1623ka BP 处和 1805.9ka BP 处达到峰值 3.78、3.75、3.74 和 3.68,其中 1541.2ka 处和 c 图 1313$\delta^{18}$O 的 1531.09ka BP 处的年代接近,相差约 10.11ka。e 图 2005$\delta^{18}$O 在 D 阶段的 1535ka BP 处也达到了整条曲线的最大值 4.41,位于 c 图 1313$\delta^{18}$O 峰值年代 1531.09ka BP 处和 d 图 607$\delta^{18}$O 峰值年代的 1541.2ka BP 处之间,分别相差 3.91ka 和 6.2ka。2005$\delta^{18}$O 在 1476ka BP 处达到 D 阶段内的最低值 3.31,使其在 D 阶段内的 $\Delta\delta^{18}$O 值达到 1.1,大于 A、B 和 C 阶段的 $\Delta\delta^{18}$O 值,说明 e 图 2005$\delta^{18}$O 在 D 阶段内波动幅度最大。a 图 677$\delta^{18}$O 在 D 阶段内波动幅度也较大,有多个明显的峰值和谷值,其中,在 1531ka BP 处达到峰值-0.84,年代与 c 图 1313$\delta^{18}$O 峰值的 1531.09ka BP 处的年代相同,对应良好。在 1603ka BP 处有一低谷值-1.9;与其他曲线在 1600ka BP 附近的低谷值对应良好。b 图 2001$\delta^{18}$O 在 D 阶段内波动幅度也较大,也有多个明显的峰值和谷值,其中,在 1532ka BP 处达到整条曲线的最大值 4.8,而 c 图 1313$\delta^{18}$O 在 1531.09ka BP 处达到整条曲线的最大值 1.54,e 图 2005$\delta^{18}$O 在 1535ka BP 处也达到了整条曲线的最大值 4.41,对应良好。a 图和 d 图在此附近也达到了较大的峰值,充分说明 1532ka BP 前后,各条曲线的 $\delta^{18}$O 最重或者较重,古气温在此前后应达到了一个极低值,全球冰量范围最大,应是一个明显的冰盛期。

在 1600ka BP 前后,各条曲线都有一个谷值,对应较好。c 图 1313$\delta^{18}$O 在 1599.13ka BP(0.47)和 1604.87ka BP(0.31)处各有一个谷值;d 图 607$\delta^{18}$O 在 1573.4ka BP(2.81)和 1608.7ka BP(2.86)各有一个谷值;e 图 2005$\delta^{18}$O 在 1602.5ka BP(3.37)处有一低谷值;a 图 677$\delta^{18}$O 在 1603ka BP(-1.9)和 1632ka BP(-1.9)处有两个低谷值;b 图 2001$\delta^{18}$O 在 1598ka BP(3.34)和 1608ka BP(3.37)有两个低谷值。Lisiechi 和 Raymo 总结了全球 57 个 DSDP 和 ODP 钻孔的氧同位素数据,编纂了一条 5.3Ma BP 以来的综合深海氧同位素地层曲线——2005 地质年代表(Lisiechi and Raymo,2005),在书中专门指出 1600ka BP 前后 $\delta^{18}$O 发生了突然的变化。其观点可以在图 4.4 中得到验证。

# 三、与 607$\delta^{13}$C 等经典碳同位素曲线对比分析

## (一)碳同位素对比曲线的选择

本研究测试得到了 U1313 站 A 孔和 D 孔拼接钻心浮游有孔虫 *G. ruber*(白色)1471～

2415ka BP 期间 $\delta^{13}$C 数据(简称 1313$\delta^{13}$C,下同);本书选择了另外两条碳同位素曲线进行对比,分别是 DSDP 607$\delta^{13}$C(简称 607$\delta^{13}$C,下同)、2001 时间标尺 $\delta^{13}$C(简称 2001$\delta^{13}$C,下同)。其中,因为 IODPU 1313 站是对 DSDP 607 的重新钻进,607$\delta^{13}$C 是本书最主要的对比曲线。

1313$\delta^{13}$C 数据是采用浮游有孔虫 *G. ruber* 的 $\delta^{13}$C 数据,DSDP 607 孔的 $\delta^{13}$C 数据是采用底栖有孔虫 *Cibicidoides* 的 $\delta^{13}$C 数据,2001$\delta^{13}$C 是采用多个钻孔的数据经过处理的曲线。

从表 4.6、图 4.5 和图 4.6 中可以看出,三条碳同位素曲线的范围不同,需要说明的是,图中范围不同是由于采用的有孔虫种类不同造成的,研究证明不仅底栖和浮游有孔虫的 $\delta^{13}$C 值差别很大,即使都是浮游有孔虫,因为种类不同造成的 $\delta^{13}$C 值差别也很大。例如,Shackleton 和 Duplessy 等计算出有关 *Uvigerina peregerina* 与 *Cibicidoides wuellerstorfi* 的 $\delta^{13}$C 值的差值标准,将 *Uvigerina peregerina* 的 $\delta^{13}$C 值加上 0.9‰以后,与 *Cibicidoides wuellerstorfi* 的同位素相均衡(Shackleton et al.,1974;Duplessy et al.,1984)。

**(二)碳同位素曲线数据统计特征对比**

从表 4.6 和图 4.5 可以看出,1313$\delta^{13}$C 和 607$\delta^{13}$C 样品数据量分别是 228 和 272,样品数量接近,2001$\delta^{13}$C 样品数据数量最多,达到 867,因为样品数据量不同,2001$\delta^{13}$C 曲线的数据密集度最大。

表 4.6  参与对比的 $\delta^{13}$C 值描述统计量

| 项目 | 样品数 N | 极小值(PDB)/‰ | 极大值(PDB)/‰ | 均值(PDB)/‰ | 中值(PDB)/‰ | 众数(PDB)/‰ | 标准差(PDB)/‰ | 方差 | 偏度 | 峰度 |
|---|---|---|---|---|---|---|---|---|---|---|
| 1313$\delta^{13}$C | 228 | 0.06 | 2.10 | 1.12 | 1.10 | 1.03 | 0.36 | 0.13 | 0.05 | −0.01 |
| 607$\delta^{13}$C | 272 | −0.13 | 1.33 | 0.83 | 0.87 | 0.96 | 0.28 | 0.08 | −0.6 | 0.19 |
| 2001$\delta^{13}$C | 867 | −1.01 | 1.33 | 0.08 | −0.11 | −0.25 | 0.58 | 0.34 | 0.54 | −0.94 |

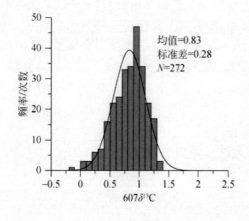
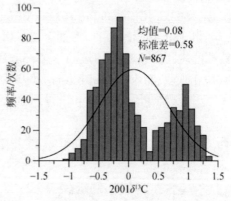

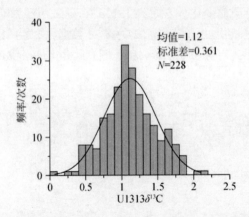

图 4.5 U1313$\delta^{13}$C、607$\delta^{13}$C 和 2001$\delta^{13}$C 频率图

从表 4.6 和图 4.5 可以看出,1313$\delta^{13}$C 值介于 0.06‰ ~ 2.1‰,均值为 1.12‰,中值为 1.1‰,众数为 1.03‰,标准差为 0.36‰,方差为 0.13,偏度为 0.05,峰度为 -0.01,分布曲线为平峰分布,轻微右偏,近似正态分布。在冰期-间冰期旋回中,$\delta^{13}$C 值的最大变化幅度达到了约 2.16‰($\Delta\delta^{13}$C)。607$\delta^{13}$C 值介于 -0.13‰ ~ 1.33‰,均值为 0.83‰,中值为 0.87‰,众数为 0.96‰,标准差为 0.28‰,方差为 0.08,偏度为 -0.6,峰度为 0.19,分布曲线为尖峰分布,轻微左偏,不服从正态分布。在冰期-间冰期旋回中,$\delta^{13}$C 值的最大变化幅度达到了约 1.46‰($\Delta\delta^{13}$C)。2001$\delta^{13}$C 值介于 -1.01‰ ~ 1.33‰,均值为 0.08‰,中值为 -0.11‰,众数为 -0.25‰,标准差为 0.58‰,方差为 0.34,偏度为 0.54,峰度为 -0.94,分布曲线为平峰分布,右偏,有大小两个峰,不服从正态分布。在冰期-间冰期旋回中,$\delta^{13}$C 值的最大变化幅度达到了约 2.34‰($\Delta\delta^{13}$C)。

利用 SPSS 软件的探索分析正态性检验功能,对 3 条 $\delta^{13}$C 进行修正过的 Kolmogorov-Smirnov 检验和 Shapiro-Wilk 检验,1313$\delta^{13}$C 的概率值为 0.06 和 0.42,大于 0.05,服从正态分布。607$\delta^{13}$C 和 2001$\delta^{13}$C 的概率值均小于 0.05,不服从正态分布(表 4.7)。

表 4.7 参与对比的 $\delta^{13}$C 值正态性检验

| 项目 | Kolmogorov-Smirnov[a] | | | Shapiro-Wilk | | |
|---|---|---|---|---|---|---|
| | 统计量 | df | Sig. | 统计量 | df | Sig. |
| 1313$\delta^{13}$C | 0.058 | 228 | 0.064 | 0.993 | 228 | 0.420 |
| 607$\delta^{13}$C | 0.076 | 272 | 0.001 | 0.974 | 272 | 0.000 |
| 2001$\delta^{13}$C | 0.144 | 867 | 0.000 | 0.923 | 867 | 0.000 |

a. Lilliefors 显著水平修正。

### (三)碳同位素曲线分阶段对比

图 4.4 显示,2414.2 ~ 1471.53ka BP,5 条 $\delta^{18}$O 曲线的长期变化趋势是非常相似甚至是相同的,$\delta^{18}$O 值都有逐渐变大的趋势。但从图 4.6 中却可以明确看出,3 条 $\delta^{13}$C 曲线的长期变化趋势差别明显。2414.2 ~ 1471.53ka BP,1313$\delta^{13}$C 值有明显变轻的趋势,而 607$\delta^{13}$C 和

2001$\delta^{13}$C 的长期趋势没有明显变化。考虑到 1313$\delta^{13}$C 是采用浮游有孔虫 *G. ruber* 的 $\delta^{13}$C 数据,而 607$\delta^{13}$C 是采用底栖有孔虫 *Cibicidoides* 的 $\delta^{13}$C 数据,推测 1313$\delta^{13}$C 值和 607$\delta^{13}$C 值的长期趋势的差别是由于浮游有孔虫 *G. ruber* 和底栖有孔虫 *Cibicidoides* 所引起的。

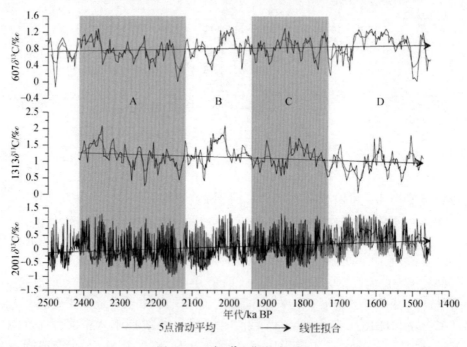

图 4.6　三条 $\delta^{13}$C 曲线对比图

607$\delta^{13}$C,DSDP607 孔底栖有孔虫 *Cibicidoides* 1452~2500ka 期间 $\delta^{13}$C 数据(Raymo and Ruddiman,2004);1313$\delta^{13}$C,本研究 U1313 站 A 孔和 D 孔拼接钻心浮游有孔虫 *G. ruber*(白色)1471~2415ka 期间 $\delta^{13}$C 数据;2001$\delta^{13}$C,Zachos 等根据全球 40 余个 DSDP 和 ODP 钻孔的 $\delta^{13}$C 数据所绘曲线的 1451~2500ka 期间数据(Zachos et al.,2001)

在选择 607$\delta^{13}$C 和 2001$\delta^{13}$C 的数据时,有意延长至 2500ka BP 处。607$\delta^{13}$C 的年代范围为 2499.8~1452ka BP,2001$\delta^{13}$C 的年代范围为 2500~1451ka BP,由于资料的限制,1313$\delta^{13}$C 的年代范围为 2414.2~1471.53ka BP,没有 2500~2414.2ka BP 的数据,从图 4.6 中可以看出,607$\delta^{13}$C 和 2001$\delta^{13}$C 在 2500~2414.2ka BP 对应情况并不理想。

从图 4.6 中可以观察出,如果不考虑长期趋势变化差异,2414.2~1471.53ka BP,1313$\delta^{13}$C 和 607$\delta^{13}$C 的波动情况很相似,其相似程度要比图 4.4 中 1313$\delta^{18}$O 和 607$\delta^{18}$O 的相似程度高得多。1313$\delta^{13}$C 和 607$\delta^{13}$C 仿佛是同一条曲线,只不过是在局部个别的地方被压缩和拉伸的程度不同罢了。而 2001$\delta^{13}$C 与 1313$\delta^{13}$C 和 607$\delta^{13}$C 相比较,虽然也能找到很多相似的地方,但总体差别较大。607$\delta^{13}$C 的时间尺度经过轨道调谐,1313$\delta^{13}$C 的时间尺度没有进行轨道调谐,而轨道调谐的过程就是对曲线的局部个别的地方进行压缩和拉伸,使之与靶函数相似。推测可能是有无进行轨道调谐造成 1313$\delta^{13}$C 和 607$\delta^{13}$C 曲线在局部个别时段图形表现有所不同。

因为 IODPU1313 站是对 DSDP607 的重新钻进,607$\delta^{13}$C 是本书最主要的对比曲线。如果以 1313$\delta^{13}$C 为准,对比 1313$\delta^{13}$C 和 607$\delta^{13}$C 以及 2001$\delta^{13}$C 曲线的异同,如图 4.6 中所示,

可以把 $1313\delta^{13}C$ 在 $2414.2 \sim 1471.53$ka BP 划分为 A、B、C 和 D 共四个阶段，各阶段的特点详述如下。

### 1. A 阶段

$2414.2 \sim 2119.5$ka BP，时间跨度为 294.7ka。在此阶段内，$1313\delta^{13}C$ 和 $607\delta^{13}C$ 曲线形状非常相似，峰值和谷值年代对应较好，年代的位差较小。$1313\delta^{13}C$ 值的最大变化幅度 $\Delta\delta^{13}C$ 达到了约 1.83‰，$607\delta^{13}C$ 值的最大变化幅度 $\Delta\delta^{13}C$ 达到了约 1.29‰，$2001\delta^{13}C$ 值最大变化幅度 $\Delta\delta^{13}C$ 达到了约 2.26‰。

A 阶段可以进一步粗略划分为两个小阶段。第一个小阶段，$2414.2 \sim 2330.97$ka BP，时间跨度为 83.23ka，$1313\delta^{13}C$、$607\delta^{13}C$ 和 $2001\delta^{13}C$ 值均主要在趋势线以上波动，三条曲线均有一个明显的峰值，且峰值的年代对应良好。$1313\delta^{13}C$ 的峰值为 2.097‰（2350.56ka BP），为整条曲线的第二极大值。$607\delta^{13}C$ 的峰值为 1.3‰（2360.8ka BP），接近整条曲线的极大值 1.33‰；$2001\delta^{13}C$ 的峰值为 1.25‰（2356.5ka BP）。$1313\delta^{13}C$、$2001\delta^{13}C$ 和 $607\delta^{13}C$ 峰值的年代差值为 5.94ka 和 4.3ka，5 点平滑后曲线的峰值年代更加接近；第二个小阶段，$2330.97 \sim 2119.5$ka BP，时间跨度为 211.47ka，$1313\delta^{13}C$、$607\delta^{13}C$ 和 $2001\delta^{13}C$ 值均主要在趋势线以下波动，三条曲线均有若干个明显的谷值。$1313\delta^{13}C$ 在 2232.14ka BP 处降低至 0.269，为整条曲线的第二极小值。$607\delta^{13}C$ 值在 2140.9ka BP 处降低至 0.01‰，为整条曲线的第二极小值，考虑到 $607\delta^{13}C$ 值的极小值 -0.13‰ 位于 2480.4ka BP，在 $1313\delta^{13}C$ 和 $607\delta^{13}C$ 可对比范围 $2414.2 \sim 1471.53$ka BP 之外，因此此处的第二极小值 0.01‰ 就是 $1313\delta^{13}C$ 和 $607\delta^{13}C$ 值可对比范围 $2414.2 \sim 1471.53$ka BP 内的极小值。$2001\delta^{13}C$ 的谷值为 -1.01‰（2156ka BP），也为整条曲线的极小值，最大变化幅度 $\Delta\delta^{13}C$ 达到了约 2.26‰。$1313\delta^{13}C$ 在 2136.17ka BP 处也有一个较小的谷值（0.438‰），与 $607\delta^{13}C$ 的极小值 0.01‰ 的年代（2140.9ka BP），$2001\delta^{13}C$ 的极小值 -1.01‰ 的年代（2156ka BP）对应较好。

### 2. B 阶段

$2119.5 \sim 1941.1$ka BP，时间跨度为 178.4 ka。在此阶段内，$1313\delta^{13}C$、$607\delta^{13}C$ 和 $2001\delta^{13}C$ 三条曲线形状非常相似，各自的极大值都位于 B 阶段，均在较短的时间段内，从低谷达到了整条曲线的最高峰。但如同 $607\delta^{13}C$ 曲线被拉伸一样，峰值和谷值年代对应有一定的位差。

$1313\delta^{13}C$、$607\delta^{13}C$ 和 $2001\delta^{13}C$ 在 B 阶段均围绕趋势线上下波动较明显，都各有一个显著的峰值和谷值。$1313\delta^{13}C$ 在 2011.92ka BP 处达到峰值 2.102‰，为整条曲线的极大值，在 2067.86ka BP 处达到谷值 0.414‰，在短短的 55.94ka 内，$\delta^{13}C$ 值波动明显，变化幅度 $\Delta\delta^{13}C$ 达到了约 1.69‰。$607\delta^{13}C$ 在 1994.6ka BP 处达到峰值 1.33‰，也为整条曲线的极大值，在 2048ka BP 处达到谷值 0.29‰，在短短的 53.4ka 内，$\delta^{13}C$ 值波动明显，变化幅度 $\Delta\delta^{13}C$ 达到了约 1.04‰。$2001\delta^{13}C$ 在 1998.7ka BP 处达到峰值 1.33‰（$2001\delta^{13}C$ 采用了 607 孔、659 孔、846 孔和 849 孔等的资料编制，此处峰值本来就是采用 607 孔的数值，但年代上处理不同，相互有一定的误差），同样为整条曲线的极大值，在 2089.86ka BP 处降到谷值 -0.93‰，在 91.16ka 内，$\delta^{13}C$ 值波动明显，变化幅度 $\Delta\delta^{13}C$ 达到了约 2.26‰。$1313\delta^{13}C$、$607\delta^{13}C$ 和 $2001\delta^{13}C$ 在 B 阶段内的峰值年代位差约 17.32ka 和 13.22ka，谷值年代位差约 19.86ka 和 22ka，年代位差值比较接近。

自 2067. 86ka BP 到 2011. 92ka BP 短短 55. 94ka 内,1313$\delta^{13}$C 值从低谷达到了整条曲线的最高峰,自 2048ka BP 到 1994. 6ka BP 短短 53. 4ka 内,607$\delta^{13}$C 值同样也从低谷达到了整条曲线的最高峰,与此类似,自 2089. 86ka BP 到 1998. 7ka BP 约 91. 16ka 内,2001$\delta^{13}$C 值同样也从低谷达到了整条曲线的最高峰。91. 16ka、55. 94ka 和 53. 4ka 差别较小,特别是 55. 94ka 和 53. 4ka 仅仅相差 2. 54ka,这三个时间段是如此的接近,1313$\delta^{13}$C、607$\delta^{13}$C 和 2001$\delta^{13}$C 三条曲线相互验证有力地证明在 1994. 6 ~ 2089. 86ka BP 前后 $\delta^{13}$C 值发生了快速急剧的波动。

**3. C 阶段**

1941. 1 ~ 1733. 36ka BP,时间跨度为 207. 74ka。在此阶段内,1313$\delta^{13}$C、607$\delta^{13}$C 和 2001$\delta^{13}$C 三条曲线形状相似程度不如 A 和 B 两阶段。607$\delta^{13}$C 曲线如同被压缩一样,1313$\delta^{13}$C 和 607$\delta^{13}$C 的峰值和谷值年代对应的位差进一步增大。

1313$\delta^{13}$C、607$\delta^{13}$C 和 2001$\delta^{13}$C 三条曲线在 C 阶段围绕趋势线上下波动不明显,1313$\delta^{13}$C 和 607$\delta^{13}$C 有一个峰值对应较好,均缺少显著的谷值。1313$\delta^{13}$C 在 1835. 35ka BP 处达到峰值 1. 777‰,在 1733. 36ka BP 达到谷值 0. 546‰,最大变化幅度 $\Delta\delta^{13}$C 达到了约 1. 231‰。607$\delta^{13}$C 的在 1849. 3ka BP 处达到峰值 1. 32‰,在 1759. 2ka BP 处达到谷值 0. 31‰,最大变化幅度 $\Delta\delta^{13}$C 达到了约 1. 01‰。2001$\delta^{13}$C 在 1858. 9ka BP 处达到峰值 1. 32‰(此处峰值本来就是采用 607 孔的数值,但年代上处理不同,相互有一定的误差,并且由于采用多孔的资料,往往会出现同一个年代,数据差别很大,有冲突,例如,在 1840ka BP 处,$\delta^{13}$值 607 孔为 0. 82‰,而 849 孔为 -0. 68‰,差别较明显。因此,对比价值不如 607$\delta^{13}$C 曲线),在 1839ka BP 处达到谷值 -0. 68‰(846 孔数据),1840 处也达到谷值 -0. 68‰(849 孔数据),最大变化幅度 $\Delta\delta^{13}$C 达到了 2‰。

**4. D 阶段**

1733. 36 ~ 1471. 53ka BP,时间跨度为 261. 83ka。在此阶段内,1313$\delta^{13}$C、607$\delta^{13}$C 和 2001$\delta^{13}$C 三条曲线形状相似程度不如 A 和 B 两阶段,与 C 阶段相似。607$\delta^{13}$C 曲线如同被拉伸一样,1313$\delta^{13}$C 和 607$\delta^{13}$C 的峰值和谷值年代对应的位差进一步增大。

1313$\delta^{13}$C 在 1649. 61ka BP 处降低至谷值 0. 062,为整条曲线的极小值,在 1504. 53ka BP 处达到峰值 1. 822‰。此外,1313$\delta^{13}$C 在 1600ka BP 前后还有两个显著的峰值,在 1590. 51ka BP 处达到峰值 1. 75‰,在 1604. 87ka BP 处达到峰值 1. 72‰。最大变化幅度 $\Delta\delta^{13}$C 达到了约 1. 76‰。波动幅度较显著。607$\delta^{13}$C 在 1488ka BP 处降低至谷值 0. 04‰,在 1600ka BP 前后有多个峰值。在 1573. 4ka BP 处达到峰值 1. 3‰,在 1612. 7ka BP 处达到峰值 1. 3‰,在 1648ka BP 处达到峰值 1. 29‰,最大变化幅度 $\Delta\delta^{13}$C 达到了约 1. 26‰,波动幅度较显著。

2001$\delta^{13}$C 波动幅度也较显著,大部分时间内在趋势线以上波动,在 1600ka BP 前后有多个峰值。在 1540ka BP 附近有一个明显低谷,而 607$\delta^{13}$C 相应的低谷在 1500ka BP 附近,1313$\delta^{13}$C 曲线与其对应的低谷居中,在 1530ka BP 附近,与 2001$\delta^{13}$C 和 607$\delta^{13}$C 各有约 10ka 和 30ka 的位差,对应较好。

# 第二节　古海水表层温度(SST)推算

## 一、SST 推算公式的选择

定量估算古海水表层温度(SST),是研究不同海区乃至整个地球气候系统演化过程和规律的最为关键性的环节,也是古海洋学研究中难以回避的前沿课题。影响 $\delta^{18}O$ 值变化的因素较多,从中提取出精确的水温信号,建立 $\delta^{18}O$ 值和 SST 之间的精确关系式,一直以来都是古海洋学家非常重视的研究热点和难点(Nurnberg et al.,2000)。

1947 年,Urey 发现了氧同位素与古气候之间的关联,他后来回忆说:"我突然发现手上握着一支地质温度计。"1955 年,Emiliani 发表了影响深远的深海沉积物内有孔虫氧同位素的学术论文——《更新世古温度》(Emiliani,1955)。

不同海区和不同物种的有孔虫壳体的 $\delta^{18}O$ 值在转换温度时的公式有所不同。Craig、Shackleton、Ganssen、Erez 和 Bemis 等人都先后提出了 $\delta^{18}O$ 计算 SST 的公式(表4.8)。1983年,Erez 和 Lue 将 Epstein 的公式修订为(Erez and Lue,1983)

$$T = 17.0 - 4.52(\delta^{18}O_F - \delta^{18}O_W) + 0.03(\delta^{18}O_F - \delta^{18}O_W)^2 \tag{4.1}$$

其中,$T$ 代表浮游有孔虫生活时的古海水表层温度(SST),℃;$\delta^{18}O_F$ 是实测值。

**表4.8　不同学者提出的根据 $\delta^{18}O$ 计算 SST 的公式**

| 文献 | $\delta^{18}O$ 转换温度公式 |
|---|---|
| Epstein 等(1953) | $T = 16.45 - 4.31(\delta^{18}O_F - \delta^{18}O_W) + 0.14(\delta^{18}O_F - \delta^{18}O_W)^2$ |
| Craig 等(1965) | $T = 16.9 - 4.2(\delta^{18}O_F - \delta^{18}O_W) + 0.13(\delta^{18}O_F - \delta^{18}O_W)^2$ |
| Shackleton(1974) | $T = 16.9 - 4.38(\delta^{18}O_F - \delta^{18}O_W) + 0.1(\delta^{18}O_F - \delta^{18}O_W)^2$ |
| Erez 和 Lue(1983) | $T = 17.0 - 4.52(\delta^{18}O_F - \delta^{18}O_W) + 0.03(\delta^{18}O_F - \delta^{18}O_W)^2$ |
| Ganssen 等(1987) | $T = 16.9 - 4.38(\delta^{18}O_F - \delta^{18}O_W + 0.27) + 0.1(\delta^{18}O_F - \delta^{18}O_W + 0.27)^2$ |
| Bemis 等(1998) | $T = 16.5 - 4.8\{\delta^{18}O_{shell}(PDB) - \delta^{18}O_{seawater}(SMOW) + 0.27\}$ |

注:$\delta^{18}O_F$ 为 $\delta^{18}O$ 的实测值,采用 PDB 标准,$\delta^{18}O_W$ 为有孔虫生存时期海水的背景值,为 SMOW 标准。

其中,Bemis 等(1998)校准的 $\delta^{18}O$ 转换温度公式,常被用于由大西洋地区 *G. ruber*(白色)的 $\delta^{18}O$ 来推算 SST(Bemis et al.,1998;Arbuszewski et al.,2010),本研究也采用此公式,具体方程式如下:

$$\delta^{18}O_{seawater}(SMOW) = \delta^{18}O_{shell}(PDB) + \frac{[T - 16.5]}{4.8} + 0.27 \tag{4.2}$$

即

$$T = 16.5 + 4.8[\delta^{18}O_{seawater}(SMOW) - \delta^{18}O_{shell}(PDB) - 0.27] \tag{4.3}$$

或者

$$T = 16.5 - 4.8 \left[ \delta^{18}O_{shell}(PDB) - \delta^{18}O_{seawater}(SMOW) + 0.27 \right] \qquad (4.4)$$

只要知道上述公式中的 $\delta^{18}O_{shell}$ 值和 $\delta^{18}O_{seawater}(SMOW)$，就能求出该时期的 SST。海水背景值 $\delta^{18}O_{seawater}(SMOW)$ 可以通过 Mg/Ca 值计算获得，也可以粗略假设为零，此时，计算出的 SST 与真实值有一定的差异。最完美的方法是用 Mg/Ca 值与 $\delta^{18}O$ 值相结合的方法计算表层大洋水温度(Elderfield and Ganssen, 2000)。在第五章中，将利用 Mg/Ca 值求出海水背景值 $\delta^{18}O_W$，本章利用 $\delta^{18}O$ 推算 SST，是在忽略海水背景值或者说假设海水背景值与现代海水相同的前提下进行的，假设 Bemis 等(1998)校准公式中的海水背景值 $\delta^{18}O_{seawater}(SMOW) = 0$，则公式简化为

$$T = 16.5 - 4.8 \left[ \delta^{18}O_{shell}(PDB) + 0.27 \right] \qquad (4.5)$$

由此公式推算出的 SST 数据已经绘制成曲线(图4.8)，不再单独列出。

## 二、SST 数据统计特征分析

SST 是把 $\delta^{18}O$ 代入 Bemis 等(1998)校准公式推算而来的，因此，SST 和 $\delta^{18}O$ 线性相关是必然的，但从图形表现来看，依然有一定的对比意义。

从表4.9、图4.7 和图4.8 可以看出，SST、碳氧同位素样品总数均为228，SST 值介于7.83~17.39℃，均值为12.5℃，中值为12.37℃，众数为12.06℃，标准差为1.5℃，方差为2.26，偏度为0.29，峰度为0.43，分布曲线为尖峰分布，轻微右偏，服从正态分布。有关碳氧同位素的统计特征描述可参看本章第一节，在此不再赘述。在冰期–间冰期旋回中，SST 值的最大变化幅度(ΔSST)达到了约9.56℃。

**表4.9  SST、$\delta^{18}O$ 和 $\delta^{13}C$ 描述统计量**

| 项目 | 样品数 $N$ | 极小值 (PDB)/‰ | 极大值 (PDB)/‰ | 均值 (PDB)/‰ | 中值 (PDB)/‰ | 众数 (PDB)/‰ | 标准差 (PDB)/‰ | 方差 | 偏度 | 峰度 |
|---|---|---|---|---|---|---|---|---|---|---|
| SST/℃ | 228 | 7.83 | 17.39 | 12.5 | 12.37 | 12.06 | 1.5 | 2.26 | 0.29 | 0.43 |
| $\delta^{18}O$ | 228 | −0.46 | 1.54 | 0.56 | 0.59 | 0.65 | 0.31 | 0.10 | −0.29 | 0.43 |
| $\delta^{13}C$ | 228 | 0.06 | 2.10 | 1.12 | 1.10 | 1.03 | 0.36 | 0.13 | 0.05 | −0.01 |

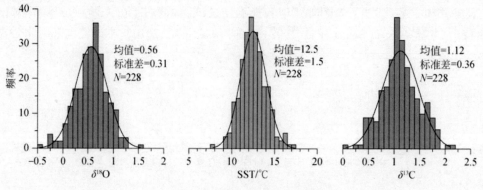

图4.7  SST、$\delta^{18}O$ 和 $\delta^{13}C$ 频率图

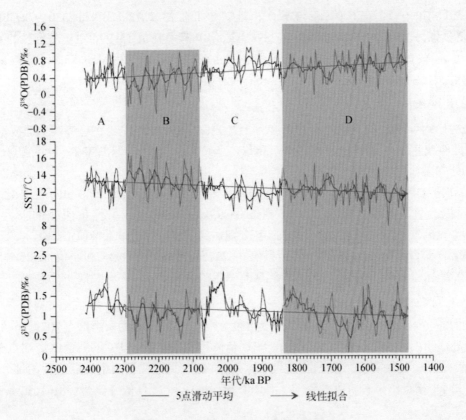

图 4.8 SST、$\delta^{18}$O 和 $\delta^{13}$C 曲线对比图

$\delta^{18}$O,本研究实测值,U1313 站 A 孔和 D 孔拼接钻心浮游有孔虫 *G. ruber*(白色)1471~2415ka BP 期间 $\delta^{18}$O 数据;
SST,本研究推算值,采用 Bemis 等(1998)校准公式,假设海水背景值为零,$\delta^{18}$O 采用上述本研究实测值;$\delta^{13}$C,
本研究 U1313 站 A 孔和 D 孔拼接钻心浮游有孔虫 *G. ruber*(白色)1471~2415ka BP 期间 $\delta^{13}$C 数据

从图 4.8 中可以看出,2414.2~1471.53ka BP,SST 的总趋势是持续降低的,和 $\delta^{18}$O 持续变重的趋势刚好相反。SST 和 $\delta^{13}$C 的总趋势非常相似,甚至可以说是相同。分析相关系数可知,SST 与 $\delta^{18}$O 的相关系数为-1,完全负相关,SST、$\delta^{18}$O 和 $\delta^{13}$C 的相关系数分别是 0.33 和-0.33。

## 三、SST 和碳氧同位素曲线分阶段对比分析

如图 4.8 所示,SST、$\delta^{18}$O 和 $\delta^{13}$C,2414.2~1471.53ka BP 可以划分为 A、B、C 和 D 共四个阶段,各个阶段的特点如下。

### 1. A 阶段

2414.2~2291.38ka BP,时间跨度为 122.82ka。SST 曲线主要在趋势线下部波动,$\delta^{18}$O 和 $\delta^{13}$C 曲线主要在趋势线上部波动,$\Delta\delta^{18}$O 为 1.04‰,$\Delta\delta^{13}$C 为 1.137‰,温度差 $\Delta$SST 为 4.97℃,三条曲线波动均较平缓。

$\delta^{18}$O 在 2342.72ka BP 和 2330.97ka BP 有两个峰值,分别为 1.08‰ 和 1.01‰,在

2394. 53ka BP 有一谷值 0.04‰；与 $\delta^{18}O$ 相对应，SST 在 2342.72ka BP 和 2330. 97ka BP 有两个谷值分别为 10.02℃ 和 10.36℃，在 2394.53ka BP 有一峰值 14.99℃，为 A 阶段的最大峰值；$\delta^{13}C$ 值在 2390.02ka BP 降至谷值 0.96‰，谷值不显著，在 2350.56ka BP 达到峰值 2.097‰，为整条曲线的第二极大值，与 SST 和 $\delta^{18}O$ 对应不好。

### 2. B 阶段

2291. 38 ~ 2078. 46ka BP，时间跨度为 212.92ka。SST 曲线主要在趋势线上部波动，$\delta^{18}O$ 和 $\delta^{13}C$ 曲线主要在趋势线下部波动，$\Delta\delta^{18}O$ 为 1.47‰，$\Delta\delta^{13}C$ 为 1.37‰，温度差 $\Delta SST$ 为 7.04℃，三条曲线波动均较剧烈。

SST、$\delta^{18}O$ 和 $\delta^{13}C$ 均有多个显著的峰值和谷值，$\delta^{18}O$ 值在 2203. 93ka BP，减少至最小值 -0.46‰，为整条曲线的极小值，SST 在 2203.93ka BP，则达到了整条曲线的极大值，为 17. 39℃。$\delta^{18}O$ 和 SST 值在 2136.17ka BP 分别达到了该阶段的最大峰值 1.01℃ 和最小谷值 10. 35℃。$\delta^{13}C$ 值在 2232.14ka BP 降至谷值 0.27‰，为整条曲线的第二极小值，在 2119.5ka BP 达到该阶段最大峰值 1.64‰，与 SST 和 $\delta^{18}O$ 有一定的位差。

### 3. C 阶段

2078. 46 ~ 1839. 43ka BP，时间跨度为 239.03ka。在 C 阶段的两个端点 2078.46ka BP 和 1839. 43ka BP 处，SST 值达到两个峰值，$\delta^{18}O$ 值降至两个谷值，但应该把这两个端点分别划分到两边的 B 和 D 阶段，C 阶段不应包含这两个端点，是指位于两个端点内部的部分，只是利用这两个端点作为 C 阶段的范围。考虑 C 阶段 SST 和 $\delta^{18}O$ 的峰值和谷值时，也不包含这两个端点。

C 阶段与 A 阶段类似，SST 曲线主要在趋势线下部波动，$\delta^{18}O$ 曲线主要在趋势线上部波动，$\delta^{13}C$ 则在趋势线上下波动，SST 和 $\delta^{18}O$ 波动平缓，而 $\delta^{13}C$ 则波动较剧烈。$\Delta\delta^{18}O$ 为 0.9‰，温度差 $\Delta SST$ 为 4.3℃，$\Delta\delta^{13}C$ 为 1.69‰。

SST 和 $\delta^{18}O$ 在 C 阶段的峰值和谷值均不显著。在 1958.32ka BP，$\delta^{18}O$ 减少至谷值 0. 26‰，SST 增大到峰值 13.96℃。在 1981.31ka BP，$\delta^{18}O$ 增大至峰值 1.16‰，SST 降低至谷值 9. 66℃。$\delta^{13}C$ 与 SST 和 $\delta^{18}O$ 在 C 阶段负相关较明显，有一个显著的峰值和谷值，在 2011. 92ka BP 处达到峰值 2.102‰，为整条曲线的极大值，在 2067.86ka BP 处达到谷值 0. 414‰，在短短的 55.94ka 内，$\delta^{13}C$ 值波动明显，变化幅度 $\Delta\delta^{13}C$ 达到了约 1.69‰。

### 4. D 阶段

1839. 43 ~ 1471. 53ka BP，时间跨度为 367.9ka。SST、$\delta^{18}O$ 和 $\delta^{13}C$ 均在趋势线上下波动，且幅度较大。$\Delta\delta^{18}O$ 为 1.56‰，$\Delta\delta^{13}C$ 为 1.76‰，温度差 $\Delta SST$ 为 7.48℃。

$\delta^{18}O$ 在 1531.09ka BP 处的峰值为 1.54‰，也是整条曲线的极大值，SST 在 1531.09ka BP 处的谷值为 7.83℃，也是整条曲线的极小值。$\delta^{18}O$ 在 1746.09ka BP 处的谷值为 -0.02，SST 在 1746.09ka BP 处的峰值 15.31℃。$\delta^{13}C$ 在 1649.61ka BP 处降低至谷值 0.062‰，为整条曲线的极小值，在 1504.53ka BP 处达到 D 阶段内的最大峰值 1.822‰。$\Delta\delta^{13}C$ 为 1.76‰。波动幅度较显著。此外，1313$\delta^{13}C$ 在 1600ka BP 前后还有两个显著的峰值，在 1590.51ka BP 处达到峰值 1.75‰，在 1604.87ka BP 处达到峰值 1.72‰。

从表 4.10 可看出，D 阶段的 $\Delta SST$、$\Delta\delta^{18}O$ 和 $\Delta\delta^{13}C$ 均最大，说明 D 阶段 SST、$\delta^{18}O$ 和 $\delta^{13}C$

三条曲线均波动剧烈,幅度最大。SST 和 $\delta^{18}O$ 在 B 阶段内波动也较明显,幅度较大;在 A 和 C 阶段内都较平缓,差别不大,C 阶段最平缓。$\delta^{13}C$ 波动情况与 SST 和 $\delta^{18}O$ 则有所差别,除了 D 阶段波动幅度最大以外,在 C 阶段内波动也较明显,幅度较大,其次是 B 阶段,A 阶段最平缓。SST 和 $\delta^{18}O$ 在各阶段波动幅度从大到小依次是:D→B→A→C;而 $\delta^{13}C$ 的相应顺序则是:D→C→B→A。

表 4.10 $\delta^{18}O$、SST 和 $\delta^{13}C$ 各阶段极值和差值

| 阶段 | $\delta^{18}O$ | | | SST | | | $\delta^{13}C$ | | |
|---|---|---|---|---|---|---|---|---|---|
| | 极大值<br>(PDB)/‰ | 极小值<br>(PDB)/‰ | $\Delta\delta^{18}O$<br>(PDB)/‰ | 极大值<br>/℃ | 极小值<br>/℃ | $\Delta$SST<br>/℃ | 极大值<br>(PDB)/‰ | 极小值<br>(PDB)/‰ | $\Delta\delta^{13}C$<br>(PDB)/‰ |
| A | 1.08 | 0.04 | 1.04 | 14.99 | 10.02 | 4.97 | 2.10 | 0.96 | 1.14 |
| B | 1.01 | -0.46 | 1.47 | 17.39 | 10.35 | 7.04 | 1.64 | 0.27 | 1.37 |
| C | 1.16 | 0.26 | 0.9 | 13.96 | 9.66 | 4.3 | 2.10 | 0.41 | 1.69 |
| D | 1.54 | -0.02 | 1.56 | 15.31 | 7.83 | 7.48 | 1.82 | 0.06 | 1.76 |

# 第三节　氧同位素反映的古气候变化

## 一、氧同位素反映的冰量变化

Emiliani 运用氧同位素进行了地层学研究的开拓性工作,估计了由于全球冰量及其同位素组成变化导致海水同位素组成改变模式中的冰蓄积量,认为冰期-间冰期周期变化过程中 $\delta^{18}O$ 在 1.7‰的变化中,冰蓄积量的改变只导致了其中 0.4‰的变化,而海水温度的改变应为主要因素(Emiliani,1955)。

随着更为成熟的极地冰盖氧同位素组成模型以及估算古冰量方法的发展,Emiliani 的学说受到了挑战(Dansgaard and Tauber,1969)。随后 Shackleton 和 Duplessy 等陆续发表了不同于 Emiliani 的观点,指出温度相对于冰蓄积量的改变等因素,影响同位素变化的作用很小(Shackleton,1967;Duplessy,1978)。深部水体和表层水体受温度的影响不同,但底栖和浮游类有孔虫氧同位素却具有良好的可比性。当前比较一致的看法是,冰期-间冰期中导致氧同位素组成发生重要变化的因素不是 Emiliani 等认为的受温度的影响,而是冰蓄积量的改变(Williams et al.,1988)。经估算冰蓄积量的改变导致了在最后冰川衰退期浮游有孔虫氧同位素 1.1‰的改变(Bard et al.,1987a)。因此,根据 $\delta^{18}O$ 值的变化,不但可以计算出有孔虫生存时期的温度,而且可以对全球冰量的变化进行推断(Broecker and Denton,1990b)。

由于氧同位素分析结果存在许多不确定因素,因此通常将氧同位素曲线看作地质历史时期冰川活动的大致曲线,氧同位素曲线是全球冰量变化的替代性指标。海洋沉积物氧同位素剖面记录了全球古冰川的变化。在图 4.9 中,$\delta^{18}O$ 曲线反映了 2415~1471ka BP 的冰川累积和消融。$\delta^{18}O$ 曲线的非对称性反映了冷期时冰雪的渐变累积和暖期时冰雪的突变消融

（Broecker and Denton，1990b）。可以定性地以图中 $\delta^{18}$O 曲线的 5 点滑动平均曲线作为考察对象，$\delta^{18}$O 曲线的线性拟合直线作为标准来判别冰期-间冰期的变化，位于箭头线以上，温度较低，冰量增加，冰川发育，认为是冰期；箭头线以下，温度升高，冰量减少，冰川消融，则为间冰期。可以发现在 2415～1471ka BP 共 944ka 期间，发生了多次冰川进退。

## 二、古气候变化各阶段分析

从图 4.9 可以看出，2414.2～1471.53ka BP，如果以 $\delta^{18}$O 曲线的 5 点滑动平均曲线的谷值作为分界线，可以把 $\delta^{18}$O 曲线划分为 A、B、C、D、E 和 F 六个阶段，各阶段又可以继续分为若干个亚阶段，各阶段 SST、$\delta^{18}$O 和 $\delta^{13}$C 描述统计量见表 4.11。以 $\delta^{18}$O 曲线波动情况为主（图 4.8、图 4.9），结合 SST 和 $\delta^{13}$C，对各阶段的特点详述如下。

### 1. A 阶段

包含 a、b、c、d 和 e 共五个亚段；2414.2～2286.69ka BP，时间跨度为 127.51ka。$\delta^{18}$O 曲线主要在趋势线上部波动，表 4.11 显示，各项指标均不突出，$\Delta\delta^{18}$O 为 1.36‰，$\Delta\delta^{13}$C 为 1.14‰，温度差 $\Delta$SST 为 6.55℃。$\delta^{13}$C 与 $\delta^{18}$O 和 SST 的相关系数为-0.45 和 0.45，大于整条曲线的相关系数-0.33 和 0.33，相关性较强。此阶段温度较低，全球冰量较发育。

### 2. B 阶段

包含 f、g、h 和 i 四个亚段；2286.69～2123.67ka BP，时间跨度为 163.02ka。$\delta^{18}$O 曲线主要在趋势线下部波动，波动剧烈。表 4.11 显示，$\delta^{18}$O 极小值出现在该段，$\Delta\delta^{18}$O 和温度差 $\Delta$SST 分别为 1.47‰和 7.05℃，在各阶段中最大，表明 $\delta^{18}$O 和 SST 在此阶段波动幅度最大。$\delta^{13}$C 波动幅度也较大，$\Delta\delta^{13}$C 为 1.33‰，并不是最大值。$\delta^{13}$C 与 $\delta^{18}$O 和 SST 的相关系数为-0.51 和 0.51，大于整条曲线的相关系数-0.33 和 0.33，相关性较强。此阶段温度较高，全球冰量退缩。

### 3. C 阶段

包含 j、k、l、m、n 和 o 六个亚段；2123.67～1839.43ka BP，时间跨度为 284.24ka，是各阶段中包含的亚段最多，时间跨度最长的一个阶段。$\delta^{18}$O、SST 曲线波动幅度较小，$\Delta\delta^{18}$O 为 1.34‰，温度差 $\Delta$SST 为 6.42℃，5 点平滑后曲线主要在趋势线上部波动，此阶段温度较低，全球冰量较发育。而 $\delta^{13}$C 与 SST 和 $\delta^{18}$O 在 C 阶段负相关较明显，有一个显著的峰值和谷值，在 2011.92ka BP 处达到峰值 2.102‰，为整条曲线的极大值，在 2067.86ka BP 处达到谷值 0.414‰，在短短的 55.94ka 内，$\delta^{13}$C 值波动明显，变化幅度 $\Delta\delta^{13}$C 达到了约 1.69‰。$\delta^{13}$C 与 $\delta^{18}$O 和 SST 的相关系数为-0.39 和 0.39，大于整条曲线的相关系数-0.33 和 0.33，相关性较强。此阶段与 A 阶段相似，温度较低，全球冰量较发育。

### 4. D 阶段

包含 p 和 q 两个亚段；1839.43～1707.7ka BP，时间跨度为 131.73ka。$\delta^{18}$O、SST 和 $\delta^{13}$C 曲线波动幅度较平缓，$\delta^{18}$O 的 5 点平滑后曲线主要在趋势线下部波动，SST 和 $\delta^{13}$C 则主要在趋势线上部波动，$\Delta\delta^{18}$O 为 1.07‰，$\Delta\delta^{13}$C 为 1.23‰，温度差 $\Delta$SST 为 5.12℃。$\delta^{18}$O、SST 和

$\delta^{13}$C 波动幅度均不如 C 阶段。$\delta^{13}$C 与 $\delta^{18}$O 和 SST 的相关系数为-0.1 和 0.1,小于整条曲线的相关系数-0.33 和 0.33,相关性较弱。此阶段,温度波动不明显较低,全球冰量发育程度较弱。

5. E 阶段

包含 r、s、t 和 u 四个亚段;1707.7 ~ 1559.19ka BP,时间跨度为 148.51ka。该阶段时间跨度比 D 阶段长不了太多,但比 D 阶段多两个亚段,说明在较短的时间段内,发生了多次波动。$\delta^{18}$O、SST 和 $\delta^{13}$C 曲线波动幅度均较剧烈,$\delta^{18}$O、SST 和 $\delta^{13}$C 的 5 点平滑后曲线主要在趋势线上下波动,$\Delta\delta^{18}$O 为 1.15‰,温度差 $\Delta$SST 为 5.52℃。$\delta^{13}$C 在 1649.61ka BP 处降低至谷值 0.062‰,为整条曲线的极小值,在 1600ka BP 前后有两个显著的峰值,在 1590.51ka BP 处达到峰值 1.75‰,在 1604.87ka BP 处达到峰值 1.72‰。$\Delta\delta^{13}$C 为 1.69‰,波动剧烈。$\delta^{13}$C 与 $\delta^{18}$O 和 SST 的相关系数为-0.17 和 0.17,小于整条曲线的相关系数-0.33 和 0.33,相关性较弱。此阶段温度冷暖交替频繁,全球冰量短时间内大幅度进退,变化明显。

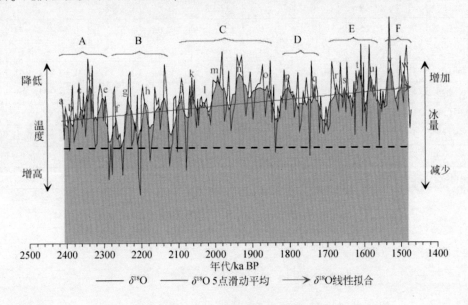

图 4.9　$\delta^{18}$O 反映的古气候变化阶段

6. F 阶段

包含 v 和 w 两个亚段。1559.19 ~ 1471.53ka BP,时间跨度为 87.66ka,是时间跨度最小的一个阶段。可能应该和 E 阶段合并为一个大的阶段。

$\delta^{18}$O 在 1531.09ka BP 处的峰值为 1.54,也是整条曲线的极大值,SST 在 1531.09ka BP 处的谷值为 7.83℃,也是整条曲线的极小值。表 4.11 显示,$\Delta\delta^{18}$O 为 1.46‰,$\Delta\delta^{13}$C 为 1.41‰,温度差 $\Delta$SST 为 6.99℃。$\delta^{13}$C 与 $\delta^{18}$O 和 SST 的相关系数为-0.41 和 0.41,大于整条曲线的相关系数-0.33 和 0.33,相关性较强。此阶段与 C 阶段相似,温度较低,全球冰量较发育。

**表 4.11　各阶段 SST、$\delta^{18}O$ 和 $\delta^{13}C$ 描述统计量**

| | | 样品数 $N$ | 极小值 | 极大值 | 均值 | 中值 | 众数 | 标准差 | 方差 | 偏度 | 峰度 |
|---|---|---|---|---|---|---|---|---|---|---|---|
| A | SST/℃ | 32 | 10.02 | 16.57 | 12.96 | 13.19 | 10.02 | 1.46 | 2.15 | 0.07 | -0.01 |
| | $\delta^{18}O/\%$ | 32 | -0.26 | 1.08 | 0.47 | 0.42 | -0.29 | 0.31 | 0.09 | -0.07 | 0.01 |
| | $\delta^{13}C/\%$ | 32 | 0.96 | 2.10 | 1.36 | 1.31 | 0.96 | 0.29 | 0.09 | 0.05 | -0.3 |
| B | SST/℃ | 42 | 10.35 | 17.39 | 13.53 | 13.44 | 10.35 | 1.71 | 2.94 | 0.29 | -0.53 |
| | $\delta^{18}O/\%$ | 42 | -0.46 | 1.01 | 0.35 | 0.37 | -0.46 | 0.36 | 0.13 | -0.29 | -0.53 |
| | $\delta^{13}C/\%$ | 42 | 0.27 | 1.60 | 1.01 | 1.05 | 1.05 | 0.31 | 0.1 | -0.46 | 0.09 |
| C | SST/℃ | 63 | 9.66 | 16.07 | 12.37 | 12.2 | 11.49 | 1.4 | 1.96 | 0.47 | 0.25 |
| | $\delta^{18}O/\%$ | 63 | -0.18 | 1.16 | 0.59 | 0.63 | 0.42 | 0.29 | 0.09 | -0.47 | 0.25 |
| | $\delta^{13}C/\%$ | 63 | 0.41 | 2.10 | 1.2 | 1.16 | 0.41 | 0.37 | 0.14 | 0.17 | -0.38 |
| D | SST/℃ | 31 | 10.19 | 15.31 | 12.53 | 12.28 | 10.19 | 1.28 | 1.63 | 0.42 | -0.31 |
| | $\delta^{18}O/\%$ | 31 | -0.02 | 1.04 | 0.56 | 0.61 | -0.02 | 0.27 | 0.07 | -0.42 | -0.31 |
| | $\delta^{13}C/\%$ | 31 | 0.55 | 1.78 | 1.19 | 1.2 | 0.55 | 0.31 | 0.1 | -0.23 | -0.23 |
| E | SST/℃ | 41 | 9.3 | 14.82 | 12.02 | 12.06 | 9.3 | 1.35 | 1.83 | -0.01 | -0.52 |
| | $\delta^{18}O/\%$ | 41 | 0.08 | 1.23 | 0.66 | 0.65 | 0.08 | 0.28 | 0.08 | 0.01 | -0.52 |
| | $\delta^{13}C/\%$ | 41 | 0.06 | 1.75 | 0.94 | 0.9 | 0.06 | 0.37 | 0.14 | 0.27 | 0.26 |
| F | SST/℃ | 24 | 7.83 | 14.82 | 11.81 | 11.88 | 7.83 | 1.49 | 2.21 | -0.7 | 1.36 |
| | $\delta^{18}O/\%$ | 24 | 0.08 | 1.54 | 0.71 | 0.69 | 0.08 | 0.31 | 0.1 | 0.7 | 1.36 |
| | $\delta^{13}C/\%$ | 24 | 0.41 | 1.82 | 1.02 | 1.05 | 1.11 | 0.29 | 0.09 | 0.4 | 1.78 |

# 第五章　U1313 站 Mg/Ca 记录重建古海水表层温度(SST)

## 第一节　有孔虫壳体 Mg/Ca 的研究意义

### 一、有孔虫壳体 Mg/Ca 重建 SST 的优越性/优点

反演/重建古海水表层温度(SST)是古海洋学研究的核心内容,也是研究全球气候与环境变化的前沿热点课题。目前估算 SST 的方法有很多种,大致可以分为基于古生物法的浮游有孔虫统计法(如转换函数法,Imbrie and Kipp,1971)、稳定同位素法(氧同位素古温度,Mulitza et al.,1997)、有机地球化学方法($U_{37}^k$古温度,Jose et al.,2002)和微量元素方法(Mg/Ca 值古温度,Lea et al.,2000)等。

Imbrie 和 Kipp 通过建立基于古生物方法的浮游有孔虫转换函数法(Imbrie-Kipp transfer function,IKTF)来定量估算海水古温度(Imbrie and Kipp,1971),随后又做了进一步的提炼(Imbrie et al.,1973;Kipp,1976);现代类比法(modern analog technique,MAT)由 Hutson 提出,经 Prell、Howard 和 Prell 进一步改善,比 IKTF 的估算效果好,误差也要小(Hutson,1980;Prell,1985;Howard and Prell,1992;Ortiz and Mix,1997)。由于浮游有孔虫生活层位不易确定,影响其群落组合的因素较多,转换函数法和现代类比法等方法在反演/重建古海水表层温度(SST)应用中有很大的局限性(李建如,2005)。Brassell 研究发现 $U_{37}^k$ 是一个很好的古温度指标,与浮游有孔虫的 $\delta^{18}O$ 值具有良好的相关性($r=0.932$),最早提出了长链不饱和酮 $U_{37}^k$ 方法(Brassell,1986),通过海洋沉积物中的长链不饱和酮的不饱和程度来反演估算古海水表层温度(SST),其精确度较高,达到±0.6℃(Prahl,1987;Sikes,1993)。因为这种方法不受表层海水古盐度(SSS)和冰盖变化等因素影响,是一种估算 SST 的重要手段(Brassell,1986;陈建芳,2002)。但是,这种方法也受到一定的限制,主要是因为它所反映的是何季节的海水表层温度等问题尚不十分明确(Muller et al.,1998)。

通过测定有孔虫壳体 $\delta^{18}O$ 可以建立完善氧同位素地层学、进行冰期/间冰期的划分和气候周期性变化的研究,可以用于确定古海水温度(Duplessy et al.,1992)。然而,除海水温度外,有孔虫壳体 $\delta^{18}O$ 与海水盐度以及由海水上涌导致的各种环境因素有关(Patience and Kroon,1991),并且我们对有孔虫生长所处的深度变化以及季节变化等影响因素所知甚少(Bard et al.,1987),把温度从影响同位素组成的各种影响因素中剥离出来是困难的。通过有孔虫壳体 $\delta^{18}O$ 数据估算古海水温度仍然是一项困难的工作,影响同位素组成的各种环境因子也有待进一步的研究(沈吉等,2010)。

自从 Nürnberg 在 1996 年建立了 Mg/Ca 值和海水古温度之间精确的方程式以来,该方

法得到了大家普遍的认可,作为优良的"古温度测试计",被认为是目前计算海水古温度的众多方法中最为成功的方法。陈萍等通过对比,总结出这种方法优越性主要体现在 3 个方面:首先,多个海区多种浮游有孔虫壳体精确地记录了它们当时的海水古温度;其次,Mg/Ca 测试和测试 $\delta^{18}O$ 时用到的有孔虫壳体量虽然不同,但有孔虫壳体的种类可以是相同的,可比性强;最后,如果对样品处理较好,可以真实地反映当时的古水温,人为干扰因素较少(陈萍,2003;陈萍等,2004)。

## 二、有孔虫壳体 Mg/Ca 重建 SST 的研究进展

自从确认海洋沉积物存在历史变动以来,古海洋学家就一直致力于建立对应的海洋温度变化历史(Lea,2003)。

1922 年,Clarke 和 Wheeler 发现了生源碳酸盐中 Mg 成分和温度之间存在一定的关系,推测这种关系存在确切的原因,并且认为这种关系是很有用的(Clarke and Wheeler,1922)。1954 年,Chave 研究得出有孔虫壳体中 Mg 的含量的变化和随纬度的变化有关,认为生物碳酸钙壳体中 Mg 的含量和该生物生长时水温之间应存在函数关系(Chave,1954)。20 世纪 70 和 80 年代,有孔虫壳体 Mg 含量和水温之间的关系引起了更多学者的关注,相关的研究不断加快,取得了更多的成果。

Savin 等的研究也表明,*Globigerinoides sacculifer* 等有孔虫壳体中 Mg 的含量与当时的水温关系密切(Savin and Douglas,1973;Bender et al.,1975);80 年代 Cronblad 和 Malmgren 在研究中第一次将 Mg/Ca 值以及 Sr/Ca 值的变化情况与古气候的波动联系起来(Cronblad and Malmgren,1981);Delaney 等研究发现当温度上升 10℃,有孔虫壳体中 Mg 的含量可增加 40% ~130%(Delaney et al.,1985)。20 世纪 90 年代以来,通过生物壳体推测 SST 取得了突破性进展,Mg/Ca 值在古温度研究中日益重要。1995 和 1996 年,Dirk Nürnberg 在撰写博士论文过程中,确定了令人信服的 Mg/Ca 值与温度的函数方程(Nürnberg,1995;Nürnberg et al.,1996),同时其他学者的研究也证明了底栖有孔虫壳体的 Mg/Ca 值与温度之间的函数关系(Russell et al.,1994;Rosenthal et al.,1997)。Elderfield 和 Ganssen 等得出了 Mg/Ca 与水温为指数关系的结论(Elderfield and Ganssen,2000)。

自从 1996 年 Nürnberg 给出了水温与 Mg/Ca 值的函数方程以来,短短十几年时间里,Mg/Ca 值已经得到广泛应用,在古海洋学和古气候学的研究中取得了一些显著成就。

Hasting 等于 1998 年对前处理中清洗有孔虫壳体的方法进行了改良,通过研究发现末次冰盛期以来表层海水温度升高了大约 2.6℃(Hasting et al.,1998)。Mashiotta 等则利用 Mg/Ca 值研究发现冰期时的海水 $\delta^{18}O$ 要比间冰期时重 1‰,且海水温度变化与有孔虫壳体的 $\delta^{18}O$ 的变化存在大约 1 ~3ka 的提前量(Mashiotta et al.,1999)。Lear 等发现 Mg/Ca 值所估算的温度与底栖有孔虫 $\delta^{18}O$ 值变化趋势吻合较好(Lear et al.,2000)。2002 和 2003 年,Koutavas 等和 Rosenthal 等分别研究发现不同海区水温变化存在差异,末次冰盛期时,苏禄海 SST 较现代水温低 2.3±0.5℃,赤道东太平洋仅存在 1.2℃ 的差值(Koutavas et al.,2002;Rosenthal et al.,2003)。Lea 等研究发现高低纬度的赤道大西洋和格陵兰 Mg/Ca 值记录指示的温度末次冰期存在同时变化的情况,温度在新仙女木期下降约 3 ~4℃(Lea et al.,2003)。

Shevenell 等研究发现中新世西南太平洋的 SST 下降约 7℃,SST 的变化受地球轨道偏心率周期的控制(Shevenell et al.,2004)。田军在南海的研究发现晚上新世时热带 SST 降低了 2~3℃(Tian et al.,2005)。Sosdian 和 Rosenthal 利用底栖有孔虫壳体的 Mg/Ca 值重建了 3.2Ma BP 以来北大西洋深层海水古温度,并与底栖有孔虫壳体 $\delta^{18}$O 值相结合,估算了冰量变化(Sosdian and Rosenthal,2009)。Groeneveld 和 Chiessi 2011 年研究了南大西洋 38 个岩心浮游有孔虫 G. inflata 的 Mg/Ca 值,认为利用 G. inflata Mg/Ca 值重建永久温跃层古水温很有潜力(Groeneveld and Chiessi,2011)。

## 三、有孔虫壳体 Mg/Ca 值重建 SST 的原理

研究发现 Mg 元素和 Ca 元素在海水中驻留的时间有所不同,分别约为 13Ma 和 1Ma(Broecker and Peng,1982;Lea et al.,1999),在一定的时间范围(10~100ka),溶解在大洋中的 Mg 元素在时间和空间上并无大的变化(Broecker and Peng,1982),因此海水中的 Mg/Ca 值被看作一个常量。

有孔虫碳酸盐壳体形成过程中需要不断从海水中吸收 Mg 和 Ca 等元素,研究表明当 Mg 与有孔虫碳酸盐壳体中的 Ca 进行置换时对壳体形成的温度较敏感,并且因为 Mg 置换壳体中的 Ca 是一个吸热过程,所以温度升高时会使这种置换过程加速,Mg 含量不断增加。因此,SST 升高时,有孔虫壳体 Mg/Ca 值会随之增高(Eggins et al.,2003)。现在的看法是由于海水中的 Mg/Ca 值基本是被看作一个常量,因此当有孔虫壳体 Mg/Ca 值发生变化就代表着周围环境也发生了变化,并且从有孔虫壳体 Mg/Ca 值估算出的温度可看作某种有孔虫属种在某个水深范围和季节的成壳温度(Barker et al.,2003)。

基于以上原理,就可以利用有孔虫壳体 Mg/Ca 的值来重建当时的海水温度(Lea et al.,2003)。并且因为深海沉积的有孔虫壳体中 Mg 含量不高,对温度的变化反应非常显著,Mg/Ca 值的变化幅度非常明显(Lea,2003)。经研究发现,温度和 Mg/Ca 值的关系是,当温度每升高 1℃ 时,深海沉积的浮游有孔虫壳体中的 Mg/Ca 值相应增加(9±1)%。目前利用有孔虫中的 Mg/Ca 值来重建海水温度是计算古温度的众多方法中最为成功的方法。

周围环境和人为的污染普遍可能存在于有孔虫壳体的沉积、埋藏和取样的过程中,而有孔虫壳体中 Mg 含量较低,其测试结果很容易受到各种污染的影响。有孔虫壳体的挑选和规范的清洗方法是 Mg/Ca 值能否准确测试的关键(Hastings et al.,1998;Martin et al.,2002)。

## 第二节　U1313 站有孔虫壳体 Mg/Ca 和 Sr/Ca 记录

U1313 站 A 孔和 D 孔拼接钻心 Mg/Ca 值采用浮游有孔虫表层种 G. ruber(白色)测定,年代在 2414.2~2253.77ka BP。与 Mg/Ca 值同时测试出的结果还包括 Sr/Ca、Fe/Ca、Mn/Ca、Mn/Ca、Fe/Mg 和 Ca 含量等多个指标数据,由于目前 Fe/Ca、Mn/Ca、Mn/Ca、Fe/Mg 和 Ca 含量等指标的古气候指示意义尚不明确,故暂不参与讨论。Sr/Ca 测温的介质更多是利用珊瑚而非有孔虫壳体,但也有学者利用有孔虫壳体 Sr/Ca 来重建古气候变化(Cronblad and Malmgren,1981;Martin et al.,1999),因此,本部分同时分析 U1313 站有孔虫壳体的

Mg/Ca 和 Sr/Ca 记录,但以 Mg/Ca 记录为主。

　　由于测定每个样品的 Mg/Ca 需要近百枚壳径 250~300μm(或更大)的有孔虫壳体,比测定氧碳同位素对样品的要求高得多,加上时间和经费的限制,共挑选了 41 个 *G. ruber*(白色)有孔虫壳体样品进行测试,每个样品均做一个平行样,都测试 5 次,相对标准偏差均小于0.3%。采用两次平行测试结果数据的平均值进行数据分析和绘图。

# 一、Mg/Ca 和 Sr/Ca 数据统计特征分析

　　测试结果表明(表 5.1,图 5.1),Mg/Ca 和 Sr/Ca 样品总数均为 41,Mg/Ca 值介于 2.43~3.37mmol/mol,均值为 2.98mmol/mol,中值为 2.99mmol/mol,众数为 2.43mmol/mol,标准差为 0.23mmol/mol,方差为 0.05,偏度为-0.4,峰度为-0.57,分布曲线为平峰分布,轻微左偏,接近正态分布;Sr/Ca 值介于 1.36~1.42mmol/mol,均值为 1.39mmol/mol,中值也为1.39mmol/mol,众数为 1.36mmol/mol,标准差为 0.01mmol/mol,方差为 0.0,偏度为-0.01,峰度为-0.2,分布曲线为平峰分布,轻微左偏,近似正态分布。

**表 5.1　Mg/Ca 和 Sr/Ca 描述统计量**

| 项目 | 样品数 $N$ | 极小值/ (mmol/mol) | 极大值/ (mmol/mol) | 均值/ (mmol/mol) | 中值/ (mmol/mol) | 众数/ (mmol/mol) | 标准差/ (mmol/mol) | 方差 | 偏度 | 峰度 |
|------|------|------|------|------|------|------|------|------|------|------|
| Mg/Ca | 41 | 2.43 | 3.37 | 2.98 | 2.99 | 2.43 | 0.23 | 0.05 | -0.4 | -0.57 |
| Sr/Ca | 41 | 1.36 | 1.42 | 1.39 | 1.39 | 1.36 | 0.01 | 0.00 | -0.01 | -0.2 |

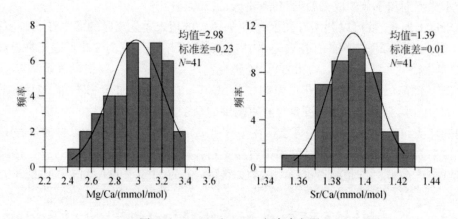

图 5.1　Mg/Ca 和 Sr/Ca 频率直方图

　　利用 SPSS 软件的探索分析正态性检验功能,对 Mg/Ca 和 Sr/Ca 进行修正过的Kolmogorov-Smirnov 检验和 Shapiro-Wilk 检验(表 5.2),Mg/Ca 概率值为 0.097 和 0.322,大于 0.05,服从正态分布,Sr/Ca 的概率值为 0.20 和 0.97,大于 0.05,也服从正态分布。对Mg/Ca 和 Sr/Ca 进行相关分析,Pearson 简单相关系数为 0.44,显著性(双侧)为 0,小于 0.1,在 0.1 水平(双侧)上显著相关,属于中度正相关。Mg/Ca 和对应的相同深度 41 个样品 $\delta^{18}O$值和 $\delta^{13}C$ 的相关系数分别为-0.62 和 0.3,Sr/Ca 和对应的相同深度 41 个样品 $\delta^{18}O$ 值和 $\delta^{13}C$

的相关系数分别为-0.42 和-0.14,说明 Mg/Ca 和 Sr/Ca 均与 $\delta^{18}$O 负相关,Mg/Ca 与 $\delta^{18}$O 的相关性较显著。

表 5.2　Mg/Ca 和 Sr/Ca 正态性检验

| 项目 | Kolmogorov-Smirnov[a] | | | Shapiro-Wilk | | |
|---|---|---|---|---|---|---|
| | 统计量 | df | Sig. | 统计量 | df | Sig. |
| Mg/Ca | 0.126 | 41 | 0.097 | 0.969 | 41 | 0.322 |
| Sr/Ca | 0.068 | 41 | 0.20 * | 0.990 | 41 | 0.970 |

a. Lilliefors 显著水平修正;＊. 真实显著水平的下限。

## 二、Mg/Ca 和 Sr/Ca 分阶段对比分析

利用 Grapher 8.0 软件拟合功能,在 U1313 站 *G. ruber* 壳体 Mg/Ca 和 Sr/Ca 对比图(图 5.2)中添加了 3 点滑动平均和线性拟合。滑动平均的阶数选择很重要,阶数越大,低通滤波效果越好,反映整体趋势越明显,但数据序列中保留的信号越少,反之亦然。由于 Mg/Ca 和 Sr/Ca 的数据量较少,只有 41 个数据,这里选择了 3 点滑动平均,既考虑了低通滤波的效果,又尽量保留数据序列的信号。线性拟合可看作是曲线的斜率,反映了数据序列总体变化的趋势。

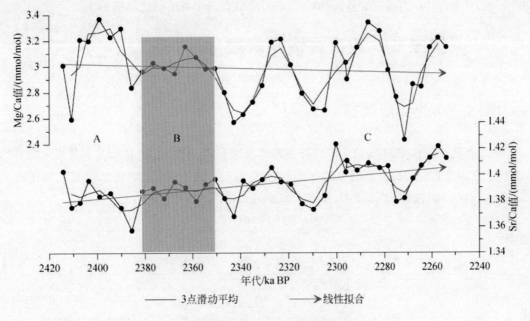

图 5.2　Mg/Ca 和 Sr/Ca 曲线对比图

2414.2~2253.77ka BP,U1313 站 Mg/Ca 和 Sr/Ca 的波动幅度和总体变动趋势相反,Mg/Ca 值波动剧烈,总趋势缓慢减小;而 Sr/Ca 值波动平缓,总趋势则显著增大(图 5.2)。

Mg/Ca 和 Sr/Ca 的极大值和极小值出现的年代并不同步。Mg/Ca 在 2399.04ka BP 达到

极大值 3.37mmol/mol,在 2271.41ka BP 降低至极小值 2.43mmol/mol。Sr/Ca 在 2300.3ka BP 达到极大值 1.42mmol/mol,在 2385.51ka BP 降低至极小值 1.36mmol/mol。Mg/Ca 的极差为 0.94mmol/mol,变化幅度较大,Sr/Ca 的极差为 0.06mmol/mol,变化很轻微,Mg/Ca 和 Sr/Ca 的波动幅度相差一个数量级。

从 3 点平滑曲线可以明确看出,Mg/Ca 和 Sr/Ca 的波动幅度虽然有所差别,但波动的节奏却是基本一致的。当 Mg/Ca 出现峰值和谷值时,Sr/Ca 也总有一个变化幅度不大的峰值和谷值与之对应出现。

Mg/Ca 的峰值分别出现在 2399.04ka BP(3.37mmol/mol)、2362.96ka BP(3.15mmol/mol)、2323.13ka BP(3.21mmol/mol)和 2286.69ka BP(3.34mmol/mol),这些峰值的年代差值依次是 36.08ka、39.83ka 和 36.44ka,呈现一定的周期性,周期长度大约为 36ka~40ka。

2414.2~2253.77ka BP,时间跨度只有 160.43ka,但根据 Mg/Ca 的波动情况,仍可以细分为 A、B 和 C 三个更小的阶段。

A 阶段,2414.2~2381ka BP,时间跨度为 33.2ka。Mg/Ca 波动剧烈,Sr/Ca 波动幅度较明显。Mg/Ca 的极大值和 Sr/Ca 的极小值均出现在 A 阶段。

B 阶段,2381~2350.56ka BP,时间跨度为 30.44ka。Mg/Ca 和 Sr/Ca 波动均非常平缓,幅度很小,缺少明显的峰值和谷值。

C 阶段,2350.56~2253.77ka BP,时间跨度为 96.79ka。Mg/Ca 和 Sr/Ca 均波动剧烈。Mg/Ca 的极小值和 Sr/Ca 的极大值均出现在本阶段。Mg/Ca 在 2342.72ka BP、2304.99ka BP 和 2271.41ka BP 出现三个显著的谷值,Sr/Ca 也有三个谷值与之对应出现。

# 第三节　重建古海水表层温度( $SST_{Mg/Ca}$ )

## 一、理论公式的初步选择

利用有孔虫壳体 Mg/Ca 值可以计算古海水表层温度( $SST_{Mg/Ca}$ ),在相关大量实验结果的基础上,众多学者的研究分别得出的有孔虫壳体 Mg/Ca 值与其生长时海水温度 $T$ 变化的函数方程,在 0~30℃ 的温度范围内,几乎一致地成指数函数关系(表5.3)。

$$Mg/Ca = B\exp(AT) \tag{5.1}$$

或者

$$Mg/Ca = Be^{AT} \tag{5.2}$$

或者

$$T = 1/A \times \ln[(Mg/Ca)/B] \tag{5.3}$$

式中,$A$ 表示 Mg/Ca(mmol/mol)值随温度的指数变化;$B$ 表示 Mg/Ca 值随温度变化的幅度;$T$ 代表温度(℃),即古海水表层温度( $SST_{Mg/Ca}$ )。在不同海区或同一海区不同有孔虫属种,$A$ 和 $B$ 的值都有差别,指数 $A$ 的变化范围为 0.052~0.11,相当于温度升高1℃,Mg/Ca 值增加 5.2%~11%;系数 $B$ 在 0.3~1.36 变化。

目前获取有孔虫壳体的来源有三种方式:顶部岩心(Core tops)、浮游有孔虫养殖实验

(laboratory culture)和沉积捕获器(sediment traps)。国内外众多学者利用不同方式获取有孔虫壳体,用于 Mg/Ca 试验,对利用 Mg/Ca 值估算古海水表层温度($SST_{Mg/Ca}$),做出了很多努力,提出了很多计算公式,并对公式不断地校准(表 5.3)。但由于样品获取的区域及来源(现生种、表层样、岩心样)等的差异,不同学者给出的方程系也略有不同。Mg/Ca 值应分别代入多种公式计算,参照前人的研究成果,确定合适的计算公式。Mg/Ca 值的升高表明温度升高,其结果可与氧同位素的变化趋势比较、验证。

表 5.3　利用各种浮游有孔虫壳体 Mg/Ca 值计算 SST 的各种校准公式

| 文献 | 来源 | $Mg/Ca = B\ exp(AT)$ | |
|---|---|---|---|
| | | A | B |
| Nürnberg 等(1996) | 养殖<br>*G. sacculifer* | 0.090 | 0.39 |
| Lea 等(1999) | 养殖<br>*O. universa*<br>*G. bulloides* | 0.085<br>0.10 | 1.36<br>0.53 |
| Mashiotta 等(1999) | 养殖、顶部岩心<br>*G. bulloides* | 0.107 | 0.474 |
| Lea 等(2000) | 顶部岩心(赤道太平洋)<br>*G. ruber* | 0.089 | 0.3 |
| Elderfield 和 Ganssen(2000) | 顶部岩心(北大西洋)<br>8 种浮游有孔虫 | 0.10 | 0.52 |
| Dekens 等(2002) | 顶部岩心<br>*G. ruber*<br>*G. sacculifer* | 0.09<br>0.09 | 0.38[a]<br>0.37[a] |
| Anand 等(2003) | 沉积捕获(北大西洋)<br>*G. ruber*(白色)250~300μm | 0.102 | 0.34 |
| McConnell 和 Thunell(2005) | 沉积捕获<br>*G. ruber*(白色) | 0.068 | 0.69 |
| Cléroux 等(2008) | 顶部岩心<br>6 种浮游有孔虫 | 0.052 | 0.78 |
| Regenberg 等(2009) | 顶部岩心<br>*G. ruber*(白色) | 0.094 | 0.4 |

本研究分别采用 Elderfield 和 Ganssen(2000)公式、Dekens 等(2002)公式、Anand 等(2003)公式、McConnell 和 Thunell(2005)公式、Cléroux 等(2008)公式和 Regenberg 等(2009)公式计算古海水表层温度($SST_{Mg/Ca}$),并与氧同位素的变化趋势比较验证,挑选出比较合适的公式。为了表示区别并且简便起见,六个公式的结果 SST 分别用公式提出的年代标注在 SST 右下角,即:$SST_{2000}$、$SST_{2002}$、$SST_{2003}$、$SST_{2005}$、$SST_{2008}$ 和 $SST_{2009}$。六种公式的具体关系式如下。

Elderfield 和 Ganssen(2000)公式：

$$Mg/Ca = 0.52\exp(0.10 \times SST_{2000}) \tag{5.4}$$

或者

$$SST_{2000} = 10 \times \ln[(Mg/Ca)/0.52] \tag{5.5}$$

Dekens 等(2002)公式：

$$Mg/Ca = 0.38\exp0.09[SST_{2002} - 0.61 \times (core\ depth\ km)] \tag{5.6}$$

或者

$$SST_{2002} = \ln[(Mg/Ca)/0.38]/0.09 + 0.61(core\ depth\ km) \tag{5.7}$$

Anand 等(2003)公式：

$$Mg/Ca = 0.34\exp(0.102 \times SST_{2003}) \tag{5.8}$$

或者

$$SST_{2003} = \ln[(Mg/Ca)/0.34]/0.102 \tag{5.9}$$

McConnell 和 Thunell(2005)公式：

$$Mg/Ca = 0.69\exp(0.068 \times SST_{2005}) \tag{5.10}$$

或者

$$SST_{2005} = \ln[(Mg/Ca)/0.69]/0.068 \tag{5.11}$$

Cléroux 等(2008)公式：

$$Mg/Ca = 0.78\exp(0.052 \times SST_{2008}) \tag{5.12}$$

或者

$$SST_{2008} = \ln[(Mg/Ca)/0.78]/0.052 \tag{5.13}$$

Regenberg 等(2009)公式：

$$Mg/Ca = 0.4\exp(0.094 \times SST_{2009}) \tag{5.14}$$

或者

$$SST_{2009} = \ln[(Mg/Ca)/0.4]/0.094 \tag{5.15}$$

为了和用六个公式计算出的 $SST_{Mg/Ca}$ 对比分析，利用与 $Mg/Ca$ 相对应的 41 个有孔虫壳体的 $\delta^{18}O$ 计算出 $SST_{\delta^{18}O}$，具体方法是：

采用 Bemis 等于 1998 年校准公式，该公式通常被用于大西洋 *G. rubber*(白色)的 $\delta^{18}O$ 来推算温度(Bemis et al., 1998；$T$ 的单位为℃)：

$$\delta^{18}O_{seawater}(SMOW) = \delta^{18}O_{shell}(PDB) + \frac{T - 16.5}{4.8} + 0.27 \tag{5.16}$$

即

$$T = 16.5 + 4.8\{\delta^{18}O_{seawater}(SMOW) - \delta^{18}O_{shell}(PDB) - 0.27\} \tag{5.17}$$

或者

$$T = 16.5 - 4.8\{\delta^{18}O_{shell}(PDB) - \delta^{18}O_{seawater}(SMOW) + 0.27\} \tag{5.18}$$

假设 Bemis1998 年校准公式中的海水氧同位素背景值 $\delta^{18}O_{seawater}(SMOW) = 0$，则公式简化为

$$T = 16.5 - 4.8\{\delta^{18}O_{shell}(PDB) + 0.27\} \tag{5.19}$$

把 41 个有孔虫壳体的实测 $\delta^{18}O$ 代入上述公式计算出 $SST_{\delta^{18}O}$，将结果简化记作 $SST_0$，既保持和上述六个公式的结果 SST 标注风格近似，又便于区别对比(表5.4)。

## 二、理论公式的评价与确立

利用六个 $Mg/Ca$ 公式计算的古海水表层温度($SST_{Mg/Ca}$)彼此之间以及利用 $\delta^{18}O$ 计算出的 $SST_{\delta^{18}O}$ 都有较大的差别(表5.4，图5.3)。

**表5.4 SST 计算结果描述统计量**

| 项目 | $N$ | 极小值/℃ | 极大值/℃ | 均值/℃ | 中值/℃ | 众数/℃ | 标准差/℃ | 方差 | 偏度 | 峰度 |
|---|---|---|---|---|---|---|---|---|---|---|
| $SST_{2000}$ | 41 | 15.43 | 18.68 | 17.43 | 17.48 | 15.43 | 0.79 | 0.63 | -0.55 | -0.34 |
| $SST_{2002}$ | 41 | 22.77 | 26.39 | 25.00 | 25.06 | 22.77 | 0.88 | 0.78 | -0.55 | -0.34 |
| $SST_{2003}$ | 41 | 19.29 | 22.48 | 21.25 | 21.30 | 19.29 | 0.78 | 0.60 | -0.55 | -0.34 |
| $SST_{2005}$ | 41 | 18.53 | 23.31 | 21.47 | 21.54 | 18.53 | 1.17 | 1.36 | -0.55 | -0.34 |
| $SST_{2008}$ | 41 | 21.87 | 28.13 | 25.72 | 25.82 | 21.87 | 1.52 | 2.33 | -0.55 | -0.34 |
| $SST_{2009}$ | 41 | 19.20 | 22.66 | 21.33 | 21.39 | 19.20 | 0.84 | 0.71 | -0.55 | -0.34 |
| $SST_0$ | 41 | 10.02 | 16.57 | 13.20 | 13.28 | 10.02 | 1.51 | 2.29 | -0.04 | -0.34 |

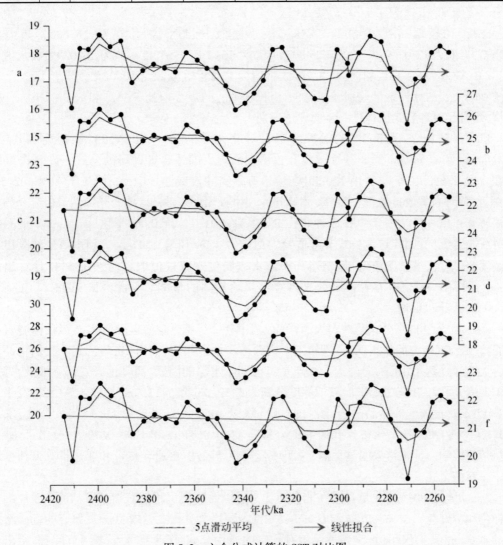

—— 5点滑动平均　　——▶ 线性拟合

**图5.3 六个公式计算的 SST 对比图**

纵坐标为不同公式计算出来的 SST,单位均为℃。a 图,Elderfield 和 Ganssen(2000)公式:Mg/Ca = 0.52exp(0.10× SST)计算结果;b 图,Dekens 等(2002)公式:Mg/Ca = 0.38exp0.09[SST-0.61(core depth km)]计算结果;c 图, Anand 等(2003)公式:Mg/Ca = 0.34exp(0.102×SST)计算结果;d 图,McConnell 和 Thunell(2005)公式:Mg/Ca = 0.69exp(0.068×SST)计算结果;e 图,Cléroux 等(2008)公式:Mg/Ca = 0.78exp(0.052×SST)计算结果;f 图,Regenberg 等(2009)公式:Mg/Ca = 0.4exp(0.094×SST)

$SST_{2002}$ 和 $SST_{2008}$ 值较高。$SST_{2002}$ 极小值为 22.77℃,极大值为 26.39℃,均值为 25.00℃,中值为 25.06℃,众数为 22.77℃;$SST_{2008}$ 极小值为 21.87℃,极大值为 28.13℃,均值为 25.72℃,中值为 25.82℃,众数为 22.87℃。

$SST_{2003}$、$SST_{2005}$ 和 $SST_{2009}$ 值居中,较为接近,特别是 $SST_{2003}$ 和 $SST_{2009}$ 较为一致。$SST_{2003}$ 极小值为 19.29℃,极大值为 22.48℃,极差为 3.19℃,均值为 21.25℃,中值为 21.30℃,众数为 19.29℃;$SST_{2009}$ 极小值为 19.2℃,极大值为 22.66℃,极差为 3.46℃,均值为 21.33℃,中值为 21.39℃,众数为 19.2℃;$SST_{2005}$ 极小值为 18.53℃,极大值为 23.31℃,极差为 4.78℃,均值为 21.47℃,中值为 21.54℃,众数为 18.53℃。$SST_{2005}$ 变化幅度较大,与 $SST_{2003}$ 和 $SST_{2009}$ 值有一定差别。

$SST_{2000}$ 值较低,$SST_0$ 值最低。$SST_{2000}$ 极小值为 15.43℃,极大值为 18.68℃,极差为 3.25℃,均值为 17.43℃,中值为 17.48℃,众数为 15.43℃;$SST_0$ 极小值为 10.02℃,极大值为 16.57℃,极差为 6.55℃,均值为 13.20℃,中值为 13.28℃,众数为 10.02℃。

不同公式的计算结果差别较大,$SST_{2002}$ 和 $SST_{2008}$ 的极小值比 $SST_{2000}$ 和 $SST_0$ 的极大值还大许多,需要对各公式进行进一步的评价甄别。

Elderfield 和 Ganssen(2000)公式是通过对北大西洋 30°~60°N、25°W 附近 *G. ruber*、*G. bulloides* 和 *G. inflata* 等 8 种浮游有孔虫研究后提出的适合各种属的公式。该公式 2000 年在 *Nature* 发表以来,被引用 200 多次,应该有很高的权威性。U1313 站位于 41°N、32°57′W 附近,地理位置较接近,研究对象是 *G. ruber* 也刚好适合。另外,该公式虽然是研究 8 种不同浮游有孔虫种属的综合结果,8 种有孔虫的系数 $B$ 在 0.49~0.56 变化,而 *G. ruber* 的系数 $B$ 则刚好是 0.52,因此这个公式非常适合大西洋 *G. ruber* 推算 $SST_{Mg/Ca}$。利用该公式算出来的温度 $SST_{2000}$ 值虽然比较低,但仍然高于海水氧同位素背景值取零时通过 $\delta^{18}O$ 计算出的 $SST_{\delta^{18}O}$,即高于 $SST_0$ 值,存在其他公式计算结果均偏高的可能。因此,Elderfield 和 Ganssen(2000)公式予以保留。

Dekens 等(2002)公式是在对大西洋和太平洋热带、亚热带海区顶部岩心多种浮游有孔虫壳体 Mg/Ca 研究后提出的,分别给出了大西洋和太平洋适合各种属的公式。我们用的是适合大西洋地区 *G. ruber* 的公式。优点是考虑到了水深的因素,而其他公式都不涉及水深。U1313 站 A 孔和 D 孔的海平面以下深度分别为 3412.3m 和 3411.9m,具体计算中,取其平均值 3412.1m,再加上各样品的合成深度(m),除以 1000 换算成单位 km 后代入公式,求出 $SST_{2002}$ 值。U1313 站 A 孔和 D 孔的纬度分别是 41°0.0667′N 和 41°0.0679′N,超出了热带、亚热带的范围。计算结果明显偏高,说明该公式有局限性,更适合热带和亚热带等低纬度地区。舍弃该公式。

Anand 等(2003)公式是在对在北大西洋马尾藻海利用沉积捕获器获取的 *G. ruber*(细分为白色和粉红色)、*G. sacculifer* 和 *O. universa* 等多种浮游有孔虫壳体 Mg/Ca 研究的基础上提出的。Anand 既给出了适合 10 种浮游有孔虫的通用公式,又考虑了更多细节问题,给出了适合各种对象的公式。不同有孔虫种属的公式系数不同,即使同一种属,适合有孔虫不同壳径的公式系数差别也很大。因此,选用通用公式应该存在很大的误差。本研究并没有采用适合 10 种浮游有孔虫的通用公式,而是选择了适合 *G. ruber*(白色)且壳径在 250~350μm 的系数。本研究挑选的 *G. ruber*(白色)壳径为 250~300μm,在上述壳径范围之内。该公式的

系数 $A$ 和 $B$ 虽然和其他公式差别较大,但是计算出来的结果还是比较合适的,计算结果和 2005 年公式计算结果较接近,和 2009 年的公式计算结果较为一致。需要注意的是该公式的研究区域经纬度位置(32°05.4′N,64°15.4′W)和 U1313 站经纬度位置(约 41°N,32°57′W)有一定差别,更靠西南一些,可能会导致计算结果偏高。Anand 等(2003)公式予以保留。

McConnell 和 Thunell(2005)公式是在对 1992 年 8 月至 1997 年 11 月在太平洋加利福尼亚湾瓜伊马斯盆地利用沉积捕获器获取的两种表层种浮游有孔虫 $G.\ ruber$ 和 $G.\ bulloides$ 研究的基础上提出的。瓜伊马斯盆地现代 SST 季节变动较大,在 $16\sim33℃$,因此,该公式的计算结果 $SST_{2005}$ 变化幅度较大,极值比 $SST_{2003}$ 和 $SST_{2009}$ 显著。虽然利用该公式的计算结果较为理想,与 Anand 等(2003)公式和 Regenberg 等(2009)公式的计算结果较为接近,考虑到研究区域的差别以及有更合适的公式可供选择,决定舍弃该公式。

Cléroux 等(2008)公式是在对北大西洋 29 个顶部岩心的浮游有孔虫表层种 $G.\ ruber$(白色)和 $G.\ bulloides$、深层种 $G.\ inflata$、$G.\ truncatulinoides$ 和 $P.\ obliquiloculata$ 壳体 Mg/Ca 研究的基础上提出的。但是该项研究中 $G.\ ruber$(白色)和 $G.\ bulloides$ 数据较少并且主要是用来和前人的工作对比。公式主要是在对深层种 $G.\ inflata$、$G.\ truncatulinoides$ 和 $P.\ obliquiloculata$ 壳体 Mg/Ca 研究的基础上提出的,不同种属误差较大,因此,该公式计算结果 $SST_{2008}$ 值明显偏高,很不理想,决定舍弃该公式。

但该项研究对我们最终选择确立理论公式却是很有帮助的,因为 Cléroux 等(2008)对北大西洋样品利用和 Anand 等(2003)相同的化学程序获得了两个浮游有孔虫表层种 $G.\ ruber$(白色)和 $G.\ bulloides$ 数据,和前人的结果较为吻合,验证了 Anand 等(2003)公式和 Elderfield 和 Ganssen(2000)公式中依据这两个浮游有孔虫表层种确立的公式系数。

Regenberg 等(2009)公式是通过对热带大西洋和加勒比海地区 76 个沉积物表面样品的 $G.\ ruber$(白色)、$G.\ ruber$(粉红色)和 $G.\ sacculifer$ 等 8 种浮游有孔虫壳体 Mg/Ca 研究的基础上提出的。针对每一种有孔虫都提出了各自的公式系数,本研究采用的是适合 $G.\ ruber$(白色)的相关系数。计算结果 $SST_{2009}$ 和 $SST_{2003}$ 较为一致,比较理想。但该公式利用的 $G.\ ruber$(白色)壳径为 $355\sim400\mu m$,和本研究的 $G.\ ruber$(白色)壳径($250\sim300\mu m$)有较大差别,另外,研究区域为热带大西洋和加勒比海地区,和 U1313 站经纬度位置(约 41°N、32°57′W)差别较明显。决定舍弃该公式。

综上所述,本研究最终确立的理论公式是 Elderfield 和 Ganssen(2000)公式和 Anand 等(2003)公式。

## 三、SST0、$SST_{2000}$、$SST_{2003}$ 和 Mg/Ca 对比

如前所述,假设 Bemis 等(1998)公式中的海水氧同位素背景值为零,由 41 个有孔虫壳体的 $\delta^{18}O$ 计算出 $SST_{\delta^{18}O}$,将结果简化记作 $SST_0$;本研究计算 $SST_{Mg/Ca}$ 采用的理论公式是 Elderfield 和 Ganssen(2000)公式和 Anand 等(2003)公式,两公式的计算结果 $SST_{Mg/Ca}$ 分别用公式提出的年代标注在 SST 右下角,即:$SST_{2000}$ 和 $SST_{2003}$。

对比 Mg/Ca、$SST_0$、$SST_{2000}$ 和 $SST_{2003}$ 的描述统计量、直方图和曲线记录(表 5.1、表 5.4、图 5.4、图 5.5),可以明确看出 $SST_0$ 与 Mg/Ca、$SST_{2000}$ 和 $SST_{2003}$ 有较大差别,Mg/Ca 与 $SST_{2000}$

和 $SST_{2003}$ 的曲线记录的变化几乎相同,非常相似。

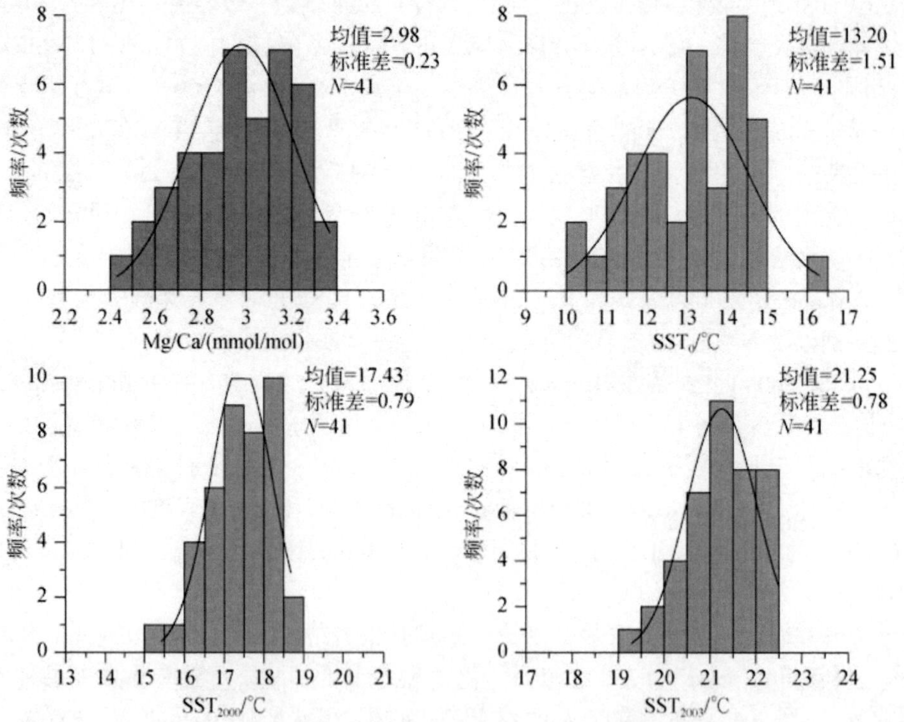

图 5.4　Mg/Ca、$SST_0$、$SST_{2000}$ 和 $SST_{2003}$ 直方图

Mg/Ca、$SST_{2000}$ 和 $SST_{2003}$ 彼此之间的相关系数为 1,这是很正常的,用确定的公式计算出来的缘故。$SST_0$ 和 Mg/Ca、$SST_{2000}$ 和 $SST_{2003}$ 的相关系数均为 0.62,有显著的正相关。$SST_0$ 值介于 10.02~16.57℃,极差为 6.55℃,均值为 13.20℃,中值为 13.28℃,众数为 10.02℃;$SST_{2000}$ 值介于 15.43~18.68℃,极差为 3.25℃,均值为 17.43℃,中值为 17.48℃,众数为 15.43℃;$SST_{2003}$ 值介于 19.29~22.48℃,极差为 3.19℃,均值为 21.25℃,中值为 21.30℃,众数为 19.29℃。

$SST_0$、$SST_{2000}$ 和 $SST_{2003}$ 三个计算结果相比,$SST_0$ 值最低,但变化的范围最大(6.55℃),$SST_{2003}$ 值最高,$SST_{2000}$ 值居中,$SST_{2000}$ 和 $SST_{2003}$ 的变化范围为 3.25℃和 3.19℃,比较接近。$SST_0$ 值为海水氧同位素背景值取零时 $\delta^{18}O$ 对应的温度,而海水氧同位素背景值取零存在较大的误差,导致 $SST_0$ 值偏低,看来需要在计算出海水氧同位素背景值的基础上,重新计算出 $SST_{\delta^{18}O}$。

Mg/Ca、$SST_{2000}$ 和 $SST_{2003}$ 均在 2399.04ka BP 处达到极大值 3.37mmol/mol、18.68℃ 和 22.48℃,$SST_0$ 在 2399.04ka BP 处则只是一个中间值 13.17℃(图 5.5);Mg/Ca、$SST_{2000}$ 和 $SST_{2003}$ 在 2271.41ka BP 处降低至极小值 2.43mmol/mol、15.43℃ 和 19.29℃,$SST_0$ 在 2271.41ka BP 处虽也是一个谷值 11.58℃,但并非极小值。

$SST_0$ 在 2286.69ka BP 处升至极大值 16.57℃,Mg/Ca、$SST_{2000}$ 和 $SST_{2003}$ 在 2286.69ka BP 处虽非极大值,却均达到了第二极大值(3.34mmol/mol、18.59℃ 和 22.39℃)。$SST_0$ 在 2342.72ka BP 处降低至极小值 10.02℃,Mg/Ca、$SST_{2000}$ 和 $SST_{2003}$ 在 2342.72ka BP 处虽非极小值,却均降低至了第二极小值(2.57mmol/mol、15.97℃ 和 19.82℃)。

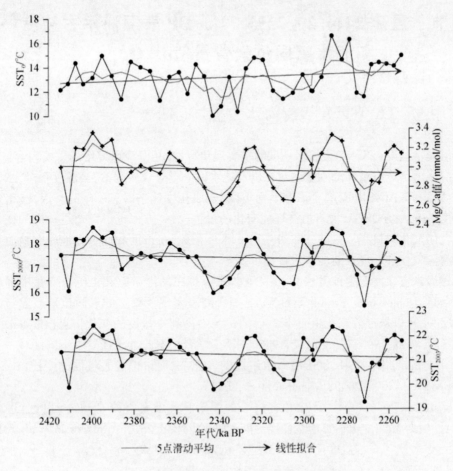

图 5.5　Mg/Ca、$SST_0$、$SST_{2000}$ 和 $SST_{2003}$ 对比图

$SST_0$,假设 Bemis 等(1998)校准公式中的海水氧同位素背景值为零,由 41 个有孔虫壳体的 $\delta^{18}O$ 计算出

$SST_{\delta^{18}O}$,简化记作 $SST_0$;$SST_{2000}$,Elderfield 和 Ganssen(2000)公式:$Mg/Ca=0.52\exp(0.10\times SST)$ 的计算结果;

$SST_{2003}$,Anand 等(2003)公式:$Mg/Ca=0.34\exp(0.102\times SST)$ 的计算结果

2414.2～2381ka BP,时间跨度为 33.2ka。Mg/Ca、$SST_{2000}$ 和 $SST_{2003}$ 均波动剧烈,极大值均出现在该阶段。$SST_0$ 则波动平缓,没有极值出现。

2381～2350.56ka BP,时间跨度为 30.44ka。$SST_0$、Mg/Ca、$SST_{2000}$ 和 $SST_{2003}$ 均波动平缓,幅度很小,缺少明显的峰值和谷值。

2350.56～2253.77ka BP,时间跨度为 96.79ka。$SST_0$、Mg/Ca、$SST_{2000}$ 和 $SST_{2003}$ 均波动剧烈,幅度很大,有多处明显的峰值和谷值。$SST_0$ 的极小值和极大值均出现在本阶段,Mg/Ca、$SST_{2000}$ 和 $SST_{2003}$ 的极小值和第二极大值均出现在本阶段。Mg/Ca、$SST_{2000}$ 和 $SST_{2003}$ 在 2342.72ka BP、2304.99ka BP 和 2271.41ka BP 均出现三个显著的谷值,$SST_0$ 也有三个谷值与之对应出现。

## 第四节　重建 2414.2 ~ 2253.77ka BP 表层海水古盐度(SSS)和海水氧同位素背景值$\delta^{18}O_{seawater}$

### 一、利用 Mg/Ca 值重建表层海水古盐度(SSS)

　　表层海水盐度(SSS)作为海水一项的重要理化特性,是海洋研究中的重要内容。SSS 的变化取决于海区蒸发量和降水量的对比以及淡水输入量等众多因素,当温度下降,水分集中在两极冰盖和高山冰川,引起全球海平面下降,造成盐度比平时有所增高。因此,重建表层海水盐度 SSS,一方面能反演古海洋环境变化的过程,另一方面也可以通过盐度的变化历史来理解气候变化的过程。目前,SSS 作为一个重要指标,在帮助我们更好地研究地质历史时期的古海洋气候和环境方面的作用日益重要。

　　重建海水古盐度有多种方法,Cullen 等(1981)提出从浮游有孔虫组合变化中提取古盐度变化信息;Duplessy 等、Rostek 等和 Wang 等研究表明现代海水的氧同位素组成与海水盐度线性相关,可以从浮游有孔虫壳体 $\delta^{18}O$ 的记录中得到古盐度的变化信息(Duplessy et al., 1991;Rostek et al.,1993;Wang et al.,1995)。不少学者根据此方法恢复了不同区域古盐度变化情况,讨论冰期/间冰期尺度区域海水组成的变化,进而讨论过去气候的变迁(Lea et al., 2000;Oppo et al.,2003,2005;Rosenthal et al.,2003)。

　　Arbuszewski 等对大西洋 64 个顶部岩心的浮游有孔虫表层种 G. ruber(白色)进行了研究,提出了根据 Mg/Ca 值估算海水盐度(单位为‰)的校正公式(Arbuszewski et al.,2010):

$$平均盐度 = 34.28 + 1.97 \times \ln(Mg/Ca) + 0.59 \times (\delta^{18}O_{shell}) \tag{5.20}$$

式中,Mg/Ca 和$\delta^{18}O_{shell}$分别为利用有孔虫壳体测得的实测值。

　　研究发现,不同海区、不同的有孔虫种属,都会对古海洋盐度的估算结果带来明显的影响,因此在选择公式时需认真检查。本研究大西洋 U1313 站纬度位置(约 41°N)在 Arbuszewski 等研究区(大西洋 43°N ~ 25°S)的纬度范围之内。Arbuszewski 等试验使用的浮游有孔虫 G. ruber(白色)壳径为 250 ~ 355μm,本研究挑选的 G. ruber(白色)壳径为 250 ~ 300μm,在上述壳径范围之内。因此选择该公式计算 U1313 站表层海水古盐度(SSS)是比较合适的(表 5.5)。但应注意到由于 U1313 站已经接近其研究区的北面界线,计算结果有可能偏高。此结果由于是利用 Mg/Ca 计算出来的,记作 $SSS_{Mg/Ca}$。

　　计算结果显示 $SSS_{Mg/Ca}$ 介于 36.29‰ ~ 36.94‰,均值为 36.67‰,标准差和方差均较小,说明 $SSS_{Mg/Ca}$ 波动较平缓。虽然怀疑此结果偏大,但重新审视公式和计算过程并无不合适之处,又考虑到由于受地中海等多种因素的影响,大西洋的盐度要高于其他开放大洋,且 U1313 站位置较接近地中海,$SSS_{Mg/Ca}$ 偏高的结果虽令人稍感困惑但仍在可接受范围之内。

表 5.5　利用 Mg/Ca 值计算出的表层海水盐度(SSS)描述统计量

| | N | 极小值/‰ | 极大值/‰ | 均值/‰ | 中值/‰ | 众数/‰ | 标准差/‰ | 方差 | 偏度 | 峰度 |
|---|---|---|---|---|---|---|---|---|---|---|
| $SSS_{Mg/Ca}$ | 41 | 36.29 | 36.94 | 36.67 | 36.68 | 36.29 | 0.15 | 0.02 | −0.24 | −0.46 |

## 二、重建/计算海水氧同位素背景值$\delta^{18}O_{seawater}$（SMOW）

不同时期,不同海域、不同深度海水的$\delta^{18}O$有差异。现代大西洋、太平洋和印度洋开放海区 500～2000m 深处平均海水样品测定值是$\delta^{18}O_{seawater} = -0.07‰～0.14‰$,表层海水的$\delta^{18}O$一般略大于零。

可以用两种方法求出海水氧同位素背景值$\delta^{18}O_{seawater}$（SMOW）,第一种,是利用已经计算出的 SSS,代入相应的公式计算出$\delta^{18}O_{seawater}$。另一种方法,是根据由 Mg/Ca 值已经计算出的古海水表层温度$SST_{Mg/Ca}$代入相应的公式计算出$\delta^{18}O_{seawater}$。分别用两种方法计算,并对结果进行比较。

### （一）利用表层海水古盐度 SSS 计算$\delta^{18}O_{seawater}$

不同学者给出了很多适合不同区域的海水氧同位素背景值$\delta^{18}O_{seawater}$和海水盐度($S$)之间的关系式(表 5.6)。

**表 5.6　不同学者提出的海水氧同位素背景值和盐度的关系式**

| 文献 | 海水氧同位素背景值和盐度的关系式 |
|---|---|
| Duplessy 等(1991) | $\delta^{18}O_{seawater} = 0.558 \times S - 19.246$ |
| Fairbanks 等(1992) | $\delta^{18}O_{seawater} = 0.17 \times S - 5.21$ |
| Rostek 等(1993) | $\delta^{18}O_{seawater} = 0.45 \times S - 15.2$ |
| Wang 等(1995) | $\delta^{18}O_{seawater} = 0.3 \times S - 9.986$ |
| Steph 等(2006) | 水深 0～100m: $\delta^{18}O_{seawater} = 0.319 \times S - 10.511$<br>水深 100～1000m: $\delta^{18}O_{seawater} = 0.498 \times S - 17.116$ |
| MacLachlan 等(2007) | $\delta^{18}O_{seawater} = 0.43 \times S - 14.65$ |
| Arbuszewski 等(2010) | $\delta^{18}O_{seawater} = 0.238 \times S - 7.69$ |
| Sepulcre 等(2011) | $\delta^{18}O_{seawater} = 0.263 \times S - 8.57$ |

由于公式众多,需要进一步取舍,鉴于 Steph 等(2006)公式更适合于热带东太平洋、Rostek 等(1993)适合于北印度洋孟加拉湾,首先舍弃。将已经计算出的表层海水古盐度(SSS)代入剩下的 6 个公式中,算出相应的海水氧同位素背景值再作进一步的鉴别取舍。把公式提出的年份和计算方式标注在海水氧同位素背景值$\delta^{18}O_{seawater}$符号之中,作为对利用 6 个公式的计算结果命名的方法,既简便又容易区分(表 5.7)。

### （二）利用古海水表层温度$SST_{Mg/Ca}$计算$\delta^{18}O_{seawater}$

根据有孔虫壳体 Mg/Ca 值与其生长时海水温度$T$之间成指数函数关系的原理,利用有孔虫壳体 Mg/Ca 值可以计算出古海水表层温度($SST_{Mg/Ca}$),不同学者给出了很多公式。前面已经利用 Elderfield 和 Ganssen(2000)公式和 Anand 等(2003)公式计算出了$SST_{Mg/Ca}$,为了便于区分,根据公式提出的年代命名为 $SST_{2000}$ 和 $SST_{2003}$。

现在我们可以设定 $SST_{Mg/Ca}$ 和 $SST_{\delta^{18}O}$ 相等,采用 Bemis 等(1998)公式,计算出海水氧同位素背景值 $\delta^{18}O_{seawater}$(SMOW)。

Bemis 等(1998)公式为

$$\delta^{18}O_{seawater}(SMOW) = \delta^{18}O_{shell}(PDB) + \frac{T-16.5}{4.8} + 0.27 \qquad (5.21)$$

公式中,$\delta^{18}O_{shell}$(PDB)为实测值,分别把 $SST_{2000}$ 和 $SST_{2003}$ 作为 $T$ 代入公式,可以计算出相对应的两个海水氧同位素背景值 $\delta^{18}O_{seawater}$(SMOW),为了表示和上面计算海水氧同位素背景值方法的区别,分别把两个计算结果记作 $\delta^{18}O_{seawater}^{2000SST}$ 和 $\delta^{18}O_{seawater}^{2003SST}$(表 5.7)。

表 5.7　海水氧同位素背景值计算结果描述统计量

| | $N$ | 极小值<br>(SMOW)/‰ | 极大值<br>(SMOW)/‰ | 均值<br>(SMOW)/‰ | 中值<br>(SMOW)/‰ | 众数<br>(SMOW)/‰ | 标准差<br>(SMOW)/‰ | 方差 |
|---|---|---|---|---|---|---|---|---|
| ~~1991 $\delta^{18}O_{seawater}$~~ | 41 | 1.00 | 1.37 | 1.22 | 1.22 | 1.00 | 0.08 | 0.01 |
| ~~1992 $\delta^{18}O_{seawater}$~~ | 41 | 0.96 | 1.07 | 1.02 | 1.03 | 0.96 | 0.03 | 0.00 |
| 1995 $\delta^{18}O_{seawater}$ | 41 | 0.90 | 1.10 | 1.02 | 1.02 | 0.96 | 0.05 | 0.00 |
| ~~2007 $\delta^{18}O_{seawater}$~~ | 41 | 0.96 | 1.23 | 1.12 | 1.12 | 0.96 | 0.07 | 0.00 |
| 2010 $\delta^{18}O_{seawater}$ | 41 | 0.95 | 1.10 | 1.04 | 1.04 | 0.95 | 0.36 | 0.00 |
| ~~2011 $\delta^{18}O_{seawater}$~~ | 41 | 0.97 | 1.15 | 1.07 | 1.08 | 0.97 | 0.04 | 0.00 |
| $\delta^{18}O_{seawater}$2000 | 41 | 0.24 | 1.39 | 0.88 | 0.86 | 0.24 | 0.25 | 0.06 |
| $\delta^{18}O_{seawater}$2003 | 41 | 1.03 | 2.19 | 1.68 | 1.66 | 1.03 | 0.25 | 0.06 |
| $\delta^{18}O_{w平均}$ | 41 | 0.59 | 1.24 | 0.96 | 0.96 | 0.59 | 0.14 | 0.02 |

注:单双删除线分别表示在第一轮和第二轮鉴别中被舍弃。

利用两种方法共计算出 8 个系列的海水氧同位素背景值,$\delta^{18}O_{seawater}^{2003SST}$ 和 $\delta^{18}O_{seawater}^{1991SSS}$ 明显偏大,首先舍弃(表 5.7)。除 $\delta^{18}O_{seawater}^{2000SST}$ 变化幅度较大以外,剩下的海水氧同位素背景值的极值和平均值等都较接近,结果都较理想,但进一步考虑到 Fairbanks 等(1992)公式和 Sepulcre 等(2011)公式适合加勒比海地区,纬度位置偏低,MacLachlan 等(2007)公式适用于斯匹次卑尔根岛西部孔斯峡湾,纬度位置明显偏高。因此,$\delta^{18}O_{seawater}^{1992SSS}$、$\delta^{18}O_{seawater}^{2011SSS}$ 和 $\delta^{18}O_{seawater}^{2007SSS}$ 第二轮鉴别中被舍弃(表 5.7)。

利用 $SSS_{Mg/Ca}$ 计算出来的 $\delta^{18}O_{seawater}^{1995SSS}$ 和 $\delta^{18}O_{seawater}^{2010SSS}$ 变化平缓,幅度很小,变化趋势吻合较好,而另一种方法的计算结果 $\delta^{18}O_{seawater}^{2000SST}$ 则波动剧烈,幅度较大。说明两种方法计算出来的海水氧同位素背景值存在较大的差别。为了更加接近真实值,两种方法各取一种计算结果,以其平均值作为 2414.2~2253.77ka BP 的海水氧同位素背景值。

$\delta^{18}O_{seawater}^{1995SSS}$ 在 $\delta^{18}O_{seawater}^{2010SSS}$ 和 $\delta^{18}O_{seawater}^{2000SST}$ 之间变化,代表性不如 $\delta^{18}O_{seawater}^{2010SSS}$,因此,取 $\delta^{18}O_{seawater}^{2010SSS}$ 和 $\delta^{18}O_{seawater}^{2000SST}$ 的平均值记作 $\delta^{18}O_{seawater平均}$(图 5.6)。

$\delta^{18}O_{seawater平均}$ 结合了两种算法的优点,应是更接近 2414.2~2253.77ka BP 时间段内海水氧同位素背景值真实情况的反映。

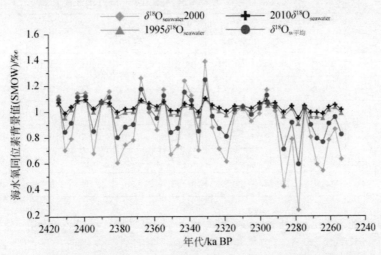

图 5.6　不同方法计算出的 2414.2 ~ 2253.77ka BP 海水氧同位素背景值对比图

## 三、利用海水氧同位素背景值重建表层海水古盐度(SSS)

还剩下三个系列的海水氧同位素背景值 $\delta^{18}O_{seawater}^{1995SSS}$、$\delta^{18}O_{seawater}^{2010SSS}$ 和 $\delta^{18}O_{seawater}^{2000SST}$。其中,前两者是利用第一种方法即利用 SSS 计算出来的,$\delta^{18}O_{seawater}^{2000SST}$ 是利用第二种方法,即设定 $SST_{Mg/Ca}$ 和 $SST_{\delta18O}$ 相等,采用 Bemis 等(1998)公式计算出来的。把利用第二种方法计算出来的海水氧同位素背景值 $\delta^{18}O_{seawater}^{2000SST}$ 代入已经验证过的 Wang 等(1995)公式和 Arbuszewski 等(2010)公式(表5.6),可以推测出 SSS(表5.8和图5.7)。

Wang 等(1995)提出的海水氧同位素背景值和盐度的关系式为

$$\delta^{18}O_{seawater} = 0.3 \times S - 9.986 \qquad (5.22)$$

可以变为

$$S = (\delta^{18}O_{seawater} + 9.986)/0.3 \qquad (5.23)$$

Arbuszewski 等(2010)提出的海水氧同位素背景值和盐度的关系式为

$$\delta^{18}O_{seawater} = 0.238 \times S - 7.69 \qquad (5.24)$$

可以变为

$$S = (\delta^{18}O_{seawater} + 7.69)/0.238 \qquad (5.25)$$

前面已经利用 Mg/Ca 值重建了表层海水古盐度(SSS),为了简便和比较,记作 $SSS_{Mg/Ca}$,这里计算出来的两组 SSS 分别根据公式提出的年份记作 $SSS_{1995}$ 和 $SSS_{2010}$。

$SSS_{1995}$ 和 $SSS_{2010}$ 的各项指标相对 $SSS_{Mg/Ca}$ 来说较接近,变化趋势更是几乎一致,在 2414.2 ~ 2253.77ka BP 变化幅度较大,而 $SSS_{Mg/Ca}$ 变化非常平缓,幅度很小,两种方法计算出来的 SSS 存在较大的差别。为了更加接近真实值,两种方法各取一种计算结果,以其平均值作为 2414.2 ~ 2253.77ka BP 的 SSS。因为 $SSS_{2010}$ 的变化幅度较 $SSS_{1995}$ 稍大,可以包含 $SSS_{1995}$ 的变化,故选择 $SSS_{2010}$。$SSS_{Mg/Ca}$ 和 $SSS_{2010}$ 的平均值命名为 $SSS_{平均}$,其既更好地兼顾到两种方法的优点,又有一定的波动幅度,应是更接近真实情况的反映。

**表 5.8　不同方法计算出的表层海水古盐度(SSS)描述统计量**

| | $N$ | 极小值 /‰ | 极大值 /‰ | 均值 /‰ | 中值 /‰ | 众数 /‰ | 标准差 /‰ | 方差 | 偏度 | 峰度 |
|---|---|---|---|---|---|---|---|---|---|---|
| $SSS_{2010}$ | 41 | 33.31 | 38.14 | 36.01 | 35.93 | 33.31 | 1.05 | 1.10 | −0.24 | −0.21 |
| $SSS_{1995}$ | 41 | 34.08 | 37.91 | 36.22 | 36.16 | 34.08 | 0.83 | 0.69 | −0.24 | −0.21 |
| $SSS_{Mg/Ca}$ | 41 | 36.29 | 36.94 | 36.67 | 36.68 | 36.29 | 0.15 | 0.02 | −0.24 | −0.46 |
| $SSS_{平均}$ | 41 | 34.80 | 37.54 | 36.34 | 36.33 | 34.80 | 0.59 | 0.35 | −0.24 | −0.23 |
| $\delta^{18}O_{w平均}^{1995SSS}$ | 41 | 35.26 | 37.44 | 36.49 | 36.47 | 35.26 | 0.47 | 0.22 | −0.24 | −0.23 |
| $\delta^{18}O_{w平均}^{2010SSS}$ | 41 | 34.80 | 37.54 | 36.34 | 36.33 | 34.80 | 0.59 | 0.35 | −0.24 | −0.23 |

　　进一步考虑到如果利用上面计算的海水平均值 $\delta^{18}O_{w平均}$ 代入 Wang 等 1995 公式和 Arbuszewski 等(2010)公式,也可以计算出两组 SSS,分别结合它们所使用的公式提出的年代命名为 $\delta^{18}O_{w平均}^{1995SSS}$ 和 $\delta^{18}O_{w平均}^{2010SSS}$(表 5.8),令人惊奇的是 $\delta^{18}O_{w平均}^{2010SSS}$ 竟然和 $SSS_{平均}$ 的全部数据都完全一样,仔细查阅各自的公式以及计算过程,发现它们实际上就应该是完全一样的,只不过是取平均值等具体的计算过程的先后顺序不同而已。因此,把 $SSS_{平均}$ 作为 2414.2 ~ 2253.77ka BP 的盐度是合适的。

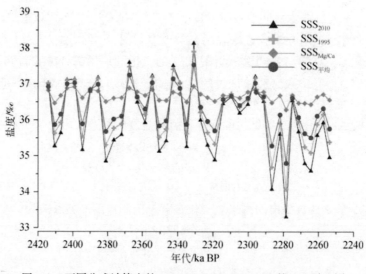

图 5.7　不同公式计算出的 2414.2 ~ 2253.77ka BP 的 SSS 对比图

# 第五节　利用多种方法重建古海水表层温度($SST_{\delta^{18}O}$)

## 一、重建 2414.2 ~ 2253.77ka BP 的 $SST_{\delta^{18}O}$

　　因为我们计算出来的海水氧同位素背景值的范围是 2414.2 ~ 2253.77ka BP,先利用

Bemis 等(1998)公式重建该时间段内的古海水表层温度($SST_{\delta^{18}O}$)。

Bemis 等(1998)公式为

$$\delta^{18}O_{seawater}(SMOW) = \delta^{18}O_{shell}(PDB) + \frac{T-16.5}{4.8} + 0.27 \tag{5.26}$$

即
$$T = 16.5 + 4.8\{\delta^{18}O_{seawater}(SMOW) - \delta^{18}O_{shell}(PDB) - 0.27\} \tag{5.27}$$

或者
$$T = 16.5 - 4.8\{\delta^{18}O_{shell}(PDB) - \delta^{18}O_{seawater}(SMOW) + 0.27\} \tag{5.28}$$

公式中$\delta^{18}O_{shell}(PDB)$是实测的 2414.2～2253.77ka BP 时间段内的 41 个有孔虫壳体的$\delta^{18}O$,$\delta^{18}O_{seawater}(SMOW)$是前面计算出来的海水氧同位素背景值。

可以利用前面算出的海水氧同位素背景值的平均值$\delta^{18}O_{w平均}$来计算 SST,但它毕竟不是实测值通过公式直接算出的,在此仅作为一种方案,和利用其他海水氧同位素背景值算出的 SST 进行对比分析,来选择最合适的结果。除了$\delta^{18}O_{w平均}$之外,经过前面的剔除,还剩下三个系列的海水氧同位素背景值$\delta^{18}O_{seawater}^{1995SSS}$、$\delta^{18}O_{seawater}^{2010SSS}$和$\delta^{18}O_{seawater}^{2000SST}$,其中,由于$\delta^{18}O_{seawater}^{2000SST}$是利用第二种方法即设定$SST_{Mg/Ca}$和$SST_{\delta^{18}O}$相等,将$SST_{2000}$代入 Bemis 等(1998)公式计算出来的,现在如果将$\delta^{18}O_{seawater}^{2000SST}$作为海水氧同位素背景值代入 Bemis 等(1998)公式计算$SST_{\delta^{18}O}$的话,结果必定是$SST_{2000}$,因此不再进行无意义的计算,直接用$SST_{2000}$参与对比。

把$\delta^{18}O_{w平均}$、$\delta^{18}O_{seawater}^{1995SSS}$和$\delta^{18}O_{seawater}^{2010SSS}$代入公式,可以得出三个$SST_{\delta^{18}O}$结果,分别命名为$\delta^{18}O_{w平均}SST_{\delta^{18}O}$、$1995SST_{\delta^{18}O}$和$2010SST_{\delta^{18}O}$,可以与前面利用 Elderfield 和 Ganssen(2000)公式和 Anand(2003)公式得到的两个$SST_{Mg/Ca}$计算结果$SST_{2000}$和$SST_{2003}$对比(表5.9 和图 5.8)。把前面计算出的$SST_0$(当海水氧同位素背景值$\delta^{18}O_{seawater} = 0$ 时得到的$SST_{\delta^{18}O}$)一同列入表 5.9 内进行对比。

**表 5.9　$SST_{\delta^{18}O}$和 $SST_{Mg/Ca}$计算结果描述统计量**

| | $N$ | 极小值 /℃ | 极大值 /℃ | 均值 /℃ | 中值 /℃ | 众数 /℃ | 标准差 /℃ | 方差 | 偏度 | 峰度 |
|---|---|---|---|---|---|---|---|---|---|---|
| $\delta^{18}O_{w平均}SST_{\delta^{18}O}$ | 41 | 15.54 | 19.97 | 17.80 | 18.06 | 15.54 | 1.03 | 1.05 | -0.35 | -0.54 |
| $SST_{2000}$ | 41 | 15.43 | 18.68 | 17.43 | 17.48 | 15.43 | 0.79 | 0.63 | -0.55 | -0.34 |
| ~~$SST_{2003}$~~ | 41 | 19.29 | 22.48 | 21.25 | 21.30 | 19.29 | 0.78 | 0.60 | -0.55 | -0.34 |
| ~~$SST_0$~~ | 41 | 10.02 | 16.57 | 13.20 | 13.28 | 10.02 | 1.51 | 2.29 | -0.04 | -0.34 |
| $1995SST_{\delta^{18}O}$ | 41 | 15.04 | 21.18 | 18.07 | 18.40 | 15.04 | 1.40 | 1.95 | -0.14 | -0.43 |
| $2010SST_{\delta^{18}O}$ | 41 | 15.12 | 21.34 | 18.18 | 18.44 | 15.12 | 1.42 | 2.01 | -0.12 | -0.41 |

注:单、双删除线分别表示在第一轮、第二轮鉴别中被舍弃。

共计算出 6 组 2414.2～2253.77ka BP 的古海水表层温度数据,相互间有一定的差别,需要对它们分析后取舍。

首先可以观察到$SST_0$的极小值、极大值、均值、中值和众数都明显小于其他 5 组数据,$SST_0$是海水氧同位素背景值$\delta^{18}O_{seawater} = 0$ 时得到的$SST_{\delta^{18}O}$,存在较大的误差,现在已经计算出海水氧同位素背景值,$SST_0$可以首先舍弃(表 5.9)。

$SST_{2003}$的极小值、极大值、均值、中值和众数都明显大于其他 5 组数据,进一步考虑到 Anand 等(2003)公式的研究区域是北大西洋马尾藻海,经纬度位置(32°05.4′N,64°15.4′W)和 U1313 站经纬度位置(约 41°N,32°57′W)有一定差别,更靠西南一些,可能是这个原因导

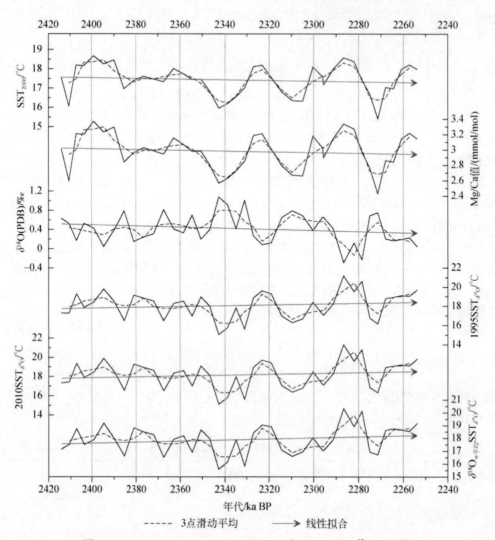

图 5.8　2414.2～2253.77ka BP 四组 SST 与 Mg/Ca 和 $\delta^{18}$O 对比图

致计算结果 SST$_{2003}$ 偏高,因此,舍弃 SST$_{2003}$(表 5.9)。

　　1995SST$_{\delta^{18}O}$ 和 2010SST$_{\delta^{18}O}$ 表 5.9 中的各项指标都非常吻合,极差分别为 6.14℃ 和 6.22℃,也非常接近。SST$_{2000}$ 的极小值、均值、中值和众数和 1995 SST$_{\delta^{18}O}$ 和 2010SST$_{\delta^{18}O}$ 的对应数据存在一定差别,但差别不大,极大值则有较大的差别,另外,SST$_{2000}$ 的极差为 3.25℃,远小于 1995SST$_{\delta^{18}O}$ 和 2010SST$_{\delta^{18}O}$ 的极差。$\delta^{18}$O$_{w 平均}$SST$_{\delta^{18}O}$ 因为是利用海水氧同位素背景值的平均值算出的 SST,因此,各项指标均较居中,极差为 4.43℃。

　　SST$_{2000}$ 和 Mg/Ca 值的曲线记录变化趋势完全吻合,2414.2～2253.77ka BP 的整体趋势是下降的,1995 SST$_{\delta^{18}O}$ 和 2010SST$_{\delta^{18}O}$ 在 2414.2～2253.77ka BP 的总体趋势是上升的,这一点和 SST$_{2000}$ 两者说明利用 Mg/Ca 值直接计算出来的 SST 和利用 Mg/Ca 值计算出盐度再计算出海水氧同位素背景值从而计算出 SST 有时候会存在矛盾。1995SST$_{\delta^{18}O}$ 和 2010SST$_{\delta^{18}O}$ 虽然在较短的时间段 2414.2～2253.77ka BP 的总趋势是上升的,但无论它们与通过哪种计算方法得出的 2253.77～1471.53ka BP 的古海水表层温度($SST_{\delta^{18}O}$)组合成长时间段,2414.2～1471.53ka BP 的 SST 的总体趋势都是下降的,充分说明局部暂时的趋势不会影响长期的总趋势。

$SST_{2000}$、$1995SST_{\delta^{18}O}$ 和 $2010SST_{\delta^{18}O}$ 分别是用两种方法计算出来的古水温,为了更加接近真实值,两种方法各取一种计算结果,以其平均值作为 2414.2～2253.77ka BP 之间的 SST。$1995SST_{\delta^{18}O}$ 和 $2010SST_{\delta^{18}O}$ 是同一种方法计算出来的,必须选择一个的话,$2010SST_{\delta^{18}O}$ 更合适一些,因为它的变化幅度较 $1995SST_{\delta^{18}O}$ 稍大,可以包含 $1995SST_{\delta^{18}O}$ 的变化,故选择 $2010SST_{\delta^{18}O}$。经过计算,$SST_{2000}$ 和 $2010SST_{\delta^{18}O}$ 的平均值 $SST_{平均}$ 其实就是 $\delta^{18}O_{w平均}SST_{\delta^{18}O}$,只是取平均值等具体的计算过程的先后顺序不同而已。没有简单地以 $\delta^{18}O_{w平均}SST_{\delta^{18}O}$ 直接作为 2414.2～2253.77ka BP 的表层水温,而是在分析几种方案的基础上以得到 $\delta^{18}O_{w平均}SST_{\delta^{18}O}$ 作为 2414.2～2253.77ka BP 的表层水温是最合理的结论。在图中表示为 $SST_{平均}$(图5.9)。

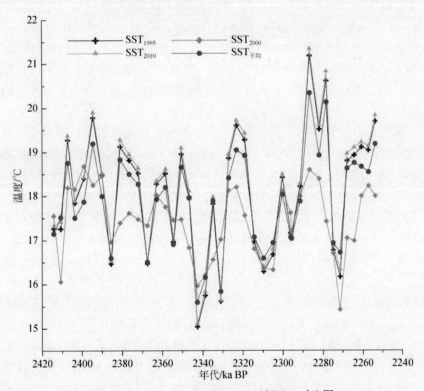

图5.9　2414.2～2253.77ka BP 四组 SST 对比图

## 二、设定 2253.77～1471.53ka BP 的海水氧同位素背景值重建$SST_{\delta^{18}O}$

前面已经根据 Arbuszewski 等(2010)公式,利用 U1313 站 2414.2～2253.77ka BP 之间实测的 Mg/Ca 和 $\delta^{18}O$ 值计算出了该阶段的表层海水古盐度(SSS),SSS 介于 36.29‰～36.94‰,均值为 36.67‰(表5.5)。SSS 的变化幅度很小,把均值作为 2253.77～1471.53ka BP 的平均盐度,利用该阶段的实测 $\delta^{18}O$ 值就可以在计算出海水氧同位素背景值的基础上重建古海水表层温度($SST_{\delta^{18}O}$)。但是进一步考虑到盐度应该是变化的,而且怀疑计算出来的 SSS 值相对偏高,虽然在多种因素作用下,大西洋的平均盐度要高于其他大洋,但把重建 SST 全部建立在盐度均值为 36.67‰ 这个较高的数值的基础上总不能让人非常放心。还计算出了更多的盐度数据,特别是 $SSS_{Mg/Ca}$ 和 $SSS_{2010}$ 的平均值($SSS_{平均}$),应该更能代表 2414.2 ~ 2253.77ka BP 的盐度,$SSS_{平均}$ 的均值是 36.34‰,比上面的数据小一些,但仍然偏大,作为 2253.77 ~ 1471.53ka BP 的平均盐度利用它重建古海水表层温度($SST_{\delta^{18}O}$)是可行的,但不一定是最好的方法。

还可以采用更稳妥更简便的方法,利用已经计算出来的 2414.2 ~ 2253.77ka BP 的海水氧同位素背景值,估算出 2414.2 ~ 2253.77ka BP 的海水氧同位素背景值,就可以重建该阶段的古海水表层温度($SST_{\delta^{18}O}$)。

前面已经利用两种方法的 8 个不同公式计算出了 8 个系列的 2414.2 ~ 2253.77ka BP 的海水背景值(表 5.7),经过认真分析鉴别后舍弃了 5 个,还剩下 $\delta^{18}O_{seawater}^{2000SST}$、$\delta^{18}O_{seawater}^{1995SSS}$ 和 $\delta^{18}O_{seawater}^{2010SSS}$ 等 3 组海水氧同位素背景值,这 3 组海水氧同位素背景值是用两种方法分别计算出的,所利用的公式都很有道理,结果也比较理想,令人难以取舍。但它们之间又有一定的差别,可以采用它们均值的平均值作为 2414.2 ~ 2253.77ka BP 的海水氧同位素背景值。它们的均值分别为 0.88‰(SMOW)、1.02‰(SMOW)和 1.04‰(SMOW),三个均值的平均值为 0.98‰(SMOW)。

进一步考虑,$\delta^{18}O_{seawater}^{1995SSS}$ 和 $\delta^{18}O_{seawater}^{2010SSS}$ 是利用同一种方法由盐度 SSS 计算出来的海水氧同位素背景值,它们的均值 1.02‰(SMOW)和 1.04‰(SMOW)吻合很好,非常接近,比 $\delta^{18}O_{seawater}^{2000SST}$ 的均值 0.88‰(SMOW)要大不少,说明两种计算海水氧同位素背景值方法的结果不同,有一定差异,利用古盐度计算出的海水氧同位素背景值偏大,如果利用两种方法计算出来的三组海水氧同位素背景值的均值作为平均值,就会使一种方法的权重增大,而这种方法刚好是利用盐度 SSS 的方法,为了减小盐度 SSS 的计算结果有可能偏大造成的影响,为了更加准确,两种方法各选一个结果求其均值的平均值作为海水氧同位素背景值比较合理,也就是说需要在 $\delta^{18}O_{seawater}^{1995SSS}$ 和 $\delta^{18}O_{seawater}^{2010SSS}$ 之间选择一个,考虑到 $\delta^{18}O_{seawater}^{1995SSS}$ 的各种指标均在 $\delta^{18}O_{seawater}^{2010SSS}$ 和 $\delta^{18}O_{seawater}^{2000SST}$ 的相应指标之间变化,选择 $\delta^{18}O_{seawater}^{2010SSS}$ 的话,能充分同时代表 $\delta^{18}O_{seawater}^{1995SSS}$ 和 $\delta^{18}O_{seawater}^{2010SSS}$ 的各种变化情况,更好地接近真实状况。因此,利用 $\delta^{18}O_{seawater}^{2000SST}$ 和 $\delta^{18}O_{seawater}^{2010SSS}$ 的海水氧同位素背景值的均值 0.88‰(SMOW)和 1.04‰(SMOW)的平均值 0.96‰(SMOW)作为 2414.2 ~ 2253.77ka BP 的海水氧同位素背景值更为合适。需要指出的是,前面计算出的海水氧同位素背景值 $\delta^{18}O_{w平均}$ 就是 $\delta^{18}O_{seawater}^{2000SST}$ 和 $\delta^{18}O_{seawater}^{2010SSS}$ 的平均值,而它的均值就是 0.96‰(SMOW),因此,从不同的方面验证了这个数据的合理性。

把 0.96‰(SMOW)作为 2253.77 ~ 1471.53ka BP 的海水氧同位素背景值代入 Bemis 等(1998)公式

$$\delta^{18}O_{seawater}(SMOW) = \delta^{18}O_{shell}(PDB) + \frac{T-16.5}{4.8} + 0.27 \tag{5.29}$$

即

$$T = 16.5 + 4.8\{\delta^{18}O_{seawater}(SMOW) - \delta^{18}O_{shell}(PDB) - 0.27\} \tag{5.30}$$

或者

$$T = 16.5 - 4.8\{\delta^{18}O_{shell}(PDB) - \delta^{18}O_{seawater}(SMOW) + 0.27\} \tag{5.31}$$

可以重建 2253.77 ~ 1471.53ka BP 的古海水表层温度($SST_{\delta^{18}O}$),取名为 $SST_{0.96}$,再和已

经确定的比较合理的最能代表 2414.2~2253.77ka BP 的古海水表层温度 $\delta^{18}O_{w平均}SST_{\delta^{18}O}$ 相结合,就组合得到了 2414.2~1471.53ka BP 的 SST,取名为 0.96SST(图 5.10)。

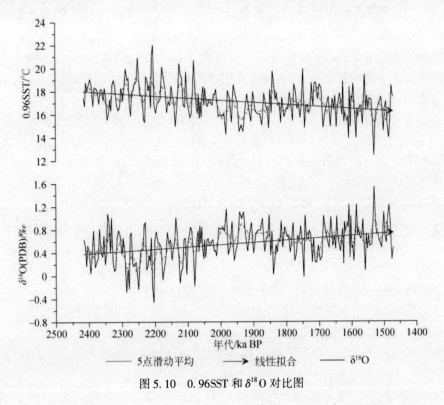

图 5.10　0.96SST 和 $\delta^{18}O$ 对比图

## 三、建立回归方程重建 2414.2~1471.53ka BP 的 $SST_{\delta^{18}O}$

由于 $\delta^{18}O_{seawater}^{2000SST}$、$\delta^{18}O_{seawater}^{1995SSS}$ 和 $\delta^{18}O_{seawater}^{2010SSS}$ 三组海水氧同位素背景值在 2414.2~2253.77ka BP 始终是在不断变化的,幅度还很大,它们的总趋势都是降低的,利用它们均值的平均值 0.96‰(SMOW)作为 2253.77~1471.53ka BP 的海水氧同位素背景值固然很简便,但却只是一个固定的值,无法反映出海水氧同位素背景值变化的情况。能不能利用现有的资料找出更合理的方法来推算出更加接近真实情况的海水氧同位素背景值呢?

重新检查前面计算出的众多数据,发现 2414.2~2253.77ka BP 内的 $\delta^{18}O$ 值和计算出的 3 组海水氧同位素背景值存在较强的相关关系,$\delta^{18}O$ 值与 $\delta^{18}O_{seawater}^{1995SSS}$ 和 $\delta^{18}O_{seawater}^{2010SSS}$ 的相关系数均为 0.589,与 $\delta^{18}O_{seawater}^{2000SST}$ 的相关系数为 0.854。

$\delta^{18}O_{seawater}^{1995SSS}$ 和 $\delta^{18}O_{seawater}^{2010SSS}$ 都是先由 Mg/Ca 值算出盐度,再根据盐度和海水氧同位素背景值的线性公式计算出来的,因此,它们之间的相关性为 1,和 $\delta^{18}O$ 值的相关性都是 0.589。$\delta^{18}O_{seawater}^{2000SST}$ 则是先利用 Mg/Ca 值算出古水温,再由 Bemis 等(1998)公式计算出来的,和 $\delta^{18}O$ 值相关系数为 0.854,显著相关。

利用 $\delta^{18}O$ 值与 $\delta^{18}O_{seawater}^{2000SST}$ 的相关性较强,可以建立回归模型,找出它们之间的具体函数式,利用 2253.77 ~ 1471.53ka BP 实测的 $\delta^{18}O$ 值,可以计算出相应的海水氧同位素背景值,这样就可以海水氧同位素背景值,重建 2253.77 ~ 1471.53ka BP 古海水表层温度($SST_{\delta^{18}O}$)。

进一步考虑到在 3 组海水氧同位素背景值中,$\delta^{18}O_{seawater}^{1995SSS}$ 和 $\delta^{18}O_{seawater}^{2010SSS}$ 各方面数值吻合较好,非常一致。而 $\delta^{18}O_{seawater}^{2000SST}$ 除了极大值较高以外,其他指标都明显比 $\delta^{18}O_{seawater}^{1995SSS}$ 和 $\delta^{18}O_{seawater}^{2010SSS}$ 的对应数值小。为了避免因为 $\delta^{18}O_{seawater}^{2000SST}$ 偏低而造成计算出的 2253.77 ~ 1471.53ka BP 的海水氧同位素背景值出现较大偏差,算出来 3 组海水氧同位素背景值的平均值,并由 SPSS 得出这个平均值和 $\delta^{18}O$ 值的相关系数为 0.800,显著相关。

再进一步考虑,既然 3 组海水氧同位素背景值的平均值和 $\delta^{18}O$ 值有较显著的相关关系,那么,这 3 组海水氧同位素背景值两两之间的平均值也应该和 $\delta^{18}O$ 值有一定的相关关系,分别求出这些平均值与 $\delta^{18}O$ 值的相关系数如表 5.9 中的 R 值 0.828、0.822 和 0.589,前两个数值显示具有显著的相关性。

前面曾经利用 $\delta^{18}O_{seawater}^{2000SST}$ 和 $\delta^{18}O_{seawater}^{2010SSS}$ 的海水氧同位素背景值均值的平均值 0.96‰(SMOW)。需要注意的是,$\delta^{18}O_{seawater}^{2000SST}$ 和 $\delta^{18}O_{seawater}^{2010SSS}$ 海水氧同位素背景值的均值各是一个数值(0.88‰ 和 1.04‰),均值的平均值是一个数值 0.96‰(SMOW)。现在利用的 $\delta^{18}O_{seawater}^{2000SST}$、$\delta^{18}O_{seawater}^{1995SSS}$ 和 $\delta^{18}O_{seawater}^{2010SSS}$ 三组海水氧同位素背景值的平均值是一组数据,而非一个数值。同样道理,三组海水氧同位素背景值两两之间的平均值共三组数据。

因此,可以利用 $\delta^{18}O$ 值与五组相关数据建立五个回归模型,找出五个具体的函数式(表 5.10)。利用 SPSS 的回归分析建立了以下五个一元线性回归方程。

海水氧同位素背景值 $\delta^{18}O_{seawater}^{2000SST}$ 和 $\delta^{18}O$ 值的线性回归方程,命名为"回归 2000":

$$Y = 0.599 + 0.675X \tag{5.32}$$

三组海水氧同位素背景值的平均值和 $\delta^{18}O$ 值的线性回归方程,命名为"平均值回归(2000、1995 和 2010 平均)":

$$Y = 0.863 + 0.276X \tag{5.33}$$

2000 和 2010 两组海水氧同位素背景值的平均值和 $\delta^{18}O$ 值的线性回归方程,命名为"平均值回归(2000 和 2010 平均)":

$$Y = 0.804 + 0.371X \tag{5.34}$$

2000 和 1995 两组海水氧同位素背景值的平均值和 $\delta^{18}O$ 值的线性回归方程,命名为"平均值回归(2000 和 1995 平均)":

$$Y = 0.79 + 0.38X \tag{5.35}$$

1995 和 2010 两组海水氧同位素背景值的平均值和 $\delta^{18}O$ 值的线性回归方程,命名为"平均值回归(1995 和 2010 平均)":

$$Y = 0.995 + 0.076X \tag{5.36}$$

上述关系式中,X 为 $\delta^{18}O$ 值,Y 为相应的海水氧同位素背景值。

五个公式的 $R^2$ 分别为 0.730、0.641、0.685、0.675 和 0.346(表 5.10),均通过了 T 检验和 F 检验,并且相关的概率均为 0.00,说明 X 和 Y 之间均存在线性关系,但第五个关系式中 $R^2$ 仅为 0.346,说明回归系数没有显著意义。其余四个关系式的回归系数均有显著意义,本着优中选优的原则,把 $R^2$ 较小的两个关系式进一步舍弃。剩下两个回归方程在表 5.10 中以斜体表示,并绘制出其散点图(图 5.11)。

表 5.10　线性回归方程的特征值

| | 回归方程式 | 系数 | 标准误差 | $T$ | Sig. | $R$ | $R^2$ | 调整的 $R^2$ | 标准估计误差 | $F$ | Sig. |
|---|---|---|---|---|---|---|---|---|---|---|---|
| 回归 2000 | $Y=0.599+0.675X$ | 0.599 | 0.034 | 17.48 | 0.00 | 0.854 | 0.730 | 0.723 | 0.131 | 105.42 | 0.00 |
| | | 0.675 | 0.066 | 10.27 | 0.00 | | | | | | |
| ~~平均值回归(2000 和 95 和 2010 平均)~~ | $Y=0.863+0.276X$ | 0.863 | 0.017 | 50.07 | 0.00 | 0.800 | 0.641 | 0.631 | 0.066 | 69.532 | 0.00 |
| | | 0.276 | 0.033 | 8.34 | 0.00 | | | | | | |
| 平均值回归(2000 和 2010 两组平均) | $Y=0.804+0.371X$ | 0.804 | 0.021 | 38.32 | 0.00 | 0.828 | 0.685 | 0.677 | 0.080 | 84.944 | 0.00 |
| | | 0.371 | 0.040 | 9.22 | 0.00 | | | | | | |
| ~~平均值回归(2000 和 95 两组平均)~~ | $Y=0.790+0.380X$ | 0.790 | 0.022 | 35.892 | 0.00 | 0.822 | 0.675 | 0.667 | 0.084 | 81.059 | 0.00 |
| | | 0.380 | 0.042 | 9.00 | 0.00 | | | | | | |
| ~~平均值回归(95 和 2010 两组平均)~~ | $Y=0.995+0.076X$ | 0.995 | 0.009 | 114.11 | 0.00 | 0.589 | 0.346 | 0.330 | 0.033 | 20.676 | 0.00 |
| | | 0.076 | 0.017 | 4.55 | 0.00 | | | | | | |

注:单、双删除线分别表示在第一轮、第二轮中被剔除。

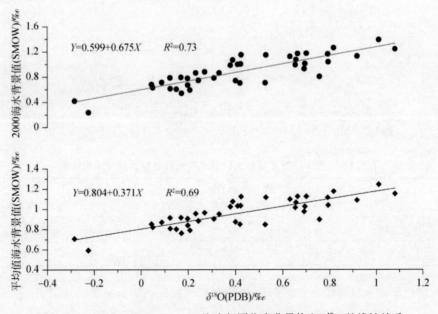

图 5.11　2414.2～2253.77ka BP 海水氧同位素背景值和 $\delta^{18}O$ 的线性关系

　　把 2253.77～1471.53ka BP 的实测 $\delta^{18}O$ 值代入上面两个回归方程可以计算出对应的两个海水氧同位素背景值,为了简便且便于区分,把利用"回归 2000"计算出的海水氧同位素背景值命名为 $\delta^{18}O_{seawater}^{回归2000}$;把利用"平均值回归"计算出来的海水氧同位素背景值命名为 $\delta^{18}O_{seawater}^{平均值回归}$(图 5.12)。

　　$\delta^{18}O_{seawater}^{回归2000}$ 的极小值、极大值和极差(1.34)与 $\delta^{18}O_{seawater}^{平均值回归}$ 的对应数据都有较大差别(表 5.11),均值、中值和众数则差别较小,较为一致。

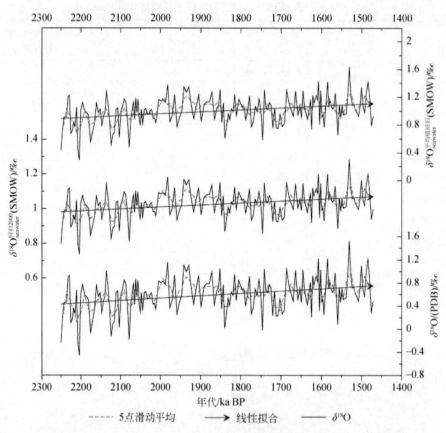

图 5.12　2253.77 ~ 1471.53ka BP 海水氧同位素背景值和 $\delta^{18}$O 对比图

**表 5.11　两个回归方程算出的海水氧同位素背景值描述统计量**

| 项目 | N | 极小值 (SMOW)/‰ | 极大值 (SMOW)/‰ | 均值 (SMOW)/‰ | 中值 (SMOW)/‰ | 众数 (SMOW)/‰ | 标准差 (SMOW)/‰ | 方差 |
|---|---|---|---|---|---|---|---|---|
| $\delta^{18}$O$_{seawater}^{回归2000}$ | 187 | 0.29 | 1.64 | 1.00 | 1.01 | 0.88 | 0.21 | 0.04 |
| $\delta^{18}$O$_{seawater}^{平均值回归}$ | 187 | 0.63 | 1.37 | 1.02 | 1.03 | 0.96 | 0.11 | 0.01 |

把上述两个海水氧同位素背景值和实测的 $\delta^{18}$O 值代入 Bemis 等(1998)公式：

$$\delta^{18}O_{seawater}(SMOW) = \delta^{18}O_{shell}(PDB) + \frac{T-16.5}{4.8} + 0.27 \tag{5.37}$$

即

$$T = 16.5 + 4.8\{\delta^{18}O_{seawater}(SMOW) - \delta^{18}O_{shell}(PDB) - 0.27\} \tag{5.38}$$

或者

$$T = 16.5 - 4.8\{\delta^{18}O_{shell}(PDB) - \delta^{18}O_{seawater}(SMOW) + 0.27\} \tag{5.39}$$

就可以得到两组 2253.77 ~ 1471.53ka BP 古海水表层温度($SST_{\delta^{18}O}$)，为了简便且容易区分,分别命名为 $SST_{回归2000}$ 和 $SST_{平均值回归}$,前面通过把海水氧同位素背景值取 0.96‰(SMOW)计算出 2253.77 ~ 1471.53ka BP 的古海水表层温度($SST_{0.96}$),与 $SST_{回归2000}$ 和 $SST_{平均值回归}$ 进一步比较(表 5.12,图 5.13)。

**表 5.12 2253.77 ~ 1471.53ka BP 三组 $SST_{\delta^{18}O}$ 计算结果描述统计量**

| 项目 | $N$ | 极小值/℃ | 极大值/℃ | 均值/℃ | 中值/℃ | 众数/℃ | 标准差/℃ | 方差 | 偏度 | 峰度 |
|---|---|---|---|---|---|---|---|---|---|---|
| $SST_{0.96}$ | 187 | 12.43 | 22.00 | 16.96 | 16.87 | 15.77 | 1.46 | 2.13 | 0.35 | 0.85 |
| $SST_{回归2000}$ | 187 | 15.68 | 18.79 | 17.15 | 17.12 | 16.76 | 0.47 | 0.23 | 0.35 | 0.85 |
| $SST_{平均值回归}$ | 187 | 14.42 | 20.44 | 17.27 | 17.21 | 16.52 | 0.92 | 0.84 | 0.35 | 0.85 |

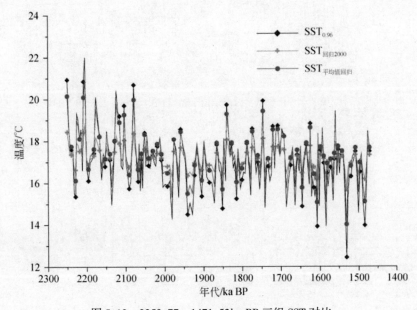

图 5.13 2253.77 ~ 1471.53ka BP 三组 SST 对比

$SST_{0.96}$、$SST_{回归2000}$ 和 $SST_{平均值回归}$ 在 2253.77 ~ 1471.53ka BP 的总趋势都是下降的,和 $\delta^{18}O$ 值的总趋势相反(图 5.14)。三者的细节变化也非常一致,峰值和谷值都完全对应(图 5.13、图 5.14)。它们的主要区别在于波动的幅度不同,差异较大,$SST_{0.96}$ 介于 12.43 ~ 22.00℃ 变化,范围过大,而 $SST_{回归2000}$ 介于 15.68 ~ 18.79℃ 变化,范围过小,$SST_{平均值回归}$ 介于 14.42 ~ 20.44℃,各方面指标均在 $SST_{0.96}$ 和 $SST_{回归2000}$ 之间变化,应该是更接近真实值,更合理。因此,选择 $SST_{平均值回归}$ 作为 2253.77 ~ 1471.53ka BP 的古海水表层温度。

前面已经判断出 $\delta^{18}O_{w平均}SST_{\delta^{18}O}$ 是 2414.2 ~ 2253.77ka BP 最合理最真实的古海水表层温度。$SST_{平均值回归}$ 和 $\delta^{18}O_{w平均}SST_{\delta^{18}O}$ 组合在一起,可以得到整个研究时段 2414.2 ~ 1471.53ka BP 的古海水表层温度,取名为 $SST_{Last}$(表 5.13 和图 5.15)。

前面通过一个固定的海水氧同位素背景值 0.96‰(SMOW) 重建了 2253.77 ~ 1471.53ka BP 的古海水表层温度($SST_{\delta^{18}O}$),取名为 $SST_{0.96}$,和 2414.2 ~ 2253.77ka BP 的古海水表层温度 $\delta^{18}O_{w平均}SST_{\delta^{18}O}$ 相结合,得到了 2414.2 ~ 1471.53ka BP 的古海水表层温度 SST,取名为 0.96SST(表 5.13,图 5.10、图 5.15)。

0.96SST 和 $SST_{Last}$ 在 2414.2 ~ 1471.53ka BP 变化的总体和细节趋势都是相同的,区别

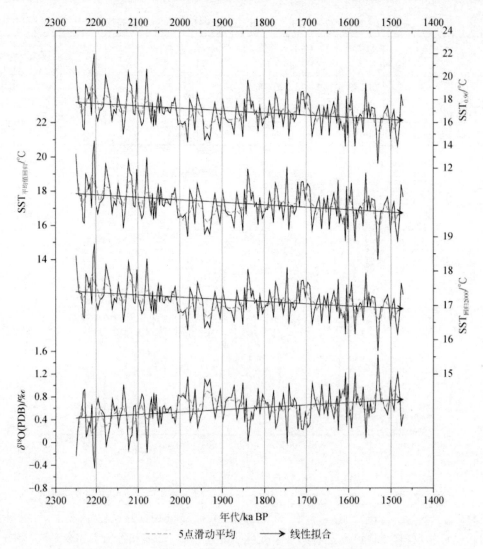

5点滑动平均　　　　━━➤ 线性拟合

图 5.14　2253.77～1471.53ka BP 三组 SST 和 $\delta^{18}$O 对比图

在于波动的幅度大小。0.96SST 在 12.43～22.00℃ 变化,极差为 9.57℃,$SST_{Last}$ 在 14.01～
20.93℃ 变化,极差为 6.92℃。可见 0.96SST 比 $SST_{Last}$ 波动剧烈,难免有一些误差。但
0.96SST 也具有一定的合理性,能够反映出 SST 的总趋势和细节变化。$SST_{Last}$ 虽然没有
0.96SST 极差大,但也达到了 6.92℃,能够更准确、更真实地代表 2414.2～1471.53ka BP
的 SST。

表 5.13　2414.2～1471.53ka BP 两组$SST_{\delta^{18}O}$计算结果描述统计量

| 项目 | $N$ | 极小值/℃ | 极大值/℃ | 均值/℃ | 中值/℃ | 众数/℃ | 标准差/℃ | 方差 | 偏度 | 峰度 |
|------|-----|--------|--------|------|------|------|--------|------|------|------|
| 0.96SST | 228 | 12.43 | 22.00 | 17.11 | 17.01 | 15.77 | 1.43 | 2.04 | 0.16 | 0.57 |
| $SST_{Last}$ | 228 | 14.01 | 20.93 | 17.37 | 17.29 | 16.42 | 1.07 | 1.14 | 0.22 | 0.37 |

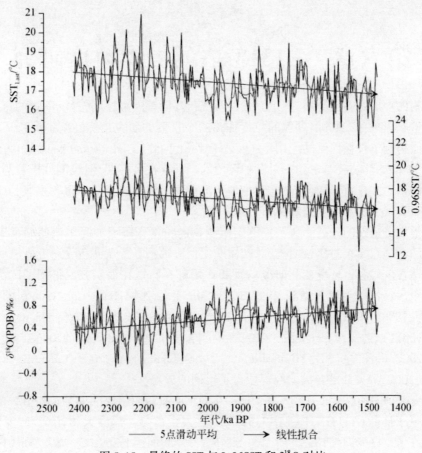

图 5.15 最终的 SST 与 0.96SST 和 $\delta^{18}$O 对比

# 第六章　U1313站沉积物粒度研究

沉积物的粒度受搬运介质、搬运方式以及沉积环境等因素控制,是沉积物的重要特征之一。半个世纪以来,陆源碎屑颗粒的粒度作为一个重要的研究指标在判别沉积环境和水动力条件方面得到了日益广泛的应用(Folk and Ward,1957;Glaister and Nelson,1975)。虽然粒度资料也并非完美,要考虑到它对沉积环境的判别存在多解性,但粒度分析及与其相关的一系列方法依然具有重要的研究意义,是理解沉积物机械组成特征的重要手段,其作用不可忽视(韩广等,2004;徐树建等,2006)。

激光粒度分析仪的发展和普及使测定沉积物的粒度变得更加简单快速而准确,加上沉积物粒度的物理意义相对比较明确、对气候变化反应敏感等特点而备受研究者青睐,粒度作为研究地球古气候和古环境变化研究的重要代用资料已经在很多方面得到了广泛的应用。最近十余年来,对黄土(鹿化煜等,1997,1998;Sun et al.,2002;Sun et al.,2006)、湖泊沉积物(张振克等,1998a,1998b,2000;Shen et al.,2005;Wünnemann et al.,2006;Magny et al.,2007;郭志永等,2011)、边缘海(石学法等,2002;孙有斌等,2003;Xiao et al.,2006;向荣等,2006;Liu et al.,2007)和深海沉积物(Giancarlo et al.,1999;Boulay et al.,2003;Tamburini et al.,2003;Wan et al.,2007)等方面的粒度研究都取得了丰硕的成果。

本研究剖面是由钻孔 U1313A 和 U1313D 的钻心拼接而组成的地层。如第二章所述,研究剖面的顺序是自 U1313D7H 到 U1313D11H,共九个部分。深度大约在61.30～104.46m,合成深度在69.43～115.18m。剖面总长45.75m,剖面上段69.93～80.24m(1471.53～1648.14ka BP)连续取样,下段80.24～115.18m(1648.14～2415.60ka BP)间隔2cm取样,样品长度均为2cm,共获得粒度样品1491个,自 U1313D7H 到 U1313D11H 的九个部分之间拼接的位置,数据有所重叠,即相同的深度,拼接的位置 U1313A 和 U1313D 的钻心有重叠,因为样品珍贵难得,且粒度测试的经费和时间允许,故对所有样品都进行了粒度测试。1491个粒度样品的数据经过剔除重叠数据以后,还剩下1389个有效数据。

## 第一节　粒度参数及其特征分析

粒度参数是对碎屑物质的粒度特征进行定量表示。单个粒度参数及其组合特征均可以作为重要的研究依据来判别沉积水动力条件和沉积环境的特征。粒度参数可以分为许多种类,以前主要用粒度中值($M_d$)和分选系数($S_o$)进行相关研究,现在主要采用的参数包括平均粒径($M_z$)、标准偏差($\sigma_1$)、偏度(SK$_1$)和峰度($K_G$)等。以前特拉斯克(Trask)公式较为普及,目前较流行的是福克和沃德(Folk and Ward)的公式。本书根据1957年的福克-沃德体系,采用平均粒径($M_z$)、中值粒径($M_d$)、众数(Mode)、标准偏差($\sigma_1$)、偏度(SK$_1$)和峰度($K_G$)等指标,进行粒度参数的计算。其中,平均粒径($M_z$)、中值粒径($M_d$)和众数(Mode)是在粒度测定时直接从粒度分析仪获取。标准偏差($\sigma_1$)、偏度(SK$_1$)和峰度($K_G$)等三个粒度参数由下面公式计算获得。

标准偏差($\sigma_1$)的计算公式：

$$\sigma_1 = \frac{\phi_{84} - \phi_{16}}{4} + \frac{\phi_{95} - \phi_5}{6.6} \tag{6.1}$$

偏度($SK_1$)的计算公式：

$$SK_1 = \frac{\phi_{84} + \phi_{16} - 2\phi_{50}}{2(\phi_{84} - \phi_{16})} + \frac{\phi_{95} + \phi_5 - 2\phi_{50}}{2(\phi_{95} - \phi_5)} \tag{6.2}$$

峰度($K_G$)的计算公式：

$$K_G = \frac{\phi_{95} - \phi_5}{2.44(\phi_{75} - \phi_{25})} \tag{6.3}$$

# 一、粒度参数的统计与物理意义

## (一) 粒度参数物理意义分析

平均粒径($M_z$)和中值粒径($M_d$)是粒度参数中最主要的两个指标,分别反映粒度的中间值和平均值,可以反映沉积物粒度分布的集中趋势。它们主要和两个因素有关:其一是速度,即风或流水等沉积介质的平均动能的大小;其二是大小,即来源物质颗粒的原始大小。沉积物这两个指标在剖面上不同时间段内的变化特征,可反映物质来源和沉积环境及气候的变化过程。

粒度的众数(Mode)表示出现次数最多的粒度数据,它仅与全体数据中的部分数据有关,不受极端数据的影响,反映粒度数据的一般水平。单独使用有时稳定性较差,与平均粒径($M_z$)和中值粒径($M_d$)结合起来使用效果较好,能够反映粒度数据的集中趋势。

标准偏差用来量度沉积物颗粒的分选程度,即衡量颗粒的大小偏离平均值的程度,其值大,表示较分散,反之则较集中。因为沉积物的分选程度与沉积环境的动力条件紧密相关,标准偏差数值越大,表示偏离平均值就越大,其分选程度越差,说明当时水动力条件较强。

偏度是用来表示频率曲线分布是否对称、偏斜方向和程度的参数。由于偏度指标对环境较灵敏,其结果是判别沉积物的成因的参考依据。

峰度用来衡量数据在中心聚集的程度,其大小与沉积物来源和当时的沉积环境均相关,可以用来表示不同来源物质的混合程度。

整个剖面的平均粒径($M_z$)、中值粒径($M_d$)和 众数(Mode)的均值分别是 2.58μm、1.2μm、0.83μm,都比较小,属于黏土级别,表明当时的水动力条件较弱。平均偏度值为 -0.31,属于极负偏,说明剖面沉积物较细,大体集中分布在细颗粒部分。平均标准偏差值为 1.57,表明分选性较不好,说明当时的水动力条件不太稳定。整个剖面平均峰度值为 0.67,峰度较平坦,表明沉积物在当时未经改造就沉积下来,而新环境对它后期改造也不明显,因此,表明沉积物来自不同源区,直接混合而成。

此外,从各个指标的极值和极差值可以看出,水动力条件长期稳定过程中存在波动剧烈、极端不稳定的情况,而极端值所占比例较小则说明极端不稳定的情况出现次数较少。

### (二) 粒度参数统计分析

利用 SPSS 软件对获得的六种粒度参数值进行统计分析并利用 Grapher 软件绘制了频率直方图(表 6.1,表 6.2、图 6.1),需要注意表 6.1 中粒度参数系列的平均粒径($M_z$)和中值粒径($M_d$)等指标与统计分析系列的均值、中值、众数、标准差、偏度和峰度的含义是不同的。

表 6.1 粒度参数描述统计量

| 参数 | $N$ | 极小值 /$\mu m$ | 极大值 /$\mu m$ | 均值 /$\mu m$ | 中值 /$\mu m$ | 众数 /$\mu m$ | 标准差 /$\mu m$ | 方差 | 偏度 | 峰度 |
|---|---|---|---|---|---|---|---|---|---|---|
| 平均粒径($M_z$) | 1389 | 1.63 | 21.69 | 2.58 | 2.32 | 2.06 | 1.30 | 1.69 | 7.81 | 86.28 |
| 中值粒径($M_d$) | 1389 | 0.48 | 13.01 | 1.20 | 0.88 | 0.75 | 1.04 | 1.08 | 5.23 | 37.82 |
| 众数(Mode) | 1389 | 0.48 | 16.26 | 0.83 | 0.54 | 0.54 | 1.57 | 2.46 | 6.61 | 51.35 |
| 标准偏差($\sigma_1$) | 1389 | -0.26 | 2.67 | 1.57 | 1.54 | 1.40 | 0.15 | 0.02 | 0.79 | 28.31 |
| 偏度($SK_1$) | 1389 | -2.52 | 0.70 | -0.31 | -0.40 | -0.47 | 0.24 | 0.06 | 1.28 | 8.32 |
| 峰度($K_G$) | 1389 | -1.14 | 1.47 | 0.67 | 0.66 | 0.63 | 0.08 | 0.01 | -9.24 | 252.3 |

表 6.2 粒度参数百分位数统计量

| 百分位数 | $M_z$ | $M_d$ | 众数 | 标准偏差 | 偏度 | 峰度 |
|---|---|---|---|---|---|---|
| 5 | 1.8219 | 0.7421 | 0.4826 | 1.4266 | -0.4798 | 0.6091 |
| 10 | 1.9079 | 0.7553 | 0.4831 | 1.4502 | -0.4706 | 0.6200 |
| 15 | 1.9728 | 0.7725 | 0.4833 | 1.4671 | -0.4627 | 0.6267 |
| 20 | 2.0250 | 0.7866 | 0.5405 | 1.4811 | -0.4536 | 0.6333 |
| 25 | 2.0659 | 0.8026 | 0.5408 | 1.4916 | -0.4444 | 0.6391 |
| 30 | 2.1202 | 0.8187 | 0.5410 | 1.5012 | -0.4351 | 0.6447 |
| 35 | 2.1656 | 0.8344 | 0.5412 | 1.5106 | -0.4270 | 0.6490 |
| 40 | 2.2183 | 0.8496 | 0.5414 | 1.5189 | -0.4186 | 0.6537 |
| 45 | 2.2661 | 0.8670 | 0.5416 | 1.5281 | -0.4094 | 0.6583 |
| 50 | 2.3186 | 0.8847 | 0.5417 | 1.5388 | -0.3975 | 0.6632 |
| 55 | 2.3632 | 0.9088 | 0.5419 | 1.5484 | -0.3839 | 0.6679 |
| 60 | 2.4096 | 0.9402 | 0.5420 | 1.5595 | -0.3703 | 0.6727 |
| 65 | 2.4751 | 0.9672 | 0.5422 | 1.5725 | -0.3503 | 0.6774 |
| 70 | 2.5385 | 1.0043 | 0.5424 | 1.5888 | -0.3222 | 0.6837 |
| 75 | 2.6208 | 1.0643 | 0.5425 | 1.6046 | -0.2927 | 0.6905 |

续表

| 百分位数 | $M_z$ | $M_d$ | 众数 | 标准偏差 | 偏度 | 峰度 |
|---|---|---|---|---|---|---|
| 80 | 2.7489 | 1.1466 | 0.5427 | 1.6244 | -0.2426 | 0.7000 |
| 85 | 2.9178 | 1.3290 | 0.5430 | 1.6622 | -0.1353 | 0.7110 |
| 90 | 3.2218 | 1.8246 | 0.5433 | 1.6992 | 0.0521 | 0.7260 |
| 95 | 3.9665 | 3.0590 | 0.5443 | 1.8077 | 0.2940 | 0.7440 |

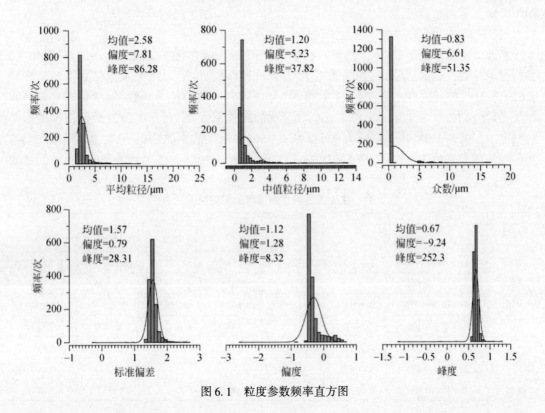

图 6.1 粒度参数频率直方图

本研究剖面的平均粒径($M_z$)介于 1.63~21.69μm,其中,1.63~1.82μm 的样品占 5%,3.97~21.69μm 的样品也占 5%,1.82~3.97μm 的样品占 90%,集中分布在 1.97~2.92μm 的样品占 70%(表 6.2)。$M_z$ 的极差达到了 20.06μm,是由于部分样品的平均粒径($M_z$)较大,但这些样品所占比例很少(图 6.1)。平均粒径($M_z$)的偏度和峰度均较大,达到 7.81 和 86.28,说明数据分布严重右偏,尖峰分布。

中值粒径($M_d$)介于 0.48~13.01μm,其中,3.06~13.01μm 的样品仅占 5%,0.74~3.06μm 的样品占 90%,集中分布在 0.76~1.15μm 的样品占 70%(表 6.2)。和平均粒径($M_z$)的极差较大的原因相同,少数样品的中值粒径($M_d$)较大,导致其极差较大,达到了 12.53μm。中值粒径($M_d$)的偏度和峰度也均较大,达到 5.23 和 37.82,说明数据分布右偏较严重,尖峰分布。

众数(Mode)介于 0.48~16.26μm,分布更加集中,90% 的样品分布在 0.4826~

0.5443μm。偏度和峰度均较大,达到 6.61 和 51.35,说明数据分布右偏较严重,尖峰分布。

标准偏差($\sigma_1$)介于-0.26 ~ 2.67,90% 的样品主要分布在 1.4266 ~ 1.8077,其偏度是六个粒度参数中最小的,为 0.79,轻微右偏,峰度为 28.31,尖峰分布。

偏度($SK_1$)介于-2.52 ~ 0.7,其中 85% 以上为负值,主要分布在-0.4798 ~ -0.1353 的样品约 80%。偏度($SK_1$)的偏度为 1.28,其峰度是六个粒度参数中最小的,为 8.32,轻微右偏,尖峰分布。

峰度($K_G$)介于-1.14 ~ 1.47,其中,95% 以上为正值,主要分布在 0.6091 ~ 0.7448,占 90%。偏度是六个粒度参数中唯一的负值,为-9.24,峰度($K_G$)的峰度则是六个粒度参数中最大的,为 252.3,说明数据分布左偏较严重,尖峰分布。

相关分析结果显示(表 6.3):平均粒径和中值粒径之间的相关系数为 0.928,显著相关,和标准偏差相关程度也较强,相关系数为 0.832,和众数、偏度的相关系数分别为 0.756 和 0.629,和峰度的相关性不大,相关系数很小,为 0.075;中值粒径与众数、偏度和标准偏差的相关系数分别为 0.843、0.785 和 0.766,和峰度的相关系数很小,为 0.042;众数与标准偏差和偏度的相关性一般,相关系数为 0.542 和 0.556,和峰度的相关性很小,为 0.14;标准偏差和偏度的相关系数为 0.633,和峰度相关系数很小,为 0.12。偏度和峰度负相关,相关系数较小,为-0.225。

**表 6.3　粒度参数间的相关性**

| 参数 | 项目 | $M_z$ | $M_d$ | 众数 | 标准偏差 | 偏度 | 峰度 |
|---|---|---|---|---|---|---|---|
| 平均粒径 | Pearson 相关性 | 1 | 0.928 * * | 0.756 * * | 0.832 * * | 0.629 * * | 0.075 * * |
| | 显著性(双侧) | | 0.000 | 0.000 | 0.000 | 0.000 | 0.005 |
| 中值粒径 | Pearson 相关性 | 0.928 * * | 1 | 0.843 * * | 0.766 * * | 0.785 * * | 0.042 |
| | 显著性(双侧) | 0.000 | | 0.000 | 0.000 | 0.000 | 0.115 |
| 众数 | Pearson 相关性 | 0.756 * * | 0.843 * * | 1 | 0.542 * * | 0.556 * * | 0.140 * * |
| | 显著性(双侧) | 0.000 | 0.000 | | 0.000 | 0.000 | 0.000 |
| 标准偏差 | Pearson 相关性 | 0.832 * * | 0.766 * * | 0.542 * * | 1 | 0.633 * * | 0.120 * * |
| | 显著性(双侧) | 0.000 | 0.000 | 0.000 | | 0.000 | 0.000 |
| 偏度 | Pearson 相关性 | 0.629 * * | 0.785 * * | 0.556 * * | 0.633 * * | 1 | -0.225 * * |
| | 显著性(双侧) | 0.000 | 0.000 | 0.000 | 0.000 | | 0.000 |
| 峰度 | Pearson 相关性 | 0.075 * * | 0.042 | 0.140 * * | 0.120 * * | -0.225 * * | 1 |
| | 显著性(双侧) | 0.005 | 0.115 | 0.000 | 0.000 | 0.000 | |

* * 在 0.01 水平(双侧)上显著相关。

## 二、粒度参数特征分析

结果表明,研究剖面沉积物粒度参数特征表现为阶段性变化的规律,各项粒度参数指标相对波动频繁,部分样品数据波动幅度较大,使幅度较小的波动在图中表现不甚明显(图 6.2)。经统计,平均粒径大于 4.00μm 的样品共有 66 个,这些样品的平均粒径的均值为

6.8181μm,而大于平均值 6.8181μm 的只有 21 个样品(表 6.4)。各项粒度参数对应性较好,66 个平均粒径较大的样品的其他粒度参数也均大于各自的平均值。

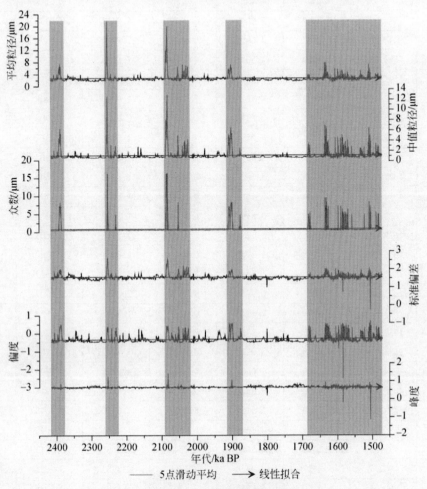

图 6.2 粒度参数对比图

**表 6.4 平均粒径大于 4μm 的样品的粒度参数**

| 合成深度 /m | 年代/ka BP | 平均粒径 /μm | 中值粒径 /μm | 众数 /μm | 标准差 | 偏度 | 峰度 |
|---|---|---|---|---|---|---|---|
| 71.47 | 1503.397 | 4.309 | 3.8377 | 5.4816 | 1.7950 | 0.4224 | 0.6033 |
| 71.55 | 1504.914 | 5.7474 | 5.1328 | 7.1958 | 1.9235 | 0.4755 | 0.6210 |
| 71.71 | 1507.948 | 7.0977 | 6.5381 | 8.2586 | 1.9802 | 0.5398 | 0.9355 |
| 71.73 | 1508.328 | 6.4357 | 6.0785 | 8.2144 | 1.9388 | 0.5486 | 0.7170 |
| 71.81 | 1509.845 | 4.6486 | 3.6305 | 0.4809 | 1.8763 | 0.3271 | 0.6021 |
| 72.93 | 1531.086 | 5.0578 | 2.5702 | 0.5421 | 1.9586 | 0.0521 | 0.6440 |
| 75.09 | 1568.698 | 4.6655 | 4.1568 | 6.2742 | 1.8343 | 0.4350 | 0.6003 |
| 76.03 | 1583.326 | 4.8694 | 4.5840 | 5.4981 | 1.7882 | 0.4995 | 0.6439 |

续表

| 合成深度<br>/m | 年代/ka BP | 平均粒径<br>/μm | 中值粒径<br>/μm | 众数<br>/μm | 标准差 | 偏度 | 峰度 |
|---|---|---|---|---|---|---|---|
| 76.13 | 1584.762 | 5.2840 | 5.0990 | 6.2973 | 1.8417 | 0.5397 | 0.6338 |
| 76.15 | 1585.05 | 4.8157 | 4.6892 | 5.4978 | 1.7700 | 0.5379 | 0.6514 |
| 76.43 | 1589.072 | 4.8999 | 4.5036 | 7.1583 | 1.8638 | 0.4702 | 0.5915 |
| 76.91 | 1595.967 | 4.5933 | 2.9805 | 0.4822 | 1.9092 | 0.1930 | 0.6020 |
| 77.01 | 1597.403 | 5.5692 | 4.7220 | 7.2107 | 1.9380 | 0.4208 | 0.6034 |
| 77.54 | 1605.017 | 5.7845 | 4.5776 | 0.4787 | 2.0150 | 0.3798 | 0.5838 |
| 78.98 | 1625.702 | 4.5274 | 4.0595 | 7.1568 | 1.8423 | 0.4317 | 0.5818 |
| 79.06 | 1626.851 | 4.0109 | 3.0106 | 0.4803 | 1.8244 | 0.2765 | 0.5849 |
| 79.10 | 1627.425 | 4.3194 | 3.6031 | 0.4807 | 1.8312 | 0.3641 | 0.5879 |
| 79.14 | 1628 | 4.2694 | 3.1681 | 0.4807 | 1.8564 | 0.2774 | 0.5912 |
| 79.20 | 1629.099 | 4.4334 | 3.8197 | 6.2901 | 1.8422 | 0.3954 | 0.5863 |
| 79.24 | 1629.831 | 4.3316 | 3.1333 | 0.4813 | 1.8618 | 0.2603 | 0.5908 |
| 79.26 | 1630.197 | 4.4898 | 3.3975 | 0.4806 | 1.8838 | 0.3000 | 0.5859 |
| 79.28 | 1630.563 | 6.8716 | 6.3488 | 8.2540 | 1.9790 | 0.5357 | 0.7076 |
| 79.34 | 1631.662 | 7.7035 | 6.7955 | 9.4477 | 2.0508 | 0.5107 | 0.7094 |
| 79.38 | 1632.394 | 4.3700 | 2.8922 | 0.4823 | 1.8707 | 0.1959 | 0.6109 |
| 79.40 | 1632.761 | 5.7086 | 4.8365 | 7.2065 | 1.9451 | 0.4263 | 0.6080 |
| 79.42 | 1633.127 | 4.4188 | 3.0225 | 0.4821 | 1.8722 | 0.2206 | 0.6105 |
| 79.52 | 1634.958 | 7.7450 | 7.0607 | 9.4414 | 2.0275 | 0.5394 | 0.9602 |
| 79.60 | 1636.423 | 4.4000 | 3.3320 | 0.4824 | 1.8395 | 0.2914 | 0.6087 |
| 90.83 | 1899.016 | 6.0290 | 5.5157 | 8.2014 | 1.9410 | 0.5048 | 0.6220 |
| 90.87 | 1900.3 | 4.8869 | 4.1663 | 6.2846 | 1.8681 | 0.4040 | 0.6067 |
| 90.91 | 1901.5 | 7.1191 | 6.5655 | 8.2547 | 1.9666 | 0.5419 | 1.0778 |
| 90.95 | 1902.7 | 5.3417 | 4.9428 | 7.1769 | 1.8783 | 0.4952 | 0.6112 |
| 91.07 | 1906.3 | 5.4750 | 5.0881 | 7.1797 | 1.8808 | 0.5035 | 0.6210 |
| 91.11 | 1907.5 | 4.6211 | 3.9627 | 6.2832 | 1.8402 | 0.3986 | 0.5999 |
| 91.15 | 1908.7 | 5.6856 | 5.2920 | 7.1970 | 1.8908 | 0.5110 | 0.6295 |
| 95.45 | 2024.079 | 6.1983 | 4.1237 | 0.4817 | 2.0671 | 0.2708 | 0.5899 |
| 95.69 | 2028.5 | 6.8897 | 3.3496 | 0.4831 | 2.1421 | 0.1108 | 0.6289 |
| 95.89 | 2032.184 | 4.6794 | 3.6392 | 0.4815 | 1.8758 | 0.3237 | 0.6041 |
| 95.93 | 2032.921 | 5.3427 | 4.0592 | 0.4809 | 1.9583 | 0.3309 | 0.6020 |
| 96.01 | 2034.395 | 5.1278 | 3.7908 | 0.4815 | 1.9433 | 0.3038 | 0.6017 |
| 96.21 | 2038.079 | 7.2421 | 1.7549 | 0.5405 | 2.2287 | −0.2493 | 0.6813 |
| 96.99 | 2051 | 4.6185 | 3.1639 | 0.4811 | 1.9140 | 0.2341 | 0.5960 |
| 97.07 | 2052.143 | 6.4406 | 5.1512 | 8.2466 | 2.0362 | 0.4058 | 0.5988 |
| 98.89 | 2080.958 | 7.0099 | 3.1512 | 0.5406 | 2.1686 | 0.0658 | 0.6152 |
| 98.93 | 2081.792 | 11.0199 | 6.0179 | 0.4820 | 2.3754 | 0.2611 | 0.6272 |

| 合成深度<br>/m | 年代/ka BP | 平均粒径<br>/μm | 中值粒径<br>/μm | 众数<br>/μm | 标准差 | 偏度 | 峰度 |
|---|---|---|---|---|---|---|---|
| 98.97 | 2082.625 | 19.9785 | 13.0097 | 16.2635 | 2.5242 | 0.4156 | 1.4650 |
| 99.01 | 2083.458 | 18.6016 | 11.0396 | 16.2480 | 2.5855 | 0.3678 | 1.0186 |
| 99.05 | 2084.292 | 7.6492 | 4.2202 | 0.4830 | 2.1797 | 0.1989 | 0.6173 |
| 99.09 | 2085.125 | 10.5883 | 6.8906 | 16.1454 | 2.2840 | 0.3513 | 0.6481 |
| 99.13 | 2085.958 | 11.4913 | 7.7080 | 16.1563 | 2.3084 | 0.3836 | 0.6738 |
| 99.17 | 2086.792 | 11.6317 | 8.0327 | 16.1589 | 2.2908 | 0.4027 | 0.7676 |
| 106.70 | 2242.824 | 4.1399 | 3.2415 | 0.4812 | 1.8117 | 0.3086 | 0.6027 |
| 107.24 | 2252.353 | 5.0528 | 2.4449 | 0.4828 | 1.9917 | 0.0303 | 0.6183 |
| 107.28 | 2253.059 | 13.4557 | 8.2683 | 16.1686 | 2.4351 | 0.3551 | 0.6810 |
| 107.32 | 2253.765 | 21.6855 | 12.6768 | 16.2407 | 2.6682 | 0.3646 | 1.2825 |
| 107.36 | 2254.471 | 14.1778 | 6.8475 | 0.4811 | 2.5477 | 0.2305 | 0.6485 |
| 107.40 | 2255.176 | 6.8867 | 3.3899 | 0.4829 | 2.1441 | 0.1199 | 0.6220 |
| 107.44 | 2255.882 | 7.5772 | 5.3632 | 0.4805 | 2.1411 | 0.3549 | 0.5989 |
| 113.78 | 2387.314 | 6.5623 | 5.4283 | 7.2007 | 1.9753 | 0.4389 | 0.6704 |
| 113.86 | 2389.118 | 7.5742 | 6.3806 | 8.2449 | 2.0323 | 0.4855 | 0.8720 |
| 113.90 | 2390.02 | 4.0506 | 3.6587 | 5.4888 | 1.7687 | 0.4212 | 0.5914 |
| 113.94 | 2390.922 | 6.0260 | 4.6532 | 7.1748 | 1.9827 | 0.3813 | 0.6234 |
| 113.98 | 2391.824 | 5.5888 | 4.5552 | 7.1728 | 1.9419 | 0.3958 | 0.6186 |
| 114.02 | 2392.725 | 5.2500 | 3.7720 | 0.4808 | 1.9504 | 0.2942 | 0.6178 |
| 114.22 | 2397.235 | 4.0680 | 1.9834 | 0.4823 | 1.8661 | -0.0155 | 0.6029 |
| 平均值 | | 6.8181 | 4.9070 | 5.1002 | 2.0101 | 0.3442 | 0.6723 |

在 2415.6 ~ 2375.59ka BP、2261.53 ~ 2224.29ka BP、2092.21 ~ 2018.18ka BP、2092.21 ~ 2018.18ka BP、1914.7 ~ 1869.51ka BP 和 1681.66 ~ 1471.53ka BP,各项粒度参数均出现明显波动,幅度较大。在剖面的其他阶段,各粒度参数均波动平稳,幅度较小(图 6.2)。

在 2253.77ka BP 和 2082.63ka BP 处,六个粒度参数均有两个显著的峰值。其中,在 2253.77ka BP 处,平均粒径和标准偏差达到了极大值,中值粒径、众数和峰度达到了第二极大值;在 2082.63ka BP 处,中值粒径、众数和峰度达到了极大值,而平均粒径和标准偏差达到了第二极大值。

粒度参数各指标在这两处出现显著异常,不禁让人怀疑测试结果是否准确。带着这样的疑问,重新检查了粒度测试程序,确信没有问题,又认真比对了粒度结果和 IODP306 航次提供的 U1313 站位剖面各段钻心的照片,发现剖面中粒度参数出现极端值的地方,均与其他处存在较大的差别,肉眼可见有冰筏碎屑(ice-rafted detritus, IRD)的存在,特别是钻心 A10H5 段的照片表现最为明显(图 6.3)。A10H5 段 104 ~ 124cm,对应的合成深度为 98.97 ~ 99.17m,对应的年代为 2082.63 ~ 2086.79ka BP,深度跨度为 20cm,年代跨度约为 4.16ka,出现了明显的冰筏碎屑沉积层,肉眼可见存在数块粒径约 3 ~ 20mm 的砾石。

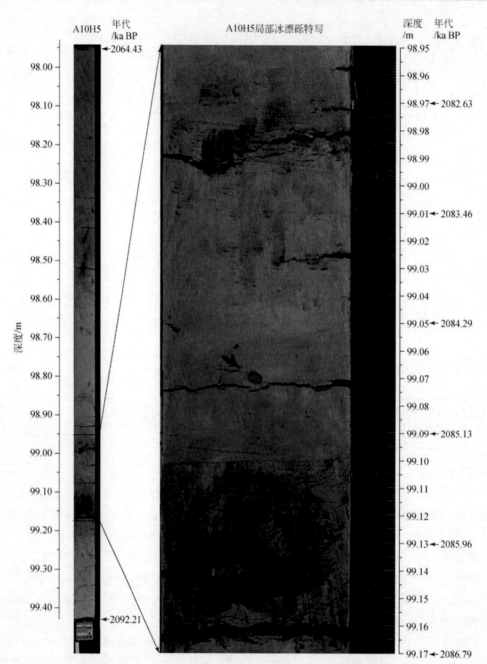

图 6.3　A10H5 整段照片与局部冰漂砾特写照片

这些砾石的出现说明此阶段气候寒冷,全球冰量增加,高纬陆地和海洋均出现大范围的冰盖或冰原,这些砾石是从北极地区附近的劳伦泰德(Laurentide)冰盖随浮冰被洋流搬运而来,浮冰融化时迅速沉积于海底。因此,粒度参数各指标的异常值对应较大的冰筏碎屑沉积事件。

Heinrich 在东北大西洋深海沉积物钻孔中发现 6 层浮冰岩屑/浮游有孔虫比值异常高的沉积层(Heinrich,1988),Broecker 和 Bond 利用 DSDP609 钻孔资料发现了同样的沉积记录,命名为海因里希事件(简称 H 事件)(Broecker et al.,1992;Bond et al.,1992)。U1313 站是对

DSDP607 孔的重新钻进,而 DSDP609 钻孔是 DSDP607 孔的辅助钻孔,两者距离很近。海因里希层的北部界限扩展到拉布拉多尔( Labrador)海,南部界限已经证明到达 39°N。海因里希事件是否仅仅存在于末次冰期,本研究剖面是否存在类似的 H 事件,仅仅依靠粒度参数的变化来解释这些问题远远不够,还需要其他的证据。

# 第二节　粒级组成特征

## 一、粒度组成等级划分

　　本书采用 Wentworth 的分类体系,并考虑到粒度实测数据的特点,将样品粒级划分为黏土(>8Φ,<4μm)、粉砂(8~4Φ,4~63μm)、砂(4~2Φ,63~250μm)三个大的等级。由于本研究钻心剖面粒度组成以黏土含量为主,在 21.41% ~ 88.33%,平均含量为 76.13%,为了更好更细致地说明剖面的沉积特征,把黏土专门又分为细黏土 (>9Φ,<2μm)和粗黏土(9~8Φ,2~4μm)两个等级,粉砂分为极细粉砂 (8~7Φ,4~8μm)、细粉砂(7~6Φ,8~16μm)、中粉砂(6~5Φ,16~32μm)和粗粉砂(5~4Φ,32~63μm)四个等级;砂分为极细砂(4~3Φ,63~125μm)和细砂(3~2Φ,125~250μm)两个等级。本节统一用 μm 作为单位。

　　因此,本研究共涉及粒级分类的细黏土(<2μm) 、粗黏土(2~4μm)、极细粉砂 (4~8μm)、细粉砂(8~16μm)、中粉砂(16~32μm)、粗粉砂(32~63μm)、极细砂(63~125μm)和细砂(125~250μm)八个等级。

## 二、粒度组成各等级统计分析

　　粒度测试结果表明,粒度组成主要是由黏土和粉砂组成,黏土含量平均为 76.13%,占绝对主体,粉砂含量的平均值为 23.84%,砂含量的平均值仅为 0.03%(表 6.5,图 6.4)。黏土中又以细黏土含量为主,平均占黏土总含量的 80%,占粒度组成总含量的 18.76% ~ 74.78%,平均含量为 60.75%;粗黏土平均占黏土总含量的 20%,占粒度组成总含量的 2.65% ~21.53%,平均含量为 15.38%。

表 6.5　粒度组成百分含量统计

| 岩性 | 极小值/% | 极大值/% | 极差/% | 均值/% | 中值/% | 众数/% | 标准差/% | 方差 | 偏度 | 峰度 |
|---|---|---|---|---|---|---|---|---|---|---|
| 细黏土 | 18.76 | 74.78 | 56.02 | 60.75 | 62.28 | 59.09 | 8.36 | 69.90 | −1.60 | 3.74 |
| 粗黏土 | 2.65 | 21.53 | 18.88 | 15.38 | 15.40 | 14.29 | 2.31 | 5.33 | −1.01 | 3.45 |
| 极细粉砂 | 9.91 | 39.80 | 29.89 | 17.86 | 17.20 | 12.88 | 4.42 | 19.53 | 1.11 | 1.80 |
| 细粉砂 | 1.67 | 33.42 | 31.75 | 5.44 | 4.11 | 3.63 | 4.27 | 18.24 | 3.17 | 11.94 |
| 中粉砂 | 0.00 | 23.32 | 23.32 | 0.47 | 0.09 | 0.00 | 1.82 | 3.30 | 7.58 | 66.66 |
| 粗粉砂 | 0.00 | 12.08 | 12.08 | 0.07 | 0.00 | 0.00 | 0.70 | 0.50 | 12.49 | 170.50 |

续表

| 岩性 | 极小值/% | 极大值/% | 极差/% | 均值/% | 中值/% | 众数/% | 标准差/% | 方差 | 偏度 | 峰度 |
|---|---|---|---|---|---|---|---|---|---|---|
| 极细砂 | 0.00 | 8.06 | 8.06 | 0.03 | 0.00 | 0.00 | 0.35 | 0.12 | 17.56 | 335.29 |
| 细砂 | 0.00 | 0.85 | 0.85 | 0.00 | 0.00 | 0.00 | 0.03 | 0.00 | 21.85 | 485.67 |
| 黏土 | 21.41 | 88.33 | 66.92 | 76.13 | 78.29 | 76.89 | 9.32 | 86.90 | −2.26 | 6.76 |
| 粉砂 | 11.67 | 71.96 | 60.29 | 23.84 | 21.71 | 15.19 | 9.20 | 84.60 | 2.17 | 6.00 |
| 砂 | 0.00 | 8.90 | 8.90 | 0.03 | 0.00 | 0.00 | 0.38 | 0.15 | 18.03 | 352.57 |

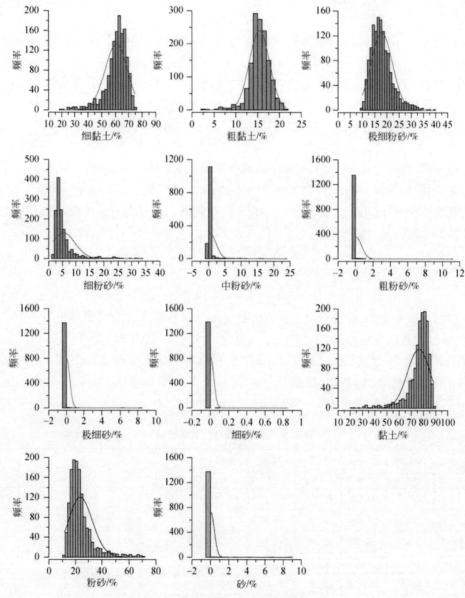

图 6.4　粒度组成百分含量频率直方图

粉砂含量仅次于黏土,在 11.67% ~71.96%,平均含量为 23.84%。粉砂中又以极细粉砂(4~8μm)为主,在 9.91% ~39.80%,平均含量为 17.86%;细粉砂(8~16μm)在 1.67% ~33.42%,平均含量为 5.44%;中粉砂(16~32μm)在 0~23.32%,平均含量为 0.47%;粗粉砂(32~63μm)在 0~12.08%,平均含量仅为 0.07%。极细粉砂、细粉砂、中粉砂和粗粉砂在粉砂中的平均比例依次为 74.92%、22.82%、1.97% 和 0.29%。

砂的含量在 0~8.9%,平均仅为 0.03%。其中,极细砂(63~125μm)在 0~8.06%,平均仅为 0.025%;细砂(125~250μm)在 0~0.85%,平均仅为 0.002%,极细砂和细砂在砂中的平均比例为 93% 和 7%。

据统计在整个剖面 1389 个样品的粒度实测数据中,中粉砂、粗粉砂、极细砂和细砂含量同时为零的样品共有 186 个,占整个剖面样品的 13.4%。即全部 1389 个样品中有 186 个样品的粒径在 16μm 以下,仅含有细黏土(<2μm)、粗黏土(2~4μm)、极细粉砂(4~8μm)和细粉砂(8~16μm)。并且这 186 个样品,除了少部分分布较为零散以外,大部分主要分布在沉积岩心剖面合成深度的 77.76 ~78.28m、82.16 ~84.13m、86.01 ~86.49m、87.51 ~87.99m、89.05 ~89.45m 和 108.68 ~110.26m,对应的年代为 1608.18 ~1615.65ka BP、1698.26 ~1741.85ka BP、1784.94 ~1795.83ka BP、1816.61 ~1826.39ka BP、1847.98 ~1856.13ka BP 和 2277.77 ~2313.43ka BP,在这些深度段内绝大多数样品的粒径都在 16μm 以下,少数几个样品即使含有中粉砂,其含量也较低,远小于整个剖面中粉砂的平均含量(0.47%)。说明这些深度段内沉积环境稳定,水动力条件弱。

纵观整个沉积岩心剖面的 1389 个样品的粒度试验数据,发现含有粗粉砂以上(>32μm,<5Φ)的样品只有 34 个(表 6.6)。其中,34 个样品均含有粗粉砂(32~63μm),占整个样品数的 2.45%;含有极细砂(63~125μm)的样品只有 15 个,占整个样品数的 1.08%;含有细砂(125~250μm)的样品只有 5 个,占整个样品数的 0.36%。含有粗粉砂(32~63μm)的 34 个样品主要分布在沉积岩心剖面合成深度的 79.28 ~79.52m、95.41 ~96.21m、98.89 ~99.17m、107.24 ~107.44m 和 113.78 ~114.02m,对应的年代为 1630.56 ~1634.96ka BP、2023.34 ~2038.08ka BP、2080.96 ~2086.79ka BP、2252.35 ~2255.88ka BP 和 2387.31 ~2392.73ka BP。而含有极细砂(63~125μm)的 15 个样品和含有细砂(125~250μm)的 5 个样品,主要分布在沉积岩心剖面合成深度的 98.89 ~99.17m 和 107.28 ~107.44m,对应的年代为 2080.96 ~2086.79ka BP 和 2252.35 ~2255.88ka BP(图 6.5)。这些深度段内黏土和极细粉砂含量均较低,与此同时细粉砂和中粉砂含量则相对较高,说明当时的沉积环境变得不稳定,水动力条件较强,带来了更多的粗粒物质。和粒度参数完全对应,分布规律相同(表 6.4,图 6.3),冰筏碎屑(ice-rafted detritus, IRD)的存在使得粒度明显变粗。

表 6.6 含有粗粉砂、极细砂和细砂的样品统计

| 深度/m | 年代/ka BP | 细黏土/% | 粗黏土/% | 极细粉砂/% | 细粉砂/% | 中粉砂/% | 粗粉砂/% | 极细砂/% | 细砂/% | 黏土/% | 粉砂/% | 砂/% |
|---|---|---|---|---|---|---|---|---|---|---|---|---|
| 71.71 | 1507.95 | 25.15 | 6.73 | 28.73 | 31.97 | 7.35 | 0.07 | — | — | 31.87 | 68.13 | 0.00 |
| 72.93 | 1531.09 | 46.98 | 11.94 | 18.86 | 15.35 | 6.12 | 0.75 | — | — | 58.91 | 41.09 | 0.00 |
| 77.54 | 1605.02 | 39.02 | 7.61 | 23.49 | 23.40 | 6.27 | 0.21 | — | — | 46.63 | 53.37 | 0.00 |

续表

| 深度 /m | 年代 /ka BP | 细黏土 /% | 粗黏土 /% | 极细粉砂 /% | 细粉砂 /% | 中粉砂 /% | 粗粉砂 /% | 极细砂 /% | 细砂 /% | 黏土 /% | 粉砂 /% | 砂 /% |
|---|---|---|---|---|---|---|---|---|---|---|---|---|
| 79. 28 | 1630. 56 | 26. 57 | 6. 73 | 28. 67 | 31. 30 | 6. 68 | 0. 06 | — | — | 33. 30 | 66. 70 | 0. 00 |
| 79. 34 | 1631. 66 | 26. 59 | 6. 47 | 24. 37 | 31. 39 | 10. 70 | 0. 48 | — | — | 33. 06 | 66. 94 | 0. 00 |
| 79. 40 | 1632. 76 | 34. 37 | 9. 49 | 27. 56 | 23. 60 | 4. 93 | 0. 05 | — | — | 43. 86 | 56. 14 | 0. 00 |
| 79. 52 | 1634. 96 | 24. 87 | 5. 81 | 25. 51 | 33. 42 | 10. 10 | 0. 28 | — | — | 30. 68 | 69. 32 | 0. 00 |
| 90. 91 | 1901. 50 | 24. 35 | 6. 89 | 29. 34 | 32. 13 | 7. 22 | 0. 07 | — | — | 31. 24 | 68. 76 | 0. 00 |
| 95. 41 | 2023. 34 | 42. 58 | 7. 87 | 17. 90 | 21. 04 | 9. 60 | 1. 01 | — | — | 50. 45 | 49. 55 | 0. 00 |
| 95. 45 | 2024. 08 | 41. 41 | 7. 96 | 18. 97 | 22. 08 | 8. 98 | 0. 61 | — | — | 49. 37 | 50. 63 | 0. 00 |
| 95. 69 | 2028. 50 | 44. 15 | 9. 14 | 17. 11 | 17. 31 | 9. 22 | 2. 81 | 0. 27 | — | 53. 29 | 46. 44 | 0. 27 |
| 95. 93 | 2032. 92 | 39. 74 | 9. 85 | 24. 31 | 20. 80 | 5. 22 | 0. 08 | — | — | 49. 59 | 50. 41 | 0. 00 |
| 96. 01 | 2034. 39 | 41. 45 | 9. 87 | 24. 02 | 19. 83 | 4. 76 | 0. 07 | — | — | 51. 32 | 48. 68 | 0. 00 |
| 96. 21 | 2038. 08 | 51. 04 | 8. 91 | 13. 62 | 12. 92 | 8. 21 | 4. 47 | 0. 83 | — | 59. 95 | 39. 22 | 0. 83 |
| 97. 07 | 2052. 14 | 34. 85 | 8. 06 | 23. 78 | 24. 90 | 7. 94 | 0. 47 | — | — | 42. 91 | 57. 09 | 0. 00 |
| 98. 89 | 2080. 96 | 45. 39 | 8. 39 | 15. 22 | 17. 44 | 10. 65 | 2. 71 | 0. 21 | — | 53. 77 | 46. 02 | 0. 21 |
| 98. 93 | 2081. 79 | 35. 88 | 6. 55 | 14. 31 | 20. 14 | 15. 07 | 6. 35 | 1. 70 | — | 42. 43 | 55. 87 | 1. 70 |
| 98. 97 | 2082. 62 | 18. 76 | 2. 65 | 11. 35 | 26. 29 | 23. 32 | 11. 00 | 6. 00 | 0. 63 | 21. 41 | 71. 96 | 6. 63 |
| 99. 01 | 2083. 46 | 24. 05 | 3. 85 | 12. 24 | 23. 52 | 19. 94 | 9. 66 | 6. 04 | 0. 70 | 27. 91 | 65. 36 | 6. 73 |
| 99. 05 | 2084. 29 | 40. 26 | 8. 66 | 16. 88 | 19. 47 | 11. 49 | 3. 00 | 0. 25 | — | 48. 92 | 50. 83 | 0. 25 |
| 99. 09 | 2085. 12 | 31. 07 | 6. 74 | 16. 57 | 23. 64 | 15. 75 | 5. 10 | 1. 12 | — | 37. 82 | 61. 06 | 1. 12 |
| 99. 13 | 2085. 96 | 28. 90 | 6. 05 | 16. 24 | 24. 76 | 16. 95 | 5. 60 | 1. 50 | — | 34. 95 | 63. 55 | 1. 50 |
| 99. 17 | 2086. 79 | 26. 53 | 6. 26 | 17. 08 | 25. 64 | 17. 58 | 5. 54 | 1. 38 | — | 32. 78 | 65. 84 | 1. 38 |
| 107. 24 | 2252. 35 | 48. 14 | 9. 86 | 18. 42 | 16. 76 | 6. 33 | 0. 50 | — | — | 58. 00 | 42. 00 | 0. 00 |
| 107. 28 | 2253. 06 | 28. 69 | 5. 18 | 15. 12 | 23. 56 | 16. 82 | 7. 68 | 2. 89 | 0. 06 | 33. 88 | 63. 18 | 2. 94 |
| 107. 32 | 2253. 77 | 20. 20 | 2. 99 | 11. 86 | 23. 77 | 20. 20 | 12. 08 | 8. 06 | 0. 85 | 23. 18 | 67. 91 | 8. 91 |
| 107. 36 | 2254. 47 | 33. 65 | 6. 14 | 13. 89 | 18. 55 | 14. 14 | 9. 42 | 4. 14 | 0. 07 | 39. 79 | 56. 00 | 4. 21 |
| 107. 40 | 2255. 18 | 44. 34 | 8. 64 | 16. 99 | 17. 76 | 9. 34 | 2. 66 | 0. 28 | — | 52. 97 | 46. 75 | 0. 28 |
| 107. 44 | 2255. 88 | 35. 96 | 7. 15 | 19. 52 | 24. 02 | 11. 31 | 1. 97 | 0. 08 | — | 43. 10 | 56. 82 | 0. 08 |
| 113. 78 | 2387. 31 | 28. 87 | 9. 90 | 28. 53 | 25. 10 | 7. 13 | 0. 47 | — | — | 38. 77 | 61. 23 | 0. 00 |
| 113. 86 | 2389. 12 | 25. 54 | 7. 57 | 27. 51 | 29. 06 | 9. 33 | 0. 99 | — | — | 33. 11 | 66. 89 | 0. 00 |
| 113. 94 | 2390. 92 | 34. 33 | 10. 61 | 26. 98 | 21. 26 | 6. 00 | 0. 82 | — | — | 44. 94 | 55. 06 | 0. 00 |
| 113. 98 | 2391. 82 | 34. 75 | 10. 88 | 27. 89 | 21. 25 | 5. 03 | 0. 20 | — | — | 45. 63 | 54. 37 | 0. 00 |
| 114. 02 | 2392. 73 | 40. 26 | 11. 36 | 24. 50 | 18. 31 | 5. 14 | 0. 43 | — | — | 51. 62 | 48. 38 | 0. 00 |

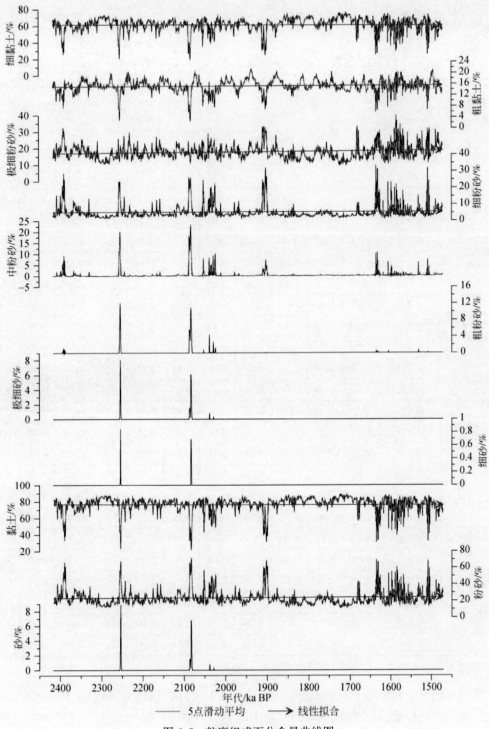

图 6.5 粒度组成百分含量曲线图

## 三、粒度组成各等级的相关性

如上所述,整个研究剖面黏土和粉砂的含量较高,而砂的含量很小,平均仅为 0.03%。因此,黏土和粉砂的相关系数为−1.00(表 6.7),黏土和粉砂之间存在跷跷板关系,此高彼低,完全负相关。

**表 6.7 粒度组成百分含量相关系数**

| | | 细黏土 | 粗黏土 | 极细粉砂 | 细粉砂 | 中粉砂 | 粗粉砂 | 极细砂 | 细砂 | 黏土 | 粉砂 | 砂 |
|---|---|---|---|---|---|---|---|---|---|---|---|---|
| 细黏土 | 相关性 | 1.00 | 0.30 | −0.87 | −0.88 | −0.60 | −0.36 | −0.30 | −0.23 | 0.97 | −0.97 | −0.29 |
| | 显著性 | — | 0.00 | 0.00 | 0.00 | 0.00 | 0.00 | 0.00 | 0.00 | 0.00 | 0.00 | 0.00 |
| 粗黏土 | 相关性 | 0.30 | 1.00 | −0.08 | −0.68 | −0.62 | −0.42 | −0.34 | −0.25 | 0.52 | −0.51 | −0.33 |
| | 显著性 | 0.00 | — | 0.00 | 0.00 | 0.00 | 0.00 | 0.00 | 0.00 | 0.00 | 0.00 | 0.00 |
| 极细粉砂 | 相关性 | −0.87 | −0.08 | 1.00 | 0.66 | 0.15 | −0.07 | −0.07 | −0.06 | −0.80 | 0.81 | −0.07 |
| | 显著性 | 0.00 | 0.00 | — | 0.00 | 0.00 | 0.01 | 0.01 | 0.02 | 0.00 | 0.00 | 0.01 |
| 细粉砂 | 相关性 | −0.88 | −0.68 | 0.66 | 1.00 | 0.74 | 0.39 | 0.29 | 0.21 | −0.96 | 0.96 | 0.29 |
| | 显著性 | 0.00 | 0.00 | 0.00 | — | 0.00 | 0.00 | 0.00 | 0.00 | 0.00 | 0.00 | 0.00 |
| 中粉砂 | 相关性 | −0.60 | −0.62 | 0.15 | 0.74 | 1.00 | 0.85 | 0.71 | 0.54 | −0.70 | 0.68 | 0.70 |
| | 显著性 | 0.00 | 0.00 | 0.00 | 0.00 | — | 0.00 | 0.00 | 0.00 | 0.00 | 0.00 | 0.00 |
| 粗粉砂 | 相关性 | −0.36 | −0.42 | −0.07 | 0.39 | 0.85 | 1.00 | 0.93 | 0.75 | −0.43 | 0.39 | 0.92 |
| | 显著性 | 0.00 | 0.00 | 0.01 | 0.00 | 0.00 | — | 0.00 | 0.00 | 0.00 | 0.00 | 0.00 |
| 极细砂 | 相关性 | −0.30 | −0.34 | −0.07 | 0.29 | 0.71 | 0.93 | 1.00 | 0.92 | −0.35 | 0.31 | 1.00 |
| | 显著性 | 0.00 | 0.00 | 0.01 | 0.00 | 0.00 | 0.00 | — | 0.00 | 0.00 | 0.00 | 0.00 |
| 细砂 | 相关性 | −0.23 | −0.25 | −0.06 | 0.21 | 0.54 | 0.75 | 0.92 | 1.00 | −0.27 | 0.23 | 0.93 |
| | 显著性 | 0.00 | 0.00 | 0.02 | 0.00 | 0.00 | 0.00 | 0.00 | — | 0.00 | 0.00 | 0.00 |
| 黏土 | 相关性 | 0.97 | 0.52 | −0.80 | −0.96 | −0.70 | −0.43 | −0.35 | −0.27 | 1.00 | −1.00 | −0.34 |
| | 显著性 | 0.00 | 0.00 | 0.00 | 0.00 | 0.00 | 0.00 | 0.00 | 0.00 | — | 0.00 | 0.00 |
| 粉砂 | 相关性 | −0.97 | −0.51 | 0.81 | 0.96 | 0.68 | 0.39 | 0.31 | 0.23 | −1.00 | 1.00 | 0.31 |
| | 显著性 | 0.00 | 0.00 | 0.00 | 0.00 | 0.00 | 0.00 | 0.00 | 0.00 | 0.00 | — | 0.00 |
| 砂 | 相关性 | −0.29 | −0.33 | −0.07 | 0.29 | 0.70 | 0.92 | 1.00 | 0.93 | −0.34 | 0.31 | 1.00 |
| | 显著性 | 0.00 | 0.00 | 0.01 | 0.00 | 0.00 | 0.00 | 0.00 | 0.00 | 0.00 | 0.00 | — |

注:均是在 0.01 水平(双侧)上显著相关,样本数 $N$ 均为 1389。

黏土与细黏土和粗黏土的相关系数为 0.97 和 0.52,说明黏土和细黏土相关性很强,与粗黏土相关性则一般,黏土的比例伴随细黏土的增加而增加,细黏土的含量基本上能代表整个黏土的含量,粗黏土则不具有代表性。

黏土与极细粉砂、细粉砂、中粉砂和粗粉砂的相关系数分别为−0.80、−0.96、−0.70 和−0.43,粉砂与极细粉砂、细粉砂、中粉砂和粗粉砂的相关系数分别为 0.81、0.96、0.68 和

0.39,充分说明细粉砂能代表粉砂的含量,细粉砂含量增加,粉砂含量随之增加,黏土含量减少。

细黏土与黏土和粉砂的相关系数分别为0.97 和-0.97,与粗黏土的相关系数为0.30,与极细粉砂、细粉砂、中粉砂和粗粉砂的相关系数分别为-0.87、-0.88、-0.60 和-0.36,与极细砂和细砂的相关系数为-0.30 和-0.23。说明细黏土与极细粉砂、细粉砂和中粉砂存在较强的负相关关系,和粗黏土、粗粉砂、极细砂和细砂相关性不大。

极细粉砂和细粉砂构成了粉砂的主体,两者合计占粉砂的97.74%,它们之间的相关系数为0.66,相关性并不是很强。它们与细黏土的相关系数分别为-0.87 和-0.88,比较接近,但与其他等级的相关性差别较大。极细粉砂与粗黏土、中粉砂、粗粉砂、极细砂和细砂的相关系数依次为-0.08、0.15、-0.07、-0.07 和-0.06;细粉砂与粗黏土、中粉砂、粗粉砂、极细砂和细砂的相关系数依次为-0.68、0.74、0.39、0.29 和0.21;再考虑到极细粉砂与黏土和粉砂的相关系数为-0.80 和0.81,而细粉砂与黏土和粉砂的相关系数为-0.96 和0.96,虽然极细粉砂含量比细粉砂含量大很多,极细粉砂和细粉砂在粉砂中的平均比例依次为74.92% 和22.82%,但是细粉砂比极细粉砂更具代表性。

粗粉砂与黏土、粉砂和砂的相关系数依次为-0.43、0.39 和0.92,与中粉砂、极细砂和细砂的相关系数依次为0.85、0.93 和0.75,可见随着粗粉砂含量的增多,砂、中粉砂、极细砂和细砂的含量也增多,表6.6 专门列出含有粗粉砂以上(>32μm,<5Φ)的34 个样品,很有意义,因为它具有很好的代表性,能代表剖面粗颗粒的多少。

## 四、粒度频率曲线和累积频率曲线

### (一) 粒度频率曲线和累积频率曲线的整体特征

通过粒度频率曲线可以直观地表示出沉积物各个粒级的百分含量,还可以观察到中值粒径、众数以及沉积物粗细部分的相对大小。一般情况下粒度频率曲线能表现出一个以上的峰值,其中主峰被称为基本众数或第一众数,其余的峰被称为次要众数或第二众数(徐怀大,1982)。粒度的累积频率曲线图也是最常用的一种图解法,经常被用来表现大于一定粒级的百分含量。粒度的频率累积曲线通过反映每一粒级的频率和它以前粒级的百分比的总和,可以有效地用来区分当时的沉积环境,用于定性地表示样品的粒度特征。

整个剖面的粒度频率曲线特征具有相似性,均明显呈现双峰曲线,说明由两种不同的物源组成。分别选取了具有代表性的粒度频率曲线和粒度累积频率曲线(图6.6、图6.7)。剖面顶部D7H4 段合成深度69.93 ~ 70.43m(1471.53 ~ 1482.17ka BP)的粒度频率曲线(图6.6a)和对应的粒度累积频率曲线(图6.6 c)各有26 条,相似性很强,具有很强的代表性,能代表整个剖面大部分样品。对应的粒径范围为:0.197 ~ 19.904μm。粒度频率曲线呈现双峰,26 条曲线中,10 条主峰对应的粒级为0.51μm,16 条主峰对应的粒级为0.584μm,26 条曲线次峰对应的粒级均为5.122μm。可见,主峰对应的区间是细黏土(<2μm),次峰对应的区间是极细粉砂(4 ~ 8μm)。26 条曲线所能代表的样品的特征大致是:黏土含量均在60% 甚至70% 以上,其中主要的细黏土则在50% 甚至60% 以上,粗黏土在10% ~ 20%,极细粉砂

含量略大于粗黏土,约在20%,细粉砂基本在10%以下,中粉砂则不足1%,均不含有粗粉砂及以上组分。这些样品粒度频率曲线均具有明显的双峰,主峰对应细黏土,次峰对应极细粉砂(图6.6e)。

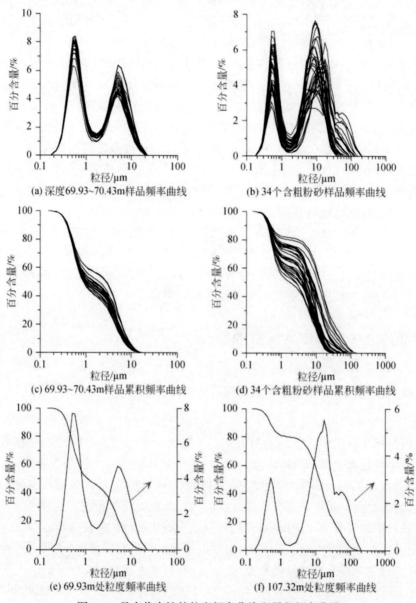

图6.6　具有代表性的粒度频率曲线和累积频率曲线

整个剖面1389个样品中,含有粗粉砂以上(>32μm,<5Φ)的样品只有34个(表6.6),含有极细砂(63~125μm)的样品只有15个,含有细砂(125~250μm)的样品只有5个,分别是 A10H5/104-106(98.97m,2082.63ka BP)、A10H5/108-110(99.01m,2083.46ka BP)、A11H4/10-12(107.28m,2253.06ka BP)、A11H4/14-16(107.32m,2253.77ka BP)和 A11H4/

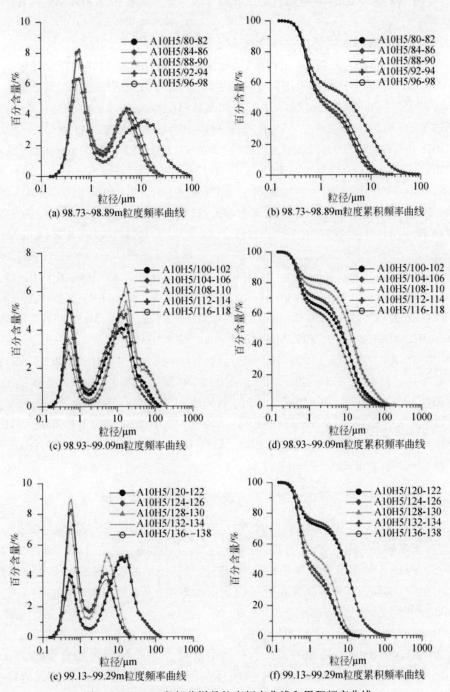

图 6.7 A10H5 段部分样品粒度频率曲线和累积频率曲线

18-20(107.36m,2254.47ka BP)。34 个样品的粒度频率曲线和粒度累积频率曲线也均明显呈现双峰曲线(图 6.6b、d、f),对应的粒径范围为:0.197 ~ 174.616μm。粒级达到 174.616μm 的只有 3 个样品:A10H5/104-106、A10H5/108-110 和 A11H4/14-16。其中样品

A11H4/14-16 砂的含量最高,为 8.91%,以其粒度频率曲线和粒度累积频率曲线作为极端值的代表(图 6.6f)。

34 个样品粒度频率曲线呈现双峰,所有样品均有一个峰对应的区间是细黏土(<2μm),另一个峰对应的区间较为复杂,有 3 种可能,分别是极细粉砂、细粉砂或者中粉砂。关于主峰和次峰也有不同,部分样品对应细黏土的是主峰,部分样品对应细黏土的是次峰。主峰在细黏土的样品有 16 个:D7H6/50-52 (72.93m,1531.09ka BP)、D8H3/44-46 (77.52m,1604.73ka BP)、A10H3/48-50 (95.41m,2023.34ka BP)、A10H3/52-54 (95.45m,2024.08ka BP)、A10H3/76-78 (95.69m,2028.5ka BP)、A10H3/100-102 (95.93m,2032.92ka BP)、A10H3/108-110 (96.01m,2034.4ka BP)、A10H3/128-130 (96.21m,2038.08ka BP)、A10H5/96-98 (98.89m,2080.96ka BP)、A10H5/100-102 (98.93m,2081.79ka BP)、A10H5/112-114 (99.05m,2084.29ka BP)、A11H4/6-8 (107.24m,2252.35ka BP)、A11H4/18-20 (107.36m,2254.47ka BP)、A11H4/22-24 (107.4m,2255.18ka BP)、A11H4/26-28 (107.44m,2255.88ka BP)和 D11H6/78-80 (114.02m,2392.73ka BP)。主峰在极细粉砂 (4~8μm)的样品有 4 个:D8H4/80-82 (79.4m,1632.76ka BP)、D11H6/54-56 (113.78m,2387.31ka BP)、D11H6/70-72 (113.94m,2390.92ka BP)和 D11H6/74-76 (113.98m,2391.82ka BP)。主峰在细粉砂(8-16μm)的样品有 7 个:D7H5/78-80 (71.71m,1507.95ka BP)、D8H4/68-70 (79.28m,1630.56ka BP)、D8H4/74-76 (79.34m,1631.66ka BP)、D8H4/92-94 (79.52m,1634.96ka BP)、D9H5/16-18 (90.91m,1901.5ka BP)、A10H4/64-66 (97.07m,2052.14ka BP)和 D11H6/62-64 (113.86m,2389.12ka BP)。主峰在中粉砂(16~32μm)的样品有 7 个:A10H5/104-106 (98.97m,2082.63ka BP)、A10H5/108-110 (99.01m,2083.46ka BP)、A10H5/116-118 (99.09m,2085.13ka BP)、A10H5/120-122 (99.13m,2085.96ka BP)、A10H5/124-126 (99.17m,2086.79ka BP)、A11H4/10-12 (107.28m,2253.06ka BP)和 A11H4/14-16 (107.32m,2253.77ka BP)。

### (二) A10H5 段 15 个样品的粒度频率曲线和累积频率曲线分析

如前所述,A10H5 段 104~124cm(98.97~99.17m,2082.63~2086.79ka BP)出现了明显的冰筏碎屑沉积层(图 6.3)。选取 A10H5 段 80~138cm(98.73~99.29m,2077.63~2089.29ka BP)15 个样品绘制粒度频率曲线和粒度累积频率曲线(图 6.7)。由于选取的 15 个样品的剖面长度涵盖了图 6.3 冰筏碎屑沉积层的厚度,可以看出频率曲线的主峰从细黏土过渡到中粉砂,又回归到细黏土。

98.73~98.89m(2077.63~2080.96ka BP),尚未到达冰筏碎屑沉积层的深度(98.97~99.17m,2082.63~2086.79ka BP)。5 个样品中的前 3 个样品的粒径范围均为 0.197~19.904μm,第 4 个样品 A10H5/92~94 的粒径范围为 0.197~22.797μm,最后一个样品 A10H5/96~98(98.89m,2080.96ka BP)的粒径范围为 0.197~77.339μm。粒径范围已经明显变大(图 6.7a 和 b)。5 个样品的粒度频率曲线呈现双峰,主峰对应的粒级均为 0.584μm,对应细黏土,后两个样品 A10H5/92-94 和 A10H5/96-98 的主峰峰值表现为降低趋势(图 6.7a)。前 4 个样品粒度频率曲线次峰对应的粒级均为 5.122μm,对应极细粉砂,最后一个样品 A10H5/96-98 的次峰(11.565μm)已经发生偏移,从极细粉砂变为细粉砂(图 6.7a)。

98.93 ~ 99.09m(2081.79 ~ 2085.13ka BP),第一个样品 A10H5/100-102(98.93m,2081.79ka BP)基本到达冰筏碎屑沉积层的深度,粒度频率曲线还表现为主峰(0.51μm)对应细黏土,次峰(17.377μm)进一步偏移,对应中粉砂,主峰与次峰的峰值较接近,差别已经不明显(图 6.7c)。还属于过渡阶段。粒径范围进一步加大为 0.197 ~ 116.21μm。第 2 个样品 A10H5/104-106(98.97m,2082.63ka BP)和第 3 个样品 A10H5/108-110(99.01m,2083.46ka BP)已经到达冰筏碎屑沉积层的深度,粒径范围进一步加大为 0.197 ~ 174.616μm。粒度频率曲线表现为主峰和次峰发生了转变,主峰(17.377μm)对应中粉砂,次峰(0.51μm)对应细黏土(图 6.7c)。第 4 个样品 A10H5/112-114(99.05m,2084.29ka BP),粒径范围缩小为 0.197 ~ 77.339μm。主峰和次峰发生了一次回归转变,主峰(0.51μm)对应细黏土,次峰(11.565μm)对应细粉砂(图 6.7c)。第 5 个样品 A10H5/116-118(99.09m,2085.13ka BP),粒径范围又增大为 0.197 ~ 101.46μm。主峰和次峰又发生了转变,次峰(0.51μm)对应细黏土,主峰(17.377μm)对应中粉砂(图 6.7c)。

99.13 ~ 99.29m(2085.96 ~ 2089.29ka BP),除顶部两个样品外,已基本超出冰筏碎屑沉积层的深度。第一个样品 A10H5/120-122(99.13m,2085.96ka BP)和第二个样品 A10H5/124-126(99.17m,2086.79ka BP),尚在冰筏碎屑沉积层的范围之内,粒径范围均为 0.197 ~ 116.21μm。主峰(17.377μm)对应中粉砂,次峰(0.51μm)对应细黏土(图 6.7e)。后 3 个样品 A10H5/128-130(99.21m,2087.63ka BP)、A10H5/132-134(99.25m,2088.46ka BP)和 A10H5/136-138(99.29m,2089.29ka BP),已超出冰筏碎屑沉积层的深度(98.97 ~ 99.17m,2082.63 ~ 2086.79ka BP)。3 个样品的粒径范围逐渐大幅度缩小,均在 0.197 ~ 19.904μm(图 6.7e、f)。主峰对应的粒级分别为 0.51μm 和 0.584μm,均对应细黏土,次峰均对应粒级 5.122μm,对应极细粉砂(图 6.7e)。

15 个样品的粒径范围的下限值均为 0.197μm,上限值则不断变化:19.904→22.797→77.339→116.21→174.616→77.339→101.46→116.21→19.904→17.377μm。

15 个样品的主峰变化过程是:0.584μm(对应细黏土)→0.51μm(对应细黏土)→17.377μm(对应中粉砂)→0.51μm(对应细黏土)→17.377μm(对应中粉砂)→0.51μm(对应细黏土)→0.584μm(对应细黏土)。

15 个样品的次峰变化过程是:5.122μm(对应极细粉砂)→11.565μm(对应细粉砂)→17.377μm(对应中粉砂)→0.51μm(对应细黏土)→11.565μm(对应细粉砂)→0.51μm(对应细黏土)→5.122μm(对应极细粉砂)。

可以看出,A10H5 段 104 ~ 124cm(98.97 ~ 99.17m,2082.63 ~ 2086.79ka BP)的冰筏碎屑沉积层的沉积并非完全一致,其中出现波动,应该有两次较大的冰筏碎屑沉积事件,分别发生在 98.97 ~ 99.01m(2082.63 ~ 2083.46ka BP)和 99.09 ~ 99.17m(2085.13 ~ 2086.79ka BP)。冰筏碎屑沉积事件发生时,样品的粒度频率曲线的特征是:粒径范围很大,主峰和次峰发生了转变,主峰(17.377μm)对应中粉砂,次峰(0.51μm)对应细黏土(图 6.7c 和 e)。

## 五、粒度比值分析

除了采用颗粒含量变化指标以外，刘东生等还使用粗粉砂（50～10μm）和黏粒（<5μm）的比值，来反映风尘堆积物中基本粒组与挟持粒组的比例关系（刘东生，1985），丁仲礼等计算了<2μm/>10μm 的比值，作为古气候代用指标，反映冬季风的强弱变化过程（丁仲礼等，1991）。由于不同粒级之间此长彼消，其比值曲线表现出的波动幅度比含量变化指标更大，被认为是更敏感的指标。

根据本剖面样品粒度的特点，选取了细黏土/极细粉砂、黏土/极细粉砂、细黏土/细粉砂、黏土/细粉砂、细黏土/>4μm、细黏土/>8μm、细黏土/>16μm、黏土/>4μm、黏土/>8μm、黏土/>16μm、细黏土/粉砂和黏土/粉砂共 12 个粒度比值绘制直方图（图 6.8），由于本剖面样品粒度以极细颗粒为主，细黏土和黏土含量很高，而>16μm 含量较低，观察到细黏土/>16μm 和黏土/>16μm 的比值悬殊，首先予以剔除。

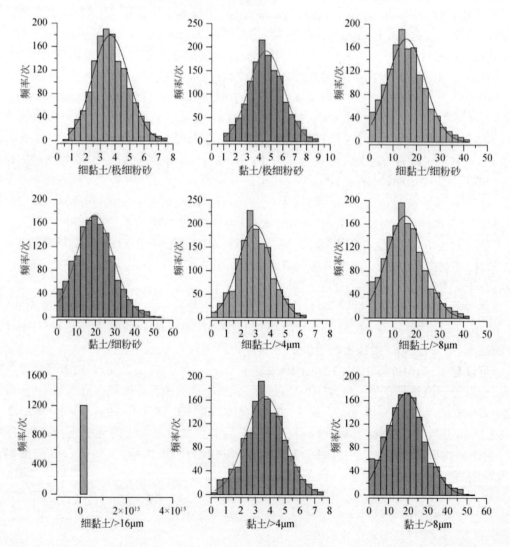

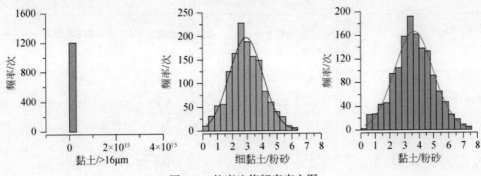

图 6.8　粒度比值频率直方图

剩下的 10 个粒度比值的极值差别较大(表 6.8)。只有黏土/极细粉砂的极小值大于1,说明黏土含量始终大于极细粉砂的含量。细黏土/细粉砂、黏土/细粉砂、细黏土/>8 μm和黏土/>8 μm 的极大值分别达到了 42.27、51.58、42.27 和 51.58,说明极端情况下,细粉砂含量和>8 μm 颗粒含量是等同的。这 4 个粒度比值的极差、均值、中值、众数、标准差和方差都比较大,远大于其他粒度比值的对应指标,说明细黏土和黏土的含量远大于细粉砂和>8 μm 颗粒的含量,且大部分的数值和其平均值之间差异较大,具有较明显的离散趋势。

表 6.8　粒度比值统计

| | 极小值 | 极大值 | 极差 | 均值 | 中值 | 众数 | 标准差 | 方差 | 偏度 | 峰度 |
|---|---|---|---|---|---|---|---|---|---|---|
| 细黏土/极细粉砂 | 0.74 | 7.51 | 6.77 | 3.69 | 3.60 | 3.14 | 1.23 | 1.52 | 0.27 | -0.07 |
| 黏土/极细粉砂 | 1.05 | 8.91 | 7.86 | 4.59 | 4.51 | 4.08 | 1.44 | 2.08 | 0.15 | -0.10 |
| 细黏土/细粉砂 | 0.71 | 42.27 | 41.55 | 15.65 | 14.94 | 14.12 | 7.92 | 62.65 | 0.46 | 0.06 |
| 黏土/细粉砂 | 0.81 | 51.58 | 50.77 | 19.52 | 19.05 | 18.37 | 9.55 | 91.20 | 0.35 | -0.05 |
| 细黏土/>4 μm | 0.24 | 6.37 | 6.13 | 2.93 | 2.87 | 2.56 | 1.13 | 1.27 | 0.18 | -0.07 |
| 细黏土/>8 μm | 0.28 | 42.27 | 41.99 | 15.33 | 14.62 | 17.67 | 7.98 | 63.62 | 0.49 | 0.12 |
| 黏土/>4 μm | 0.27 | 7.57 | 7.29 | 3.65 | 3.61 | 3.33 | 1.33 | 1.78 | 0.04 | -0.08 |
| 黏土/>8 μm | 0.32 | 51.58 | 51.26 | 19.12 | 18.63 | 17.99 | 9.63 | 92.71 | 0.38 | 0.00 |
| 细黏土/粉砂 | 0.26 | 6.37 | 6.11 | 2.93 | 2.87 | 2.56 | 1.13 | 1.27 | 0.18 | -0.07 |
| 黏土/粉砂 | 0.30 | 7.57 | 7.27 | 3.65 | 3.61 | 3.33 | 1.33 | 1.78 | 0.04 | -0.08 |

10 个粒度比值相互之间的相关程度很高(表 6.9)。细黏土/细粉砂、黏土/细粉砂、细黏土/>8 μm 和黏土/>8 μm 之间的相关系数为 1,完全正相关。细黏土/细粉砂与其他 6 个粒度比值的相关系数也都在 0.95 以上,与细黏土/>4 μm、黏土/>4 μm、细黏土/粉砂和黏土/粉砂的相关系数都达到了 0.98,接近完全正相关。

**表 6.9　粒度比值相关系数**

| | | 细黏土/极细粉砂 | 黏土/极细粉砂 | 细黏土/细粉砂 | 黏土/细粉砂 | 细黏土/>4μm | 细黏土/>8μm | 黏土/>4μm | 黏土/>8μm | 细黏土/粉砂 | 黏土/粉砂 |
|---|---|---|---|---|---|---|---|---|---|---|---|
| 细黏土/极细粉砂 | 相关性 | 1.00 | 1.00 | 0.95 | 0.93 | 0.99 | 0.94 | 0.98 | 0.93 | 0.99 | 0.98 |
| | 显著性 | — | 0.00 | 0.00 | 0.00 | 0.00 | 0.00 | 0.00 | 0.00 | 0.00 | 0.00 |
| 黏土/极细粉砂 | 相关性 | 1.00 | 1.00 | 0.96 | 0.95 | 0.99 | 0.96 | 0.99 | 0.95 | 0.99 | 0.99 |
| | 显著性 | 0.00 | — | 0.00 | 0.00 | 0.00 | 0.00 | 0.00 | 0.00 | 0.00 | 0.00 |
| 细黏土/细粉砂 | 相关性 | 0.95 | 0.96 | 1.00 | 1.00 | 0.98 | 1.00 | 0.98 | 1.00 | 0.98 | 0.98 |
| | 显著性 | 0.00 | 0.00 | — | 0.00 | 0.00 | 0.00 | 0.00 | 0.00 | 0.00 | 0.00 |
| 黏土/细粉砂 | 相关性 | 0.93 | 0.95 | 1.00 | 1.00 | 0.96 | 1.00 | 0.98 | 1.00 | 0.96 | 0.98 |
| | 显著性 | 0.00 | 0.00 | 0.00 | — | 0.00 | 0.00 | 0.00 | 0.00 | 0.00 | 0.00 |
| 细黏土/>4μm | 相关性 | 0.99 | 0.99 | 0.98 | 0.96 | 1.00 | 0.97 | 1.00 | 0.96 | 1.00 | 1.00 |
| | 显著性 | 0.00 | 0.00 | 0.00 | 0.00 | — | 0.00 | 0.00 | 0.00 | 0.00 | 0.00 |
| 细黏土/>8μm | 相关性 | 0.94 | 0.96 | 1.00 | 1.00 | 0.97 | 1.00 | 0.98 | 1.00 | 0.97 | 0.98 |
| | 显著性 | 0.00 | 0.00 | 0.00 | 0.00 | 0.00 | — | 0.00 | 0.00 | 0.00 | 0.00 |
| 黏土/>4μm | 相关性 | 0.98 | 0.99 | 0.98 | 0.98 | 1.00 | 0.98 | 1.00 | 0.97 | 1.00 | 1.00 |
| | 显著性 | 0.00 | 0.00 | 0.00 | 0.00 | 0.00 | 0.00 | — | 0.00 | 0.00 | 0.00 |
| 黏土/>8μm | 相关性 | 0.93 | 0.95 | 1.00 | 1.00 | 0.96 | 1.00 | 0.97 | 1.00 | 0.96 | 0.97 |
| | 显著性 | 0.00 | 0.00 | 0.00 | 0.00 | 0.00 | 0.00 | 0.00 | — | 0.00 | 0.00 |
| 细黏土/粉砂 | 相关性 | 0.99 | 0.99 | 0.98 | 0.96 | 1.00 | 0.97 | 1.00 | 0.96 | 1.00 | 1.00 |
| | 显著性 | 0.00 | 0.00 | 0.00 | 0.00 | 0.00 | 0.00 | 0.00 | 0.00 | — | 0.00 |
| 黏土/粉砂 | 相关性 | 0.98 | 0.99 | 0.98 | 0.98 | 1.00 | 0.98 | 1.00 | 0.97 | 1.00 | 1.00 |
| | 显著性 | 0.00 | 0.00 | 0.00 | 0.00 | 0.00 | 0.00 | 0.00 | 0.00 | 0.00 | — |

注:均是在 0.01 水平(双侧)上显著相关,样本数 $N$ 均为 1389。

　　10 个粒度比值的曲线记录除了纵坐标的范围不同以外,波动趋势基本一致(图 6.9),细黏土/细粉砂、黏土/细粉砂、细黏土/>8μm 和黏土/>8μm 的波动幅度明显大于其他粒度比值的范围,并且在细节表现上更加敏感(如图 6.9 阴影部分)。

　　综上所述,10 个粒度比值均能较好地反映粗细颗粒变化情况,特别是细黏土/细粉砂、黏土/细粉砂、细黏土/>8μm 和黏土/>8μm 四个粒度比值曲线波动幅度很大,更加敏感。联系到前面论述过的细黏土的含量比粗黏土更能代表整个黏土的含量,从而代表细颗粒的变化情况,细粉砂比极细粉砂更能代表粗颗粒的变化情况,再考虑到虽然细粉砂是>8μm 颗粒的主体,但>8μm 颗粒毕竟比细粉砂(8~16μm)包含了>16μm 的更粗颗粒的变化情况。因此选择细黏土/细粉砂和细黏土/>8μm 两个粒度比值曲线作为古气候代用指标,研究粗细颗粒此长彼消的变化情况。

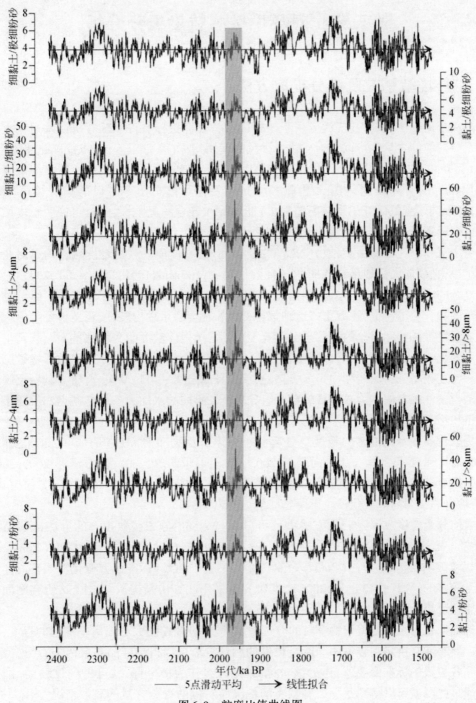

图 6.9　粒度比值曲线图

# 第三节　对环境敏感粒度组分分析

## 一、对环境敏感粒度组分提取方法

在黄土研究中,粒度被广泛应用于冬季风的替代性指标。肖举乐等研究发现黄土沉积中纯石英颗粒的含量也可以作为反映冬季风的代用指标(肖举乐等,1995);鹿化煜等指出>30μm粗颗粒百分含量是冬季风敏感的替代性指标(鹿化煜等,1997,1998);汪海斌等在黄土高原西部的研究发现>40μm粗颗粒含量的变化可以指示冬季风的强弱(汪海斌等,2002)。不同学者的研究结果有所差异,可能均存在各自的局限性,同时也说明粒度敏感指标可能会随黄土高原地区位置的改变而发生变化。

由于沉积物通常是由多种物质来源物混合而成的,前面各节的粒度数据均是对全样的研究结果,它仅能大概地反映当时的各种沉积环境(Syvitski,1991;Prins et al.,2000)。如果能从复杂的粒度分布曲线中剥离出有意义的单个粒度组分,逐个研究这些粒度组分的粒级分布范围和含量等特征,可以更好地理解各种沉积环境和水动力条件,意义重大。

对环境敏感粒度组分的提取研究仅有十余年的历史。粒度组分中那些对沉积环境中水体能量变化响应最敏感,能够反映沉积环境中不同能量水动力的部分被称为环境敏感粒度组分。粒度频率分布曲线往往是多峰态的,从中分离出某一个粒度组分,研究其所反映的沉积水动力条件的方法称为环境敏感粒度组分分析。不同的水动力条件能搬运和沉积不同级别的沉积物,因此,通过研究不同的环境敏感粒度组分,可以了解不同能量的水动力条件。

提取对环境变化敏感的粒度组分起源于海洋沉积物的研究(Prins et al.,2000;孙有斌等,2003;肖尚斌等,2004,2005;向荣等,2005,2006;万世明等,2007;徐方建等,2007,2009),后来拓展至湖泊沉积物(隆浩等,2007b;薛积彬等,2008;操应长,2010)、黄土(徐树建等,2006;徐树建,2007)和现代沙尘沉降物(谢远云等,2009)。

目前分离粒度成因组分的方法大致可分为:Weibull 分布函数拟合的方法(殷志强等,2008;Sun et al.,2002),主成分分析方法(徐树建,2007),端元粒度组分模型(Prins et al.,2000),粒级-标准偏差算法(Boulay et al.,2004)。鉴于粒级-标准偏差变化算法在海洋沉积中得到较多的运用(徐树建等,2006),本研究也采用此方法来提取 U1313 站研究剖面的环境敏感粒度组分(图6.10)。

标准偏差用来量度沉积物颗粒的分选程度,即衡量颗粒的大小偏离平均值的程度,其值大,表示较分散,反之则较集中。通过粒度的测试分析可以得到样品各粒级的百分含量,计算得到各粒级的标准偏差值,作为纵坐标,采用粒级作为横坐标,就可得到粒级-标准偏差图。通过此图就可以得到每一个有意义的粒级所对应的百分含量的离散情况,当某一个粒级的标准偏差值越大,表明它对环境的变化的敏感程度越高,按照此方法可得到指示不同沉积水动力条件的各组环境敏感粒度组分。

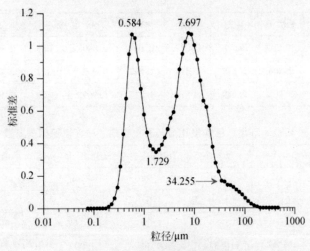

图 6.10　粒级-标准偏差曲线

## 二、对环境敏感粒度组分统计特征分析

本研究剖面的粒级-标准偏差曲线(图 6.10)呈现双峰分布,存在两个明显的标准偏差峰值 1.069 和 1.076。某粒级出现峰值表明该粒级的标准偏差最大,样品在该粒级内的差别较大。峰值对应的粒级就是对环境变化敏感的粒级。两个峰值对应的粒级分别为 0.584μm 和 7.697μm,其分界点为 1.729μm,可分为粗细两个环境敏感粒度组分:细组分(<1.729μm,组分 Ⅰ)和粗组分(>1.729μm,组分 Ⅱ)。两个峰值非常接近,说明粗细两个环境敏感粒度组分对环境变化的敏感程度基本相同。

需要指出的是组分 Ⅱ 在粒级 7.697 ~ 34.255μm 的标准偏差值迅速减小,在粒级 34.255μm 以后减小的速度明显变缓,说明>34.255μm 的粗颗粒含量应该是次一级的对环境变化敏感组分(图 6.10)。分别把粒级 7.697 ~ 34.255μm 和>34.255μm 的粗颗粒含量命名为组分 Ⅱa 和组分 Ⅱb。

组分 Ⅰ(<1.729μm)包含在细黏土(<2μm)之内,两者差别不大。组分 Ⅰ 的极小值、极大值、极差、均值、中值、众数和标准差依次为 18.53%、73.73%、55.20%、58.90%、60.35%、47.63% 和 8.03%,细黏土的对应指标依次是 18.76%、74.78%、56.02%、60.75%、62.28%、59.09% 和 8.36%(表 6.10 和表 6.5)。组分 Ⅰ 的各项统计指标均接近而又略小于细黏土的各项对应指标。两者显著正相关,相关系数为 0.98(表 6.11)。

表 6.10　环境敏感粒度组分统计

|  | 极小值 | 极大值 | 极差 | 均值 | 中值 | 众数 | 标准差 | 方差 | 偏度 | 峰度 |
|---|---|---|---|---|---|---|---|---|---|---|
| 组分 Ⅰ | 18.532 | 73.727 | 55.195 | 58.901 | 60.353 | 47.625 | 8.034 | 64.539 | −1.555 | 3.536 |
| 组分 Ⅱ | 26.273 | 81.468 | 55.195 | 41.099 | 39.647 | 52.375 | 8.034 | 64.539 | 1.555 | 3.536 |
| 组分 Ⅱa | 26.273 | 81.468 | 55.195 | 41.099 | 39.647 | 52.375 | 8.034 | 64.539 | 1.555 | 3.536 |

续表

| | 极小值 | 极大值 | 极差 | 均值 | 中值 | 众数 | 标准差 | 方差 | 偏度 | 峰度 |
|---|---|---|---|---|---|---|---|---|---|---|
| 组分Ⅱb | 0.000 | 19.792 | 19.792 | 0.087 | 0.000 | 0.000 | 0.988 | 0.976 | 14.633 | 236.782 |
| 组分Ⅰ/组分Ⅱ | 0.227 | 2.806 | 2.579 | 1.513 | 1.522 | 0.909 | 0.422 | 0.178 | -0.242 | 0.139 |
| 组分Ⅰ/组分Ⅱa | 0.227 | 2.806 | 2.579 | 1.513 | 1.522 | 0.909 | 0.422 | 0.178 | -0.242 | 0.139 |

**表 6.11　环境敏感粒度组分与粒度组成和粒度比值相关系数**

| | 组分Ⅰ | 组分Ⅱ | 组分Ⅱa | 组分Ⅱb | 组分Ⅰ/组分Ⅱ | 组分Ⅰ/组分Ⅱa |
|---|---|---|---|---|---|---|
| 组分Ⅰ | 1.00 | -1.00 | -1.00 | -0.34 | 0.96 | 0.96 |
| 组分Ⅱ | -1.00 | 1.00 | 1.00 | 0.34 | -0.96 | -0.96 |
| 组分Ⅱa | -1.00 | 1.00 | 1.00 | 0.34 | -0.96 | -0.96 |
| 组分Ⅱb | -0.34 | 0.34 | 0.34 | 1.00 | -0.23 | -0.23 |
| 组分Ⅰ/组分Ⅱ | 0.96 | -0.96 | -0.96 | -0.23 | 1.00 | 1.00 |
| 组分Ⅰ/组分Ⅱa | 0.96 | -0.96 | -0.96 | -0.23 | 1.00 | 1.00 |
| 细黏土/极细粉砂 | 0.88 | -0.88 | -0.88 | -0.12 | 0.95 | 0.95 |
| 黏土/极细粉砂 | 0.89 | -0.89 | -0.89 | -0.13 | 0.95 | 0.95 |
| 细黏土/细粉砂 | 0.82 | -0.82 | -0.82 | -0.16 | 0.89 | 0.89 |
| 黏土/细粉砂 | 0.81 | -0.81 | -0.81 | -0.16 | 0.87 | 0.87 |
| 细黏土/>4μm | 0.89 | -0.89 | -0.89 | -0.19 | 0.95 | 0.95 |
| 细黏土/>8μm | 0.81 | -0.81 | -0.81 | -0.16 | 0.88 | 0.88 |
| 黏土/>4μm | 0.89 | -0.89 | -0.89 | -0.20 | 0.94 | 0.94 |
| 黏土/>8μm | 0.80 | -0.80 | -0.80 | -0.17 | 0.86 | 0.86 |
| 细黏土/粉砂 | 0.89 | -0.89 | -0.89 | -0.19 | 0.95 | 0.95 |
| 黏土/粉砂 | 0.89 | -0.89 | -0.89 | -0.20 | 0.94 | 0.94 |
| 细黏土 | 0.98 | -0.98 | -0.98 | -0.33 | 0.94 | 0.94 |
| 粗黏土 | 0.28 | -0.28 | -0.28 | -0.38 | 0.13 | 0.13 |
| 极细粉砂 | -0.85 | 0.85 | 0.85 | -0.07 | -0.88 | -0.88 |
| 细粉砂 | -0.85 | 0.85 | 0.85 | 0.35 | -0.74 | -0.74 |
| 中粉砂 | -0.58 | 0.58 | 0.58 | 0.80 | -0.44 | -0.44 |
| 粗粉砂 | -0.36 | 0.36 | 0.36 | 0.99 | -0.25 | -0.25 |
| 极细砂 | -0.29 | 0.29 | 0.29 | 0.98 | -0.19 | -0.19 |
| 细砂 | -0.23 | 0.23 | 0.23 | 0.84 | -0.14 | -0.14 |
| 黏土 | 0.94 | -0.94 | -0.94 | -0.40 | 0.87 | 0.87 |
| 粉砂 | -0.94 | 0.94 | 0.94 | 0.36 | -0.88 | -0.88 |
| 砂 | -0.29 | 0.29 | 0.29 | 0.97 | -0.19 | -0.19 |

注:均是在 0.01 水平(双侧)上显著相关,显著性均为 0.00,样本数 N 均为 1389。

组分Ⅱ和组分Ⅰ含量之和是100,因此两者完全反相关(图6.11)。组分Ⅱ的极小值、极大值和众数均大于组分Ⅰ的极小值、极大值和众数,均值和中值却均小于组分Ⅰ的均值和中值,且两者的上述对应指标之和也是100,其余指标相同(表6.10)。

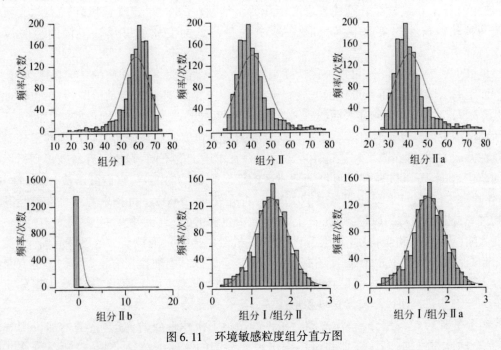

图6.11　环境敏感粒度组分直方图

前面已经统计出在整个剖面1389个样品中,含有粗粉砂以上(>32μm,<5Φ)的样品只有34个(表6.6),而组分Ⅱb是指>34.255μm的粗颗粒含量,满足这个条件的样品更少,只有27个样品(表6.6中除去有标记以外的样品)。组分Ⅱb的均值只有0.087%,一般情况下几乎可以忽略不计。因此,组分Ⅱa等同于组分Ⅱ,各项指标均相同,两者完全正相关;组分Ⅰ/组分Ⅱ和组分Ⅰ/组分Ⅱa的各项指标也均相同,两者也是完全正相关(表6.10、表6.11)。

## 三、对环境敏感粒度组分指示的环境意义分析

深海沉积物由生物成因组分(钙质和硅质)及非生物组分(陆源、自生、火山及宇宙尘埃)等组成。本研究在前面进行的粒度试验的前处理过程中已有效地去除了其中的生物成因组分,且在前处理中使用醋酸,对样品中的各种陆源矿物成分没有破坏(谢昕等,2007)。

本研究粒度频率曲线普遍存在的双峰结构(图6.6),粒级-标准偏差曲线又显示存在粗细两组对环境敏感的粒度组分(图6.10),说明本研究岩心沉积是长期由两种不同的动力条件下提供的两种物源组成。并且因为剖面总长45.75m,时间跨度近百万年(944.072ka),非生物组分中的自生、火山和宇宙尘埃的影响可以忽略不计,本研究分析的样品颗粒是其陆源成分。

　　海洋沉积中的陆源成分来源途径也很复杂,河流、滑坡、风成、洋流和冰川等途径均有可能。考虑到本研究剖面所处的位置(约 41°N,32°W),远离大陆,水深 3426m,属于典型的深海沉积。长期受到盛行西风和北大西洋暖流的影响,可以排除滑坡和河流等的影响。因此,推测组分Ⅰ和组分Ⅱ分别代表岩心沉积的粗细颗粒的多少,是在西风环流和北大西洋暖流两种动力条件的搬运下沉积形成的,其含量高低的变化能够反映气候的冷暖波动情况。

　　组分Ⅰ代表细粒组分,可以被包括高空西风气流和近地面气流在内的任何风搬运,但研究剖面距离大陆遥远,不在近地面气流影响范围之内。西风环流的活动范围很广,包括地面上几千米乃至上万米。研究表明,长距离搬运的细颗粒粉尘的活动范围正好位于西风环流的活动范围之内。孙东怀和鹿化煜等在研究中国黄土粒度的双峰分布时指出细粒组分与粗颗粒在搬运方式、搬运高度和搬运距离方面都存在本质上的不同,它们很容易被带到西风环流的范围之内,可以被高空气流带到下风区的任一个区域的上空,它们可以被"永久性"搬运,伴随降水沉降,或者风速明显减小才沉降(孙东怀等,2000)。肖举乐曾在日本琵琶湖中找到过来自亚洲大陆的风尘物质(黄土)(Xiao et al.,1996),北太平洋深海沉积物中有来自中亚大陆(中国)的粉尘物质(黄土型)堆积(Rea et al.,1998),阿拉斯加的巴罗有粉尘(黄土状)来自亚洲(Rahn et al.,1981),还有人认为格陵兰的冰芯中细粒气溶胶类的物质也有来自亚洲大陆的成分(Biscaye et al.,1997;刘东生等,2001)。基于以上原因,本书认为组分Ⅰ代表的细粒组分是被西风环流搬运堆积形成的。

　　组分Ⅱ代表粗粒组分,是洋流动力条件的搬运下沉积形成的,其含量的增加说明气候寒冷,全球冰量增加,高纬陆地和海洋均出现大范围的冰盖或冰原,粗颗粒随浮冰从北极地区附近劳伦泰德(Laurentide)冰盖被洋流搬运而来,浮冰融化时迅速沉积于海底。组分Ⅱ含量的减少说明气候温暖,全球冰量减少,随浮冰从北极地区附近劳伦泰德冰盖被洋流搬运而来的粗颗粒含量相应降低。组分Ⅱa指示一般情况下的洋流搬运,而组分Ⅱb反映的则是极端情况下的洋流搬运情况。组分Ⅱ代表粗粒组分,指示的动力条件包含而不全是冰筏搬运。冰筏搬运只是其中的极端事件,而组分Ⅱb能够反映冰筏搬运。前已论述,研究剖面中(图 6.3 和图 6.7)存在肉眼可见的冰筏碎屑(ice-rafted detritus, IRD)。而组分Ⅱb 是指>34.255μm 的粗颗粒含量,满足这个条件的样品只有 27 个样品(表 6.6),其均值只有 0.087%,一般情况下几乎可以忽略不计,但组分Ⅱb 与 IRD 对应良好,能指示IRD 事件的发生。组分Ⅰ/组分Ⅱ和组分Ⅰ/组分Ⅱa 同时考虑了细颗粒和粗颗粒的变化情况,比值变大,说明细颗粒含量增加而粗颗粒含量减少,气候温暖,比值减小,则反之。它们作为反映古气候的冷暖波动情况的代用曲线,波动的幅度更大,被认为是更敏感的指标。

　　2415.60 ~ 1471.53ka BP,组分Ⅰ、组分Ⅰ/组分Ⅱ和组分Ⅰ/组分Ⅱa 的曲线记录具有逐渐减小的长期趋势,组分Ⅱ和组分Ⅱa 的曲线记录则具有逐渐增加的长期趋势(图 6.12),说明细颗粒和粗颗粒含量逐渐减少和增加,指示长期趋势气候逐渐变冷,与 $\delta^{18}O$ 值逐渐变小指示气候长期趋势变冷完全一致,验证了第四纪以来温度总体趋势下降的观点。

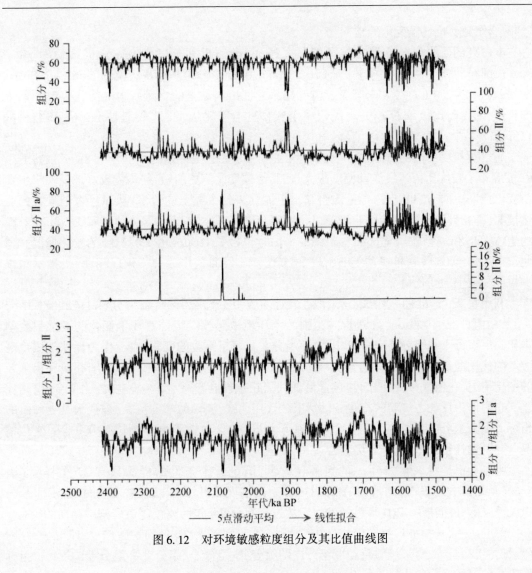

图 6.12　对环境敏感粒度组分及其比值曲线图

## 第四节　粒度记录反映的气候变化

### 一、反映气候变化的粒度指标选择

在平均粒径($M_z$)、中值粒径($M_d$)、众数(Mode)、标准偏差($\sigma_1$)、偏度(SK$_1$)和峰度($K_G$)等粒度参数指标中,平均粒径($M_z$)和中值粒径($M_d$)是粒度参数中最主要的两个指标,分别反映粒度的中间值和平均值,可以反映沉积物粒度分布的集中趋势。它们主要和两个因素有关:其一是速度,即风或流水等沉积介质的平均动能的多少;其二是粗细,即来源物质颗粒的原始大小。沉积物这两个指标在剖面上不同时间段内的变化特征,可反映物质来源和沉积环境及气候的变化过程。因此,在粒度参数各指标中,选取平均粒径($M_z$)和中值粒径($M_d$)作为反映气候变化的指标。

本研究剖面的粒级分类共涉及细黏土（<2μm）、粗黏土（2～4μm）、极细粉砂（4～8μm）、细粉砂（8～16μm）、中粉砂（16～32μm）、粗粉砂（32～63μm）、极细砂（63～125μm）和细砂（125～250μm）等8个等级。前已充分论证出细黏土的含量基本上能代表整个黏土的含量，细粉砂比极细粉砂更能代表整个粉砂的含量。因此，选取细黏土（%）和细粉砂（%）作为8个粒度等级分类中反映气候变化的指标。

通过对粒度比值的分析，发现细黏土/细粉砂、黏土/细粉砂、细黏土/>8μm 和黏土/>8μm 等4个粒度比值曲线波动幅度很大，比其他粒度比值更加敏感，均能较好地反映粗细颗粒变化情况。因为细黏土的含量比粗黏土更能代表整个黏土的含量，从而代表细颗粒的变化情况，细粉砂比极细粉砂更能代表粗颗粒的变化情况，再考虑到虽然细粉砂是>8μm 颗粒的主体，但>8μm 颗粒毕竟比细粉砂（8～16μm）包含了>16μm 的更粗颗粒的变化情况。因此选择细黏土/细粉砂和细黏土/>8μm 两个粒度比值曲线作为古气候代用曲线，指示粗细颗粒此长彼消的变化情况。

利用粒级-标准偏差曲线提取了两组对环境敏感粒度组分：细组分（<1.729μm，组分Ⅰ）和粗组分（>1.729μm，组分Ⅱ），粗细两个环境敏感粒度组分对环境变化的敏感程度基本相同。组分Ⅰ和组分Ⅱ完全正相关，而组分Ⅱ代表粗颗粒的变化情况，作为反映气候冷暖波动的代用曲线更加合适。组分Ⅰ/组分Ⅱ和组分Ⅰ/组分Ⅱa同时考虑了细颗粒和粗颗粒的变化情况，比值变小，说明细颗粒含量增加而粗颗粒含量减少，气候温暖，比值变大，则反之。它们作为反映古气候的冷暖波动情况的代用曲线，波动的幅度更大，被认为是更敏感的指标。因为组分Ⅱ和组分Ⅱa各项指标基本相同，并且包含了更粗颗粒组分Ⅱb的变化情况，因此，选择组分Ⅰ/组分Ⅱ更为合适。

组分Ⅱb是指>34.255μm 的粗颗粒含量，满足这个条件的样品只有27个样品（表6.6），虽然其含量很小，均值只有0.087%，一般情况下几乎可以忽略不计，但组分Ⅱb与IRD对应良好，能指示IRD事件的发生。故选择组分Ⅱb作为冰筏碎屑沉积层存在的标志。

综上所述，选择平均粒径（$M_z$）、中值粒径（$M_d$）、细黏土（%）、细粉砂（%）、细黏土/细粉砂、细黏土/>8μm、对环境敏感粒度组分中的组分Ⅱ、组分Ⅰ/组分Ⅱ和组分Ⅱb共9个指标作为反映气候变化的指标进行分析。

## 二、粒度记录反映的气候变化阶段分析

所选择的9个指标的统计特征前已分别论述（参见本章相关图表），在此不再赘述。整个研究剖面在115.18～69.93m（2415.60～1471.53ka BP），根据9个指标的波动情况，可以分为A、B、C、D、E、F、G、H和I共9个阶段（图6.13）。

1. A阶段

115.18～113.66m（2415.60～2384.61ka BP），长1.52m，时间跨度30.99ka。平均粒径、中值粒径、细粉砂（%）和组分Ⅱ均有一个明显的峰值，细黏土（%）、细黏土/细粉砂、细黏土/>8μm 和组分Ⅰ/组分Ⅱ均对应一个明显的谷值。组分Ⅱb在114.02m（2392.73ka BP）、113.98m（2391.82ka BP）、113.94m（2390.92ka BP）、113.86m（2389.12ka BP）和113.78m

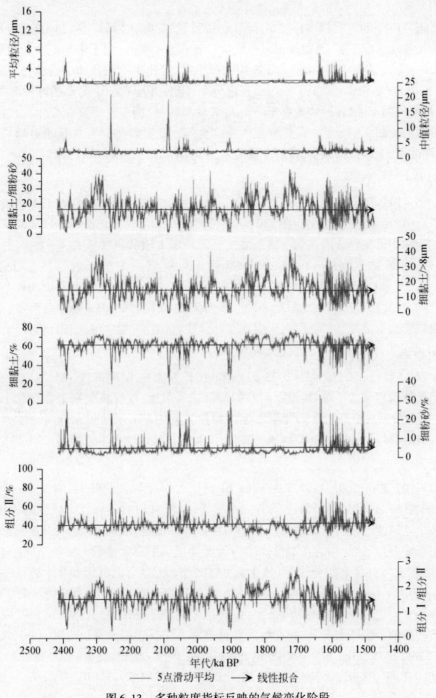

图 6.13　多种粒度指标反映的气候变化阶段

（2387.31ka BP）大于零（表 6.6）。此阶段粗颗粒含量增加，气候变冷，对应冰期，全球冰量增加，发生多次 IRD 事件。

## 2. B 阶段

113.66～107.76m(2384.61～2261.53ka BP)，长 5.9m，时间跨度 123.08ka。平均粒径和中值粒径波动非常平缓，其曲线记录在此阶段有几个小突起、指示平均粒径和中值粒径相对稍微大一些。细粉砂(%)和组分Ⅱ波动也较平缓，但比平均粒径和中值粒径明显。细黏土(%)、细黏土/细粉砂、细黏土/>8μm 和组分Ⅰ/组分Ⅱ均有一个明显的峰值和不太明显的峰值，特别细黏土/细粉砂和细黏土/>8μm 表现最明显，指示粒度颗粒变化存在粗→细→粗→细→粗的旋回。组分Ⅱb 在此阶段内全部为零。此阶段细颗粒含量明显增加，气候变暖，对应间冰期，全球冰量减少，没有证据显示发生 IRD 事件。

## 3. C 阶段

107.76～105.78m(2261.53～2226.43ka BP)，长 1.98m，时间跨度 35.1ka。在 107.32m(2253.77ka BP). 处，平均粒径、中值粒径、细粉砂(%)和组分Ⅱ均有一个明显的峰值，特别是平均粒径和中值粒径分别达到了整个曲线记录的极大值和第二极大值。细黏土(%)、细黏土/细粉砂、细黏土/>8μm 和组分Ⅰ/组分Ⅱ均对应一个明显的谷值。组分Ⅱb 在 107.44m(2255.88ka BP)、107.40m(2255.18ka BP)、107.36m(2254.47ka BP)、107.32m(2253.77ka BP)、107.28m(2253.06ka BP)和 107.24 m(2252.35ka BP)大于零(表 6.6)。此阶段粗颗粒含量增加，气候变冷，对应冰期，全球冰量增加，发生多次 IRD 事件。

## 4. D 阶段

105.78～99.43m(2226.43～2092.21ka BP)，长 6.35m，时间跨度 134.22ka。所有指标的曲线记录波动均非常平缓，均没有明显的峰值或者谷值，仅在极个别地方有几个小突起。组分Ⅱb 在此阶段内全部为零。此阶段粗细颗粒含量均没有明显增加或者减少，气候波动较小，对应较长时间的间冰期，全球冰量减少，没有证据显示发生 IRD 事件。

## 5. E 阶段

99.43～95.29m(2092.21～2021.13ka BP)，长 4.14m，时间跨度 71.08ka。平均粒径、中值粒径、细粉砂(%)和组分Ⅱ除了均有一个显著的峰值以外，还有几个较低的峰值连续出现。这几个连续的峰值与显著的峰值在平均粒径和中值粒径的曲线记录中悬殊，在组分Ⅱ的曲线记录中差距已经不大，在细粉砂(%)的曲线记录中非常接近。细黏土(%)、细黏土/细粉砂、细黏土/>8μm 和组分Ⅰ/组分Ⅱ相对应出现一个显著的谷值和几个连续的谷值，细黏土(%)和组分Ⅰ/组分Ⅱ的曲线记录中，显著的谷值和几个连续的谷值有一定差距，但不如平均粒径和中值粒径峰值差距那么大，在细黏土/细粉砂和细黏土/>8μm 的曲线记录中，所谓显著的谷值已经不太显著，和连续的谷值差距不明显。组分Ⅱb 在 99.17m(2086.79ka BP)、99.13m(2085.96ka BP)、99.09m(2085.12ka BP)、99.05m(2084.29ka BP)、99.01m(2083.46ka BP)、98.97m(2082.62ka BP)、98.93m(2081.79ka BP)、98.89m(2080.96ka BP)、97.07m(2052.14ka BP)、96.21m(2038.08ka BP)、95.69m(2028.50ka BP)、95.45m(2024.08ka BP)和 95.41m(2023.34ka BP)大于零(表 6.6)。此阶段粗颗粒含量增加，气候变冷，对应冰期，全球冰量增加。此阶段包含的 A10H5 段 80～138cm(98.73～99.29m，2077.63～2089.29ka BP)在前面已经专门详细论述(图 6.3 和图 6.7)，证实发生多次 IRD 事件。

6. F 阶段

95.29 ~ 91.35m(2021.13 ~ 1914.7ka BP),长 3.94m,时间跨度 106.43ka。与 D 阶段相似,所有指标的曲线记录波动均非常平缓,均没有明显的峰值或者谷值,仅在极个别地方有几个小突起。细黏土/细粉砂和细黏土/>8μm 的曲线记录显示有个别地方存在较大的峰值,但这些峰值缺少连续样品的支持,5 点平滑曲线对这些峰值响应不明显。组分Ⅱb 在此阶段内全部为零。此阶段粗细颗粒含量均没有明显增加或者减少,气候波动较小,对应较长时间的间冰期,全球冰量减少,没有证据显示发生 IRD 事件。

7. G 阶段

91.35 ~ 89.81m(1914.7 ~ 1865.57ka BP),长 1.54m,时间跨度 49.13ka。与 A 阶段相似,平均粒径、中值粒径、细粉砂(%)和组分Ⅱ均有一个明显的峰值,细黏土(%)、细黏土/细粉砂、细黏土/>8μm 和组分Ⅰ/组分Ⅱ均对应一个明显的谷值。平均粒径和中值粒径的峰值比 C 和 E 两阶段的峰值小得多,但细粉砂(%)和组分Ⅱ的峰值却非常显著,与 C 和 E 两阶段的峰值差别不明显。此阶段粗颗粒含量增加,气候变冷,对应冰期,全球冰量增加,但组分Ⅱb 在此阶段内全部为零,没有证据发生多次 IRD 事件。

8. H 阶段

89.81 ~ 79.8m(1865.57 ~ 1640.09ka BP),长 10.01m,时间跨度 225.48ka。平均粒径、中值粒径和细粉砂(%)波动非常平缓,其曲线记录在此阶段有几个小突起、指示平均粒径和中值粒径相对稍微大一些,相应的小突起在细粉砂(%)的曲线记录中表现较明显。组分Ⅱ和细黏土(%)波动也较平缓,但比平均粒径、中值粒径和细粉砂(%)明显。细黏土/细粉砂、细黏土/>8μm 和组分Ⅰ/组分Ⅱ的曲线记录则表现出明显的波动,且主要在线性拟合线以上波动,峰值明显但谷值不明显,指示粒度颗粒变化存在粗→细→粗→细→粗的旋回,但主要集中在细颗粒一端变化,粗颗粒含量在整个剖面中与其他阶段相比,明显较低。组分Ⅰ/组分Ⅱ的曲线记录还显示出在第一次粗→细以后保持了相当一段时间,随后迅速变速,但幅度不大。组分Ⅱb 在此阶段内全部为零。此阶段细颗粒含量明显增加,气候变暖,对应间冰期,全球冰量减少,没有证据显示发生 IRD 事件。

9. I 阶段

79.8 ~ 69.93m(1640.09 ~ 1471.53ka BP),长 9.87m,时间跨度 168.56ka。所有指标在此阶段均波动明显,且幅度较大,存在多个明显的峰值或谷值。细黏土/细粉砂、细黏土/>8μm 和组分Ⅰ/组分Ⅱ则同时存在多个峰值和谷值。平均粒径和中值粒径的峰值不如 C 和 E 两阶段的峰值明显,但有多个连续的峰值。79.52 m(1634.96ka BP)处,细粉砂含量达到了极大值 33.42%。组分Ⅱb 在 79.34m(1631.66ka BP)、77.54m(1605.02ka BP)和 72.93m(1531.09ka BP)大于零(表 6.6)。此阶段粗细颗粒含量高低变换频繁,且幅度较大,说明气候极端不稳定,波动剧烈,冰川多次进退,冰期和间冰期迅速转换,全球冰量多次迅速增加又快速减少,发生多次 IRD 事件。

# 第七章 U1313 站岩心磁化率、颜色 反射率、密度和矿物分析

## 第一节 U1313 站岩心磁化率记录分析

环境磁学诞生于 20 世纪 80 年代,介于地球科学、环境科学和磁学之间,是一门新兴的边缘学科。磁性测量由于具有高分辨、简便、快速、经济、无破坏和多用性等优点而使得磁化率作为一种研究方法在许多方面迅速得到了广泛的应用。磁化率作为反演气候和环境变化过程的一项指标,与其他气候代用指标对比性较好,其作用日益受到重视。30 年来,磁化率作为古气候研究的代用指标在黄土(Heller and Liu,1982,1984;Liu X M et al.,1987;Liu T S et al.,1993;刘秀铭等,2007;刘东生,2009)、湖泊沉积物(Oldfield et al.,1985;吴瑞金,1993;张振克等,1998b;胡守云等,1998;Snowball et al.,2002;吴健等,2009)和海洋沉积物(Robinson,1986;Tiedemann et al.,1995;Kissel et al.,1999;Larrasoafla et al.,2008;Rohling et al.,2008;徐方建等,2011)等方面的研究均取得了显著的成果。

磁化率是大洋钻探计划(ODP)钻孔在探测船上的必测参数之一。IODP 306 航次 U1313 站位 A、B、C 和 D 孔的磁化率数据是在取出的岩心达到室温后直接测量的,对每段 150cm 的岩心均从顶部 5cm 处测量,底部 145cm 处或 147.5cm 处结束(个别段在 140cm 处结束),均是间隔 2.5cm 取样,缺失 0cm 和 2.5cm 等处的数据。本书采用 U1313 站位 A 孔和 D 孔船上数据进行分析。对原始数据按照第三章图 3.1 所示的拼接顺序处理成与研究剖面相同的顺序。

## 一、U1313 站岩心磁化率统计特征分析

本书采用的 1844 个原始数据中缺失 A8H3 段 60 个数据,缺失其他段 0cm 和 2.5cm 等处的数据 70 个,共 1714 个有效数据。

磁化率介于 –3 ~ 47.2(表 7.1),有 5% 的数据在 –3 ~ –0.2,7.4 ~ 47.2 的数据也占 5%。80% 的数据位于 0.6 ~ 6.4,70% 的数据位于 1 ~ 5.8(表 7.2)。均值为 3.48,中值为 3.2。偏度为 4.51,峰度为 44.74,说明为正偏尖峰分布(表 7.1、图 7.1)。

表 7.1 磁化率统计特征

| | 极小值 | 极大值 | 极差 | 均值 | 中值 | 众数 | 标准差 | 方差 | 偏度 | 峰度 |
|---|---|---|---|---|---|---|---|---|---|---|
| 磁化率 | –3.00 | 47.20 | 50.20 | 3.48 | 3.20 | 1.20 | 3.26 | 10.62 | 4.51 | 44.74 |

表7.2　磁化率百分位数统计

| 5 | 10 | 15 | 20 | 25 | 30 | 35 | 40 | 45 | 50 | 55 | 60 | 65 | 70 | 75 | 80 | 85 | 90 | 95 |
|---|----|----|----|----|----|----|----|----|----|----|----|----|----|----|----|----|----|----|
| -0.2 | 0.6 | 1 | 1.2 | 1.6 | 1.8 | 2.2 | 2.4 | 2.8 | 3.2 | 3.4 | 3.8 | 4.2 | 4.5 | 4.8 | 5.2 | 5.8 | 6.4 | 7.4 |

注:第一行单位为%,第二行单位为 SI。

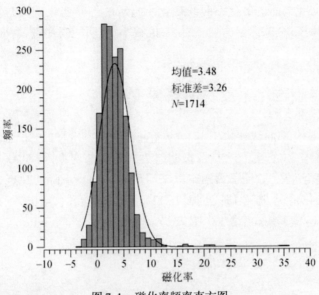

图 7.1　磁化率频率直方图

# 二、U1313 站岩心磁化率的环境指示意义

磁化率受到磁性矿物的类型、含量、磁性颗粒大小以及测量时的温度等多种因素影响。对于不同的地质和气候环境,磁化率的变化机理也存在差异。在反演地球气候和环境变化方面,磁化率具有复杂性和解释的非唯一性(刘青松等,2009)。例如,中国黄土与世界其他地区(俄罗斯西伯利亚、美国阿拉斯加、阿根廷等)黄土中古土壤的磁化率变化情况就明显不同。

磁化率在海相沉积物研究中被广泛应用并存在多种解释。在北太平洋地区,由于缺少构建氧同位素曲线的物质,Tiedemann 等把磁化率作为冰筏物含量的替代指标,并进一步进行了轨道调谐,从而得出比较合理的时间标尺(Tiedemann et al.,1995)。在地中海地区,大量的粉尘物质来源于撒哈拉沙漠地区。Larrasoafla 等发现在该区磁化率可以作为粉尘物质含量的替代指标(Larrasoafla et al.,2008)。Rohling 等则发现红海沉积物中记录的 $\delta^{18} O_{ruber}$(海平面记录)与南极冰盖记录变化一致,而磁化率的变化(内陆粉尘的替代指标)则与北极冰盖记录一致(Rohling et al.,2008)。

Robinson 在对北大西洋晚更新世深海沉积物岩心进行研究时,率先证明了海洋沉积物中的某些磁学性质与古气候关系密切。他指出,冰期来临时,深海沉积物中的磁性矿物含量增高,大西洋的 $CaCO_3$ 含量降低,而冰筏沉积量增多,间冰期时则相反(Robinson,1986)。后来,为了进一步研究,Robinson 等专门在北大西洋海区开展了利用磁手段来观察冰筏碎屑的工作(Robinson et al.,2000)。北美火成岩中派生出来的物质是大西洋的冰筏碎屑的一个主要来源,其中包含丰富的铁磁性颗粒,因此,磁化率通过反映冰筏沉积而与 Heinrich 事件紧密相关,或者说通过对沉积物磁化率方面的工作能够识别出冰筏碎屑的周期性变化(潘永信等,1996;Kissel et al.,1999;孟庆勇等,2008)。

综上所述,本研究剖面的磁化率曲线变化所指示的气候变化意义是:磁化率值增大,表明气候变冷,对应冰期,全球冰量增加;磁化率值减小,表明气候变暖,对应间冰期,全球冰量减少。

## 三、U1313 站岩心磁化率反映的气候变化

U1313 站岩心磁化率曲线在 115.47 ~ 69.46m(2420.7 ~ 1461.53ka BP)具有长期下降趋势(图 7.2),说明磁化率逐渐减少,指示长期趋势气候逐渐变冷,与 $\delta^{18}O$ 值逐渐变重指示气候长期趋势变冷完全一致,验证了第四纪以来温度总体趋势下降的观点。根据 U1313 站磁化率曲线的波动变化情况,整个研究剖面在 115.47 ~ 69.46m(2420.7 ~ 1461.53ka BP),可以分为 A、B、C、D、E 和 F 共 6 个阶段(图 7.2)。

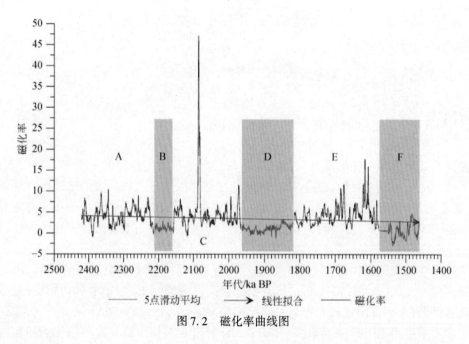

图 7.2　磁化率曲线图

### 1. A 阶段

115.47 ~ 105.01m(2420.7 ~ 2212.68ka BP),长 10.46m,时间跨度 208.02ka。磁化率曲线在此阶段波动剧烈,有多个明显的峰值和谷值。此阶段磁化率值高低变换频繁,且幅度较大,说明气候处于不稳定状态,波动剧烈,冰川多次进退,冰期和间冰期迅速转换,全球冰量多次迅速增加又快速减少。

## 2. B 阶段

105.01～102.52m(2212.68～2157.16ka BP)，长 2.49m，时间跨度 55.52ka。磁化率曲线在此阶段波动平缓，持续处于低值状态，没有明显的峰值和谷值。此阶段磁化率值持续较低，波动幅度很小，说明气候处于稳定的温暖状态，波动较小，对应于间冰期，全球冰量减少。

## 3. C 阶段

102.52～92.98m(2157.16～1963.33ka BP)，长 9.54m，时间跨度 193.83ka。磁化率曲线在此阶段波动剧烈，有多个明显的峰值。其中 99.36～98.86m(2090.75～2080.33ka BP)在 A10H5 段的范围内，出现显著的峰值(图 7.2，表 7.3)。第六章已经对 A10H5 段 104～124cm(98.97～99.17m，2082.63～2086.79ka BP)出现的明显的冰筏碎屑沉积层(图 6.3)进行了分析，并选取了 A10H5 段 80～138cm(98.73～99.29m，2077.63～2089.29ka BP)15 个样品绘制了粒度频率曲线和粒度累积频率曲线(图 6.7)。磁化率的数据与粒度的数据对应良好。

**表 7.3 A10H5 段部分较大的磁化率数据**

| 阶段 | 段内深/cm | 深度/m | 磁化率 | 深度/m | 年代/ka BP |
|------|-----------|--------|--------|--------|------------|
| A10H5 | 95 | 88.15 | 4.6 | 98.86 | 2080.333 |
| A10H5 | 97.5 | 88.175 | 7 | 98.885 | 2080.854 |
| A10H5 | 100 | 88.2 | 10.4 | 98.91 | 2081.375 |
| A10H5 | 102.5 | 88.225 | 16.6 | 98.935 | 2081.896 |
| A10H5 | 105 | 88.25 | 24.2 | 98.96 | 2082.417 |
| A10H5 | 107.5 | 88.275 | 22 | 98.985 | 2082.937 |
| A10H5 | 110 | 88.3 | 20.6 | 99.01 | 2083.458 |
| A10H5 | 112.5 | 88.325 | 21.4 | 99.035 | 2083.979 |
| A10H5 | 115 | 88.35 | 25.8 | 99.06 | 2084.5 |
| A10H5 | 117.5 | 88.375 | 34.6 | 99.085 | 2085.021 |
| A10H5 | 120 | 88.4 | 42.8 | 99.11 | 2085.542 |
| A10H5 | 122.5 | 88.425 | 47.2 | 99.135 | 2086.062 |
| A10H5 | 125 | 88.45 | 35.4 | 99.16 | 2086.583 |
| A10H5 | 127.5 | 88.475 | 20.2 | 99.185 | 2087.104 |
| A10H5 | 130 | 88.5 | 11.8 | 99.21 | 2087.625 |
| A10H5 | 132.5 | 88.525 | 8.4 | 99.235 | 2088.146 |
| A10H5 | 135 | 88.55 | 7 | 99.26 | 2088.667 |
| A10H5 | 137.5 | 88.575 | 5.8 | 99.285 | 2089.187 |
| A10H5 | 140 | 88.6 | 6.4 | 99.31 | 2089.708 |
| A10H5 | 142.5 | 88.625 | 6 | 99.335 | 2090.229 |
| A10H5 | 145 | 88.65 | 5 | 99.36 | 2090.75 |

　　此阶段磁化率除了在 100.54m(2115.33ka BP)处有一明显的谷值(-0.6SI)以外,没有其他明显的谷值。此阶段磁化率以高值为主,波动频繁,幅度较大,说明主要对应冰期,气候处于不稳定状态,波动剧烈,冰川多次进退,冰期和间冰期迅速转换,全球冰量大幅度迅速增加又快速减少,出现 IRD。

　　4. D 阶段

　　92.98 ~ 87.66m(1963.33 ~ 1819.57ka BP),长 5.32m,时间跨度 143.76ka。磁化率曲线在此阶段波动平缓,持续处于低值状态,没有明显的峰值和谷值。此阶段磁化率值持续较低,波动幅度很小,说明气候处于稳定的温暖状态,波动较小,对应于间冰期,全球冰量减少。

　　5. E 阶段

　　87.66 ~ 75.58m(1819.57 ~ 1576.86ka BP),长 12.08m,时间跨度 242.71ka。磁化率曲线在此阶段波动剧烈,有多个明显的峰值,没有明显的谷值。此阶段的峰值没有 C 阶段的峰值显著,但比 C 阶段的峰值多,并明显呈现持续增大的趋势。此阶段磁化率以高值为主,波动频繁,幅度较大,呈现持续增大趋势。说明主要对应冰期,气候处于不稳定状态,波动幅度逐渐增加,冰川多次进退,冰期和间冰期迅速转换,以冰期为主,全球冰量增加。

　　6. F 阶段

　　73.98 ~ 69.46m(1549.85 ~ 1461.53ka BP),长 4.52m,时间跨度 88.32ka。F 段和 E 段之间并不连续,缺失 75.58 ~ 73.98m(1576.86 ~ 1549.85ka BP)的磁化率数据,这是由 IODP 306 航次 U1313 站位船上原始数据缺失造成的。此阶段与 B 和 D 阶段类似,磁化率值均处于低值阶段,但此阶段磁化率值波动幅度要大于 B 和 D 两阶段的波动幅度,在 73.26m(1537.35ka BP)达到极小值。此阶段磁化率值持续较低,波动幅度较小,说明气候处于稳定的温暖状态,波动较小,对应于间冰期,全球冰量减少。

# 第二节　U1313 站岩心颜色反射率

　　颜色作为一个物理指标,能够反映海洋沉积物的沉积学特征。有经验的沉积学家,仅凭肉眼对对沉积物颜色的观察,就可以粗略地进行地层划分和沉积物分区等工作。沉积物的颜色反射率可以反映沉积物的沉积环境、矿物学特征以及沉积物组成( Giosan et al.,2002)。颜色反射率作为一种新的海洋沉积物分析方法,目前,在深海-半深海沉积物中应用较多,ODP 及 IODP 对沉积物研究表明它是古环境、古气候的良好替代指标。

　　颜色反射率是一个比值指标,反映的是从物质表面所反射的光波能量与源照射光波能量的比例关系,是深海钻探船上岩心分析时首先开展的项目。大洋钻探采用 $L^* a^* b^*$ 色空间( CIELAB 色空间)来记录深海岩心的颜色反射率。如果用一个三维的球体表示该色空间时,球的 $Z$ 轴可作为亮度参数 $L^*$,其值为 0 ~ 100;$a^*$ 和 $b^*$ 可以用 $x$ 和 $y$ 轴来表示,被称为色度坐标,表示色变化的方向:正 $a^*$ 表示红色方向,负 $a^*$ 表示绿色方向,正 $b^*$ 表示黄色方向,负 $b^*$ 表示蓝色方向( 王昆山等,2006)。中央为消色区;当 $a^*$ 和 $b^*$ 值增大时,色点远离中心,色饱和度增大。$a^*/b^*$ 值可以指示样品颜色的变化,与样品中颜色矿物组成的变化密切相关,而 $L^*$ 以百分比作为单位,表示样品的亮度大小( 黄维等,2003a)。

　　IODP 306 航次 U1313 站位,船上科学家测定的颜色反射率是按照各个钻孔分别进行的。对每段 150cm 的岩心均从顶部 2cm 处测量,底部 148cm 处结束(个别段在 142cm、149.2cm、149.3cm 或 149.4cm 处结束),均是间隔 2cm 取样,缺失数据较少。本书采用 U1313 站位 A 孔和 D 孔船上数据进行分析。对原始数据按照第三章图 3.1 所示的拼接顺序处理成与研究剖面相同的顺序。

## 一、U1313 站岩心颜色反射率统计特征分析

　　本书采用 IODP 306 航次 U1313 站位 A 孔和 D 孔船上实测的岩心颜色反射率共 2310 个原始数据,拼接出合成剖面 115.48 ~ 69.43m(2420.88 ~ 1460.89ka BP)之间颜色反射率的变化情况,在全部 2310 个原始数据中缺失 32 个数据,共 2278 个有效数据。

　　$L^*$ 介于 44.22% ~ 83.29%,$L^*$ 在 44.22% ~ 62.18% 的样品仅占 5%,主要分布在 65.54% ~ 80.73%,占 80%,均值为 72.67%,中值为 74.04%(表 7.4、表 7.5,图 7.3)。$a^*$ 介于-2.76 ~ 1.69,在-2.76 ~ -0.74 的样品仅占 5%,主要分布在-0.39 ~ 0.43,占 70%,均值和中值均为 0.01。$b^*$ 介于 0.10 ~ 11.07,在 0.10 ~ 3.66 的样品仅占 5%,主要分布在 4.16 ~ 6.32,占 80%,均值为 5.18,中值为 5.15。$a^*/b^*$ 介于-5.20 ~ 1.99,在-5.20 ~ -0.15 的样品仅占 5%,在 0.16 ~ 1.99 的样品也仅占 5%。主要分布在-0.11 ~ 0.11,占 80%,均值、中值和众数均为 0.00。

表 7.4　颜色反射率统计特征

| 参数 | 极小值 | 极大值 | 极差 | 均值 | 中值 | 众数 | 标准差 | 方差 | 偏度 | 峰度 |
|---|---|---|---|---|---|---|---|---|---|---|
| $L^*$ | 44.22 | 83.29 | 39.07 | 72.67 | 74.04 | 75.55 | 6.23 | 38.84 | -0.68 | 0.14 |
| $a^*$ | -2.76 | 1.69 | 4.45 | 0.01 | 0.01 | 0.02 | 0.50 | 0.25 | -0.14 | 2.34 |
| $b^*$ | 0.10 | 11.07 | 10.97 | 5.18 | 5.15 | 4.86 | 0.99 | 0.99 | -0.29 | 2.92 |
| $a^*/b^*$ | -5.20 | 1.99 | 7.19 | 0.00 | 0.00 | 0.00 | 0.17 | 0.03 | -12.84 | 421.49 |

表 7.5　颜色反射率统计　　　　　　　　　　　　　　单位:%

| 参数 | 5 | 10 | 15 | 20 | 25 | 30 | 35 | 65 | 70 | 75 | 80 | 85 | 90 | 95 |
|---|---|---|---|---|---|---|---|---|---|---|---|---|---|---|
| $L^*$ | 62.18 | 64.09 | 65.54 | 66.70 | 67.85 | 69.08 | 70.43 | 76.47 | 77.18 | 77.80 | 78.39 | 79.16 | 79.89 | 80.73 |
| $a^*$ | -0.74 | -0.54 | -0.39 | -0.32 | -0.25 | -0.20 | -0.14 | 0.14 | 0.18 | 0.24 | 0.31 | 0.43 | 0.61 | 0.96 |
| $b^*$ | 3.66 | 4.16 | 4.38 | 4.52 | 4.67 | 4.76 | 4.85 | 5.50 | 5.60 | 5.72 | 5.87 | 6.05 | 6.32 | 6.87 |
| $a^*/b^*$ | -0.15 | -0.11 | -0.08 | -0.06 | -0.05 | -0.04 | -0.03 | 0.03 | 0.04 | 0.05 | 0.06 | 0.08 | 0.11 | 0.16 |

　　$L^*$、$a^*$ 和 $b^*$ 的偏度均小于 0,峰度也相对较接近,均为负偏,尖峰分布。$a^*/b^*$ 也为负偏尖峰分布,但与 $L^*$、$a^*$ 和 $b^*$ 相比,偏度和峰度差别均较明显(表 7.4,图 7.3)。$L^*$ 与 $a^*$、$b^*$ 和 $a^*/b^*$ 的相关系数依次为-0.14、-0.10 和-0.08,$a^*$ 与 $b^*$ 和 $a^*/b^*$ 的相关系数依次为 0.30 和 0.65,$b^*$ 与 $a^*/b^*$ 的相关系数为 0.17。可见,除了 $a^*$ 与 $a^*/b^*$ 的相关系数较高,呈现较强的正相关以外,其他的相关系数均较小,不存在显著的相关关系。

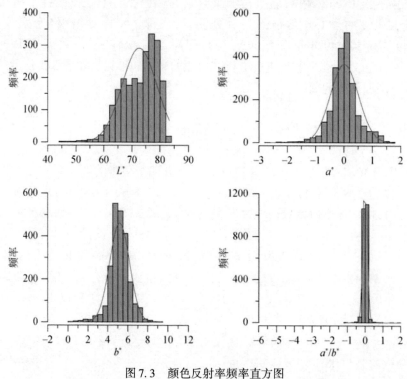

图 7.3　颜色反射率频率直方图

## 二、U1313 站岩心颜色反射率的环境指示意义

### (一) 亮度 $L^*$ 可以替代 $CaCO_3$ 含量

岩心颜色反射率的数据目前主要被用在两个方面：第一，通过不同钻孔和不同岩心颜色反射率资料的对比，可以建立精细的时间序列，分析岩性变化的旋回性和周期；第二，颜色反射率数据可以反演某些特定物质成分含量的变化过程（Ortiz et al.，1999；黄维等，2003b）。深海沉积的研究结果都证明亮度 $L^*$ 与 $CaCO_3$ 含量存在着显著的正相关，$L^*$ 值增加，就可以预测碳酸盐含量随着增加（Mix et al.，1995；Ortiz et al.，1999；Balsam et al.，1999）。

IODP 306 航次提供的 U1313 站位 $CaCO_3$ 的原始数据只有 A 孔的数据，且数量较少，仅 75 个数据。为了探寻 $L^*$ 和 $CaCO_3$ 的关系，选取 IODP 所提供的 A 孔 $L^*$ 和 $CaCO_3$ 数据进行分析。A 孔 $L^*$ 数据较多，共 15096 个，从中选取和 $CaCO_3$ 同深度的共 74 个数据，经过分析，删除了 3 组明显异常值。利用 SPSS19.0 软件对 71 组数据进行统计和相关分析，利用 TableCurve 2D 5.01 软件进行方程式拟合分析，并用 Grapher8.0 软件绘图。

A 孔 $CaCO_3$ 含量介于质量分数 31.49%～96.71%，极差达到了 65.22%（表 7.6）。A 孔 $CaCO_3$ 含量在 120m 发生了明显的变化，在 0～120m，$CaCO_3$ 含量波动剧烈，质量分数基本都在 90% 以下，120m 以下，波动平缓，质量分数基本都在 90% 以上。$L^*$ 的变化趋势与之非常接近(图 7.4)。A 孔 $CaCO_3$ 含量和 A 孔对应深度的 $L^*$ 相关系数为 0.87,显著正相关 (表 7.7)。

**表 7.6　U1313 站 A 孔 $CaCO_3$ 和 $L^*$ 统计**

| 参数 | 极小值 | 极大值 | 极差 | 均值 | 中值 | 众数 | 标准差 | 方差 | 偏度 | 峰度 |
|------|--------|--------|------|------|------|------|--------|------|------|------|
| $CaCO_3$ 质量分数/% | 31.49 | 96.71 | 65.22 | 79.93 | 90.13 | 94.13 | 18.04 | 325.48 | -0.99 | -0.16 |
| $L^*$/% | 53.54 | 87.61 | 34.07 | 76.08 | 79.82 | 53.54 | 9.23 | 85.15 | -0.82 | -0.53 |

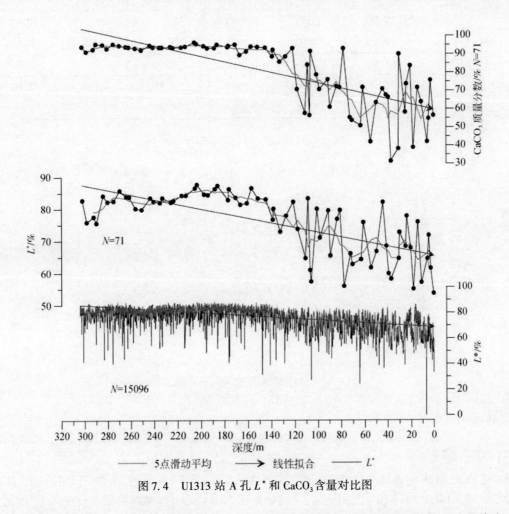

图 7.4　U1313 站 A 孔 $L^*$ 和 $CaCO_3$ 含量对比图

TableCurve 2D 5.01 软件对所分析的 71 对 $CaCO_3$ 含量和 $L^*$ 数据给出了数千个拟合方程式,排在前两位的是傅里叶系列多项式(Fourier Series Polynomial 10×2)和切比雪夫系列多项式(Chebyshev Polynomial Order 20,6820),它们的 $r^2$ 分别达到了 0.8439 和 0.8422。由于它们的公式过于复杂,本书没有采用。这里采用了较简单的拟合方程式(图 7.5),虽然 $r^2$ 较低,分别是 0.7498 和 0.7490,但已经能充分说明问题。

表 7.7　U1313 站 A 孔 CaCO$_3$和同深度的 $L^* a^* b^*$ 相关性分析

|  |  | CaCO$_3$ | $L^*$ | $a^*$ | $b^*$ | $a^*/b^*$ |
|---|---|---|---|---|---|---|
| CaCO$_3$ | Pearson 相关性 | 1.00 | 0.87 | −0.47 | −0.80 | −0.56 |
|  | 显著性(双侧) |  | 0.00 | 0.00 | 0.00 | 0.00 |
| $L^*$ | Pearson 相关性 | 0.87 | 1.00 | −0.54 | −0.80 | −0.56 |
|  | 显著性(双侧) | 0.00 |  | 0.00 | 0.00 | 0.00 |
| $a^*$ | Pearson 相关性 | −0.47 | −0.54 | 1.00 | 0.70 | 0.85 |
|  | 显著性(双侧) | 0.00 | 0.00 |  | 0.00 | 0.00 |
| $b^*$ | Pearson 相关性 | −0.80 | −0.80 | 0.70 | 1.00 | 0.64 |
|  | 显著性(双侧) | 0.00 | 0.00 | 0.00 |  | 0.00 |
| $a^*/b^*$ | Pearson 相关性 | −0.56 | −0.56 | 0.85 | 0.64 | 1.00 |
|  | 显著性(双侧) | 0.00 | 0.00 | 0.00 | 0.00 |  |

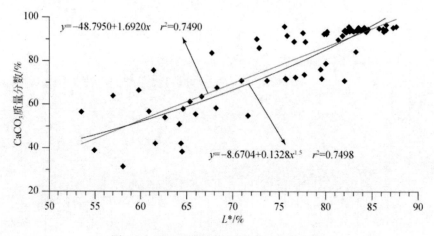

图 7.5　U1313 站 A 孔 $L^*$ 和 CaCO$_3$散点图

CaCO$_3$含量和 $L^*$ 的拟合方程式为

$$y = -48.7950+1.6920x \tag{7.1}$$
$$y = -8.6704+0.1328x^{1.5} \tag{7.2}$$

选择最简单的线性拟合方程式(式 7.1),由已知的本研究剖面 115.48 ~ 69.43m (2420.88 ~ 1460.89ka BP)之间亮度 $L^*$ 的数据计算出 CaCO$_3$含量的数据。直接以 $L^*$ 值来代替 CaCO$_3$含量进行分析应该效果相同。

### (二) $a^*$、$b^*$ 和 $a^*/b^*$ 的环境指示意义

在 $L^* a^* b^*$ 色空间系统中,色度和亮度是两个彼此独立的变量。Giosan 对北大西洋西部沉积物颜色的古环境指示意义作了详细的论述,指出亮度 $L^*$ 主要受碳酸盐含量控制,而色度 $a^*$ 和 $b^*$ 则主要是黏土矿物中铁氧化物和 $Fe^{2+}/Fe^{3+}$值的变化的反映(Giosan et al.,2002)。Jan 等认为在过去的 500ka,北大西洋深海沉积物 $a^*$ 变化主要受控于含铁矿物进入沉积物的

输入速率波动的影响,而冰筏搬运带来的红色含铁矿物陆源物质的变化造成了沉积物的输入速率的变化。$a^*$ 和 IRD 含量之间存在良好的一致性,因此,$a^*$ 的变化可以指示冰期间冰期的变化(Jan et al.,2002)。

$b^*$ 的地质意义研究较少(王昆山等,2006),但 $b^*$ 与 $CaCO_3$ 含量的相关系数为−0.8,显著负相关(表 7.7)。说明 $b^*$ 可以作为 $L^*$ 的辅助来研究 $CaCO_3$ 含量的变化。$a^*/b^*$ 值发生变化,往往指示样品的颜色发生了变化,反映研究样品中某些颜色矿物组成发生了变化。

## 三、U1313 站岩心颜色反射率反映的气候变化

利用式 7.1,计算出本研究剖面 115.48 ~ 69.43m(2420.88 ~ 1460.89ka BP)$CaCO_3$ 含量的数据(图 7.6)。深海沉积物中碳酸盐含量是最重要的地球古气候和古环境的信息来源(汪品先,1998b)。深海 $CaCO_3$ 沉积在第四纪表现出显著的多旋回性。其旋回性主要可以分为两种:第一种被称为太平洋型,其特点是冰期来临,$CaCO_3$ 含量增高,间冰期则相反;第二种被称为是大西洋型,其特点是冰期来临,$CaCO_3$ 含量降低,间冰期则相反。尽管两种 $CaCO_3$ 沉积旋回表现出相反的沉积模式,但它们与古温度的旋回趋势却是一致的,并不矛盾(李铁刚等,1994;李学杰等,2008;葛倩等,2008)。

对 $CaCO_3$ 含量和亮度 $L^*$ 的曲线记录分析效果相同,可以依据 $CaCO_3$ 含量的变化把研究剖面 115.48 ~ 69.43m(2420.88 ~ 1460.89ka BP)分为 26 个沉积旋回(图 7.6)。根据 $CaCO_3$ 含量和亮度 $L^*$ 的曲线记录变化特点,可以分为 A、B、C、D 和 E 几个阶段。

### 1. A 阶段

115.48 ~ 110.6m(2420.88 ~ 2321.18ka BP),长 4.88m,时间跨度 99.7ka,包括 a、b 和 c 共 3 个沉积旋回。$a^*$、$b^*$ 和 $a^*/b^*$ 波动幅度均较小,$a^*$ 的峰值对应于 $CaCO_3$ 含量 $L^*$ 的谷值,指示冰期。$CaCO_3$ 含量从 a 到 c 逐渐降低。对应 3 个冰期的温度逐渐降低,全球冰量逐渐增加。

### 2. B 阶段

110.6 ~ 103.08m(2321.18 ~ 2170.72ka BP),长 7.52m,时间跨度 150.46ka,包括 d、e、f、g 和 h 共 5 个沉积旋回。$a^*$、$b^*$ 和 $a^*/b^*$ 波动幅度均较小,$a^*$ 的峰值与冰期 d、e 和 f 对应较好,与 g 和 h 对应不太明显。$CaCO_3$ 含量的前 3 个谷值较接近,与相邻阶段相比,$CaCO_3$ 含量相对较高,说明冰期的规模不如相邻阶段,全球冰量增加幅度较小。

### 3. C 阶段

103.08 ~ 94.99m(2170.72 ~ 2015.61ka BP),长 8.09m,时间跨度 155.11ka,包括 i、j、k、l 和 m 共 5 个沉积旋回。此阶段 $a^*$、$b^*$ 和 $a^*/b^*$ 波动幅度均较明显,$a^*$ 的峰值与冰期 i、j 和 l 对应较好,与 k 和 m 对应不太明显。$a^*/b^*$ 值存在明显的峰值和谷值,说明样品颜色矿物组成发生了多次变化。$CaCO_3$ 含量的谷值较小,极小值就出现在本阶段 99.13m(2085.96ka BP),正好位于前面已经充分论述过的 A10H5 段 104 ~ 124cm(98.97 ~ 99.17m,2082.63 ~ 2086.79ka BP)出现的明显的冰筏碎屑沉积层(图 6.3)。$CaCO_3$ 含量的极小值与磁化率的极大值以及粒度的数据对应良好。说明冰期的规模要大于相邻阶段,全球冰量增加幅度较大。

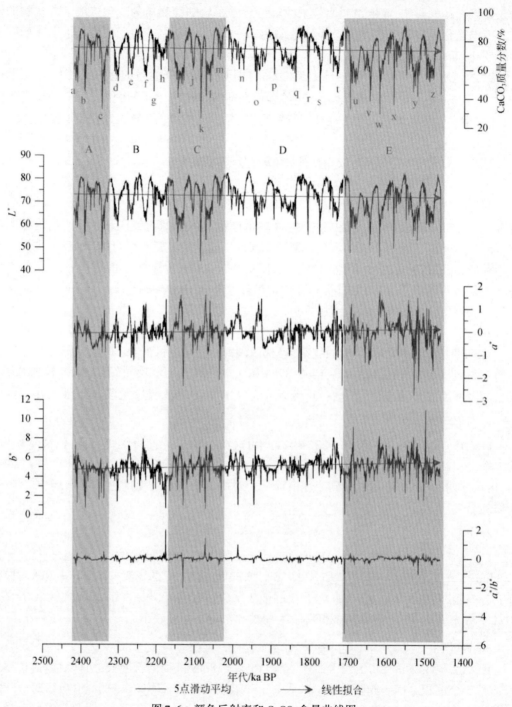

图 7.6　颜色反射率和 CaCO₃ 含量曲线图

### 4. D 阶段

94.99～82.73m(2015.61～1712.15ka BP)，长 12.26m，时间跨度 303.46ka，包括 n、o、p、q、r、s 和 t 共 7 个旋回。$a^*$、$b^*$ 和 $a^*/b^*$ 波动幅度均较小，$a^*$ 的峰值与冰期 n、o、s 和 t 对

应较好,与 p、q 和 r 对应不太明显。CaCO₃ 含量的谷值较大,波动幅度小于相邻阶段。说明冰期的规模较小,全球冰量增加幅度较小。

5. E 阶段

82.73 ~ 69.43m(1712.15 ~ 1460.89ka BP),长 13.3m,时间跨度 251.26ka,包括 u、v、w、x、y 和 z 共 6 个阶段。$a^*$、$b^*$ 和 $a^*/b^*$ 波动幅度均较明显,$a^*$ 的峰值与冰期 u、w、x 和 y 对应较好,与 v 和 z 对应不太明显。$a^*/b^*$ 值存在明显的谷值,说明样品颜色矿物组成发生了较显著的变化。CaCO₃ 含量的谷值较小,波动幅度明显大于 B 阶段和 D 阶段。说明冰期的规模较大,全球冰量增加幅度较大。

# 第三节　U1313 站岩心密度

密度(density)是物质固有的属性,而堆积密度(bulk density)或者称为容重,是和物质颗粒间堆积的疏密有关,堆积得密实堆积密度值就会变大。IODP 306 航次 U1313 站位对钻心采用的一个物理指标是 GRA 堆积密度(gamma ray attenuation bulk density)。GRA 堆积密度可以称为伽马射线衰减堆积密度或伽马射线衰减容重,这个指标是在科考船上等钻心温度达到室温以后使用船载设备多传感器记录仪(multisensor track,MST)直接测量的。本书简称密度。GRA 堆积密度反映了钻心的孔隙度、颗粒密度和钻心扰动变化的综合效应。孔隙度主要受岩性、纹理(如黏土、生物硅、碳酸盐含量和粒度以及排序)、压实、胶结作用的影响。

IODP 306 航次 U1313 站位 A 孔、B 孔、C 孔和 D 孔的密度数据是在考察船上直接测量的,对每段 150cm 的岩心均从顶部 5cm 处测量,底部 145cm 处或 147.5cm 处结束(个别段在 140cm 处结束),均是间隔 2.5cm 取样,缺失 0cm 和 2.5cm 等处的数据,可见,密度和磁化率采样间隔一样,一一对应。本书采用 U1313 站位 A 孔和 D 孔船上数据进行分析。对原始数据按照第三章图 3.1 所示的拼接顺序处理成与研究剖面相同的顺序。本书采用的 1844 个原始数据中缺失 A8H3 段约 60 个数据,缺失其他段 0cm 和 2.5cm 等处的数据约 70 个,共 1714 个有效数据。

本研究剖面 115.47 ~ 69.46m(2420.7 ~ 1461.53ka BP)的密度值为 1.46 ~ 1.87g/cm³,主要分布在 1.66 ~ 1.76g/cm³(表 7.8,图 7.7)。平均值、中值和众数均为 1.7g/cm³(表 7.8)。密度和磁化率的相关系数为 0.11,弱正相关。

表 7.8　密度统计特征

| 参数 | 极小值 /(g/cm³) | 极大值 /(g/cm³) | 全距 /(g/cm³) | 均值 /(g/cm³) | 中值 /(g/cm³) | 众数 /(g/cm³) | 标准差 /(g/cm³) | 方差 | 偏度 | 峰度 |
|---|---|---|---|---|---|---|---|---|---|---|
| 密度 | 1.46 | 1.87 | 0.41 | 1.70 | 1.70 | 1.70 | 0.05 | 0.00 | −0.82 | 1.77 |

密度的曲线记录在 115.47 ~ 69.46m(2420.7 ~ 1461.53ka BP)的整体趋势是减小的(图 7.8)。需要注意的是,密度会随着钻孔深度的增加而加大,因为随着不断向下钻孔,样品可能会被不断压紧,从而使得密度增加。不过,当探讨深度变化不大的某段钻心的众多指标时,不用过分考虑到随着深度的增加,密度会变大这种情况。

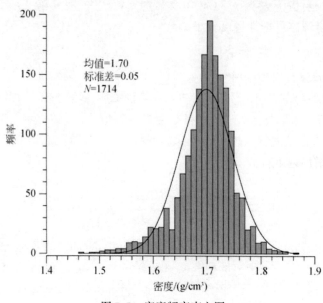

图 7.7 密度频率直方图

根据 U1313 站密度曲线的波动变化情况,整个研究剖面在 115.47～69.46m(2420.7～1461.53ka BP),可以分为 A、B、C、D、E 和 F 共 6 个阶段(图 7.8)。

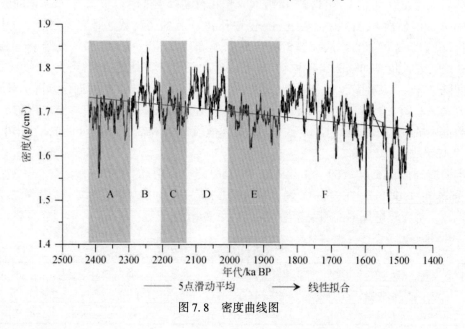

图 7.8 密度曲线图

## 1. A 阶段

115.47～109.41m(2420.7～2293.49ka BP),长 6.06m,时间跨度 127.21ka。处于研究剖面的底部,一般情况下随着不断向下钻孔,样品会被不断压紧,从而使得密度增加。但此阶段密度值却较小,在 113.92m(2390.47ka BP)处,有一明显的谷值。306 航次报告中指出密度和孔隙度反相关(channell et al.,2005)(图7.9)。此阶段孔隙度较大。

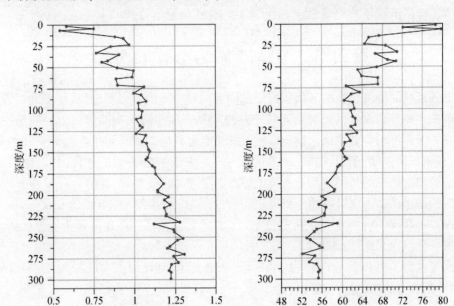

图7.9　密度和孔隙度对比图(引自306航次报告,有改动)

**2. B 阶段**

109. 41~104. 59m(2293. 49~2205. 18ka BP),长4. 82m,时间跨度88. 31ka。此阶段密度值普遍较大,有3个明显的峰值和2个明显的谷值,波动较明显,说明此阶段孔隙度较小。

**3. C 阶段**

104. 59~101. 09m(2205. 18~2126. 79ka BP),长3. 5m,时间跨度78. 39ka。密度值明显小于相邻的B阶段和D阶段,波动不明显,说明孔隙度较大。

**4. D 阶段**

101. 09~94. 54m(2126. 79~2007. 22ka BP),长6. 55m,时间跨度119. 57ka。前面已经充分论述过的明显的冰筏碎屑沉积层(98. 97~99. 17m,2082. 63 ~2086. 79ka BP)(图6.3)出现在本阶段。与B阶段相似,密度值普遍较大,有多个峰值,而谷值较少。说明孔隙度较小。

**5. E 阶段**

94. 54~89. 16m(2007. 22~1850. 12ka BP),长5. 38m,时间跨度157. 1ka。与C阶段相似,密度值明显小于相邻的D阶段和F阶段,波动不明显,说明孔隙度较大。

**6. F 阶段**

89. 16~69. 46m(1850. 12~1461. 53ka BP),长19. 7m,时间跨度388. 59ka。密度值波动剧烈,快速升高又迅速下降,幅度较大,有多个明显的峰值和谷值。说明孔隙度变化明显。

密度值与气候变化之间的关系尚不明确,D阶段出现了冰筏碎屑沉积层,且密度值较大,在大西洋冰筏砾带附近,是否出现冰筏碎屑沉积层密度值就一定较大? 能否用密度值较大指示冰筏碎屑沉积层的出现,从而指示冰期? 这些问题需要进一步探讨。

## 第四节　U1313 站岩心矿物分析

矿物分析是深海沉积物的一项重要研究内容。物质不同的来源地、气候变化过程、当时的不同沉积环境等方面的信息可以通过矿物来判别。深海沉积物通常以细颗粒为主,黏土矿物组成了海洋沉积物的主体。黏土矿物及其组合可以独立或作为主要指标反映气候和环境变化,和碳氧同位素、孢粉、树轮、冰芯等代用指标具有同等重要的地位,并已应用于高分辨率的晚第四纪地层的气候环境研究中(刘志飞等,2004;隆浩等,2007a;孙庆峰等,2011)。海洋沉积的黏土矿物不仅可以用于研究沉积物的来源、搬运和示踪洋流的变化(Petschick et al.,1996;Gingele et al.,2001;Liu et al.,2003),其垂向分布还广泛地解释为物源区陆地同时期的气候变化(Colin et al.,1999)。

本研究挑选了岩心上部 D7H 段、A8H 段、D8H 段和 A9H 段共 20 个样品进行了矿物分析,分析结果表明研究剖面样品主要由石英、钙长石、伊利石等矿物组成(表 7.9,图 7.10)。

**表 7.9　研究剖面顶部主要矿物成分**

| 样品编号 | 深度/m | 深度/m | 年代/ka BP | 矿物名称 |
|---|---|---|---|---|
| D7H6/14-16 | 64.66 | 72.57 | 1524.26 | 石英、钙长石、伊利石等 |
| D7H6/22-24 | 64.74 | 72.65 | 1525.78 | 石英、透长石、钙长石等 |
| D7H6/34-36 | 64.86 | 72.77 | 1528.05 | 石英等 |
| D7H6/42-44 | 64.94 | 72.85 | 1529.57 | 石英、钙长石 |
| D7H6/50-52 | 65.02 | 72.93 | 1531.09 | 石英、钙长石 |
| D7H6/62-64 | 65.14 | 73.05 | 1533.36 | 石英、钠长石、钙长石、白云母 |
| D7H6/70-72 | 65.22 | 73.13 | 1534.88 | 石英、透长石、白云母、高岭石、伊利石、钙长石 |
| D7H6/78-80 | 65.3 | 73.21 | 1536.40 | 石英、白云母、钙十字沸石、钙长石 |
| D7H6/94-96 | 65.46 | 73.37 | 1539.43 | 石英、白云母、钙十字沸石 |
| D7H6/110-112 | 64.7 | 73.53 | 1542.21 | 石英、钙长石、白云母、钠长石 |
| A8H2/108-110 | 64.8 | 73.63 | 1543.91 | 石英、钙长石、钠长石、三斜闪石 |
| A8H2/120-122 | 64.92 | 73.75 | 1545.94 | 石英、钙长石、钠长石、高岭石、钙十字沸石、白云母 |
| A8H5/48-50 | 68.7 | 77.53 | 1604.87 | 石英、白云母 |
| D8H6/52-54 | 74.54 | 82.12 | 1697.15 | 石英、钙长石、钠长石 |
| D8H6/64-66 | 74.66 | 82.24 | 1700.47 | 石英、三斜闪石、白云母 |
| D8H6/108-110 | 75.1 | 82.68 | 1711.09 | 石英、透长石、白云母、钙长石 |
| A9H2/0-2 | 73.22 | 82.65 | 1710.46 | 石英、钙长石、钠长石、伊利石 |
| A9H2/40-42 | 73.62 | 83.05 | 1718.94 | 石英、透长石 |

| 样品编号 | 深度/m | 深度/m | 年代/ka BP | 矿物名称 |
|---|---|---|---|---|
| A9H2/68-70 | 73.9 | 83.33 | 1724.88 | 石英、白云母、钙长石、钠长石、三斜闪石 |
| A9H2/140-142 | 74.62 | 84.05 | 1740.15 | 石英、三斜闪石、钙长石 |

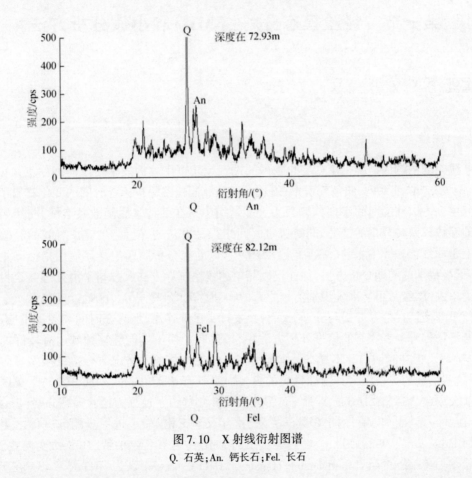

图7.10　X射线衍射图谱

Q.石英；An.钙长石；Fel.长石

　　石英是深海沉积物中的常量矿物,含量有时较高,达到25%以上,一般以细砂粒级颗粒为主,主要是风力和海流带入大洋的陆源物质。

　　本研究区内的石英含量很高,并且U1313站正好位于盛行西风环流带和冰漂砾带的范围之内,石英应该是通过风力和洋流两种水动力从陆地被搬运而来,其中,细颗粒应该是被西风搬运,其来源地可能位于相同纬度带的任何地方,粗颗粒可能是来源于北美大陆东北部或者格陵兰岛,在冰川作用下被侵蚀破碎后被洋流搬运至此。深海沉积物中长石的含量较少,通常不足10%,推测本研究剖面的长石应该和石英经过相似的途径从陆地进入大洋。

　　由于经费、时间和经验等方面的制约,本书矿物分析研究得很不深入,是进一步深入研究的方向之一。

# 第八章　古气候变化的多时间尺度分析

## 第一节　经验模态分解(EMD)和小波分析方法

### 一、经验模态分解(EMD)方法

#### (一)原理

按照时间的顺序把随机事件变化发展的过程记录下来就构成了一个时间序列。IODPU 1313 站位钻心粒度系列、颜色反射率、磁化率和碳氧同位素等指标随时间的变化都属于典型的时间序列。以往的时间序列分解方法大多是把序列在某种基底函数系上展开,然后分析展开的系数以及各分量的特征,同时假定时间序列是平稳的,但是,足够长时间的经验资料本质上是非线性和非平稳的(郑祖光等,2010)。以前在分析第四纪样品代用指标测量数据时,不重视科学的周期分析方法,往往仅以简单的概率统计方法或数据平滑处理甚至目视方法做简单判读,经常不能准确识别信号原有的物理意义(俞鸣同等,2009)。

傅里叶变换在信号分析与处理方面曾经发挥了重要作用,但它在时间和频率不能定位,只适合平稳信号。在现有的信号处理方法中,傅里叶变换虽然能够在频域内有较好的表现(高分辨率),但在时域内却不具有分辨能力。小波变换在通常情况下会造成很多虚假的谐波,对这些谐波的分析因为其物理意义的丧失而不具有意义(Farge et al.,1992)。美国国家航空航天局(NASA)的 Huang N. E. (黄锷)等 1998 年提出了被称为经验模态分解(Empirical Mode Decomposition,EMD)的工程数学方法,次年又对 EMD 做了进一步的改进使之更趋于完善(Huang et al.,1998,1999)。黄锷等提出的 EMD 方法和希尔伯特(Hilber)变换被 NASA 称为希尔伯特-黄变换(Hilbert-Huang Transform,HHT)。NASA 认为 HHT 是 NASA 在应用数学研究历史上最重要的发明和重大突破(钱振华等,2005)。

EMD 方法的实质是对原始信号进行平稳化处理,将这个信号中一级级分解,产生一系列具有不同特征尺度的数据序列,每一个序列均被称为一个本征模函数(instrinsic mode function,IMF)分量,最低频率的本征模函数分量一般情况下代表原始信号的趋势或者平均值。经 EMD 分解得到的各 IMF 分量都是平稳的(Huang et al.,1998)。测试结果表明,EMD 方法是目前提取数据序列的趋势或者平均值的最好方法(邓拥军等,2001)。

#### (二)具体步骤

EMD 方法也可称为对数据的平稳化过程,其过程非常简单,其核心思想是:假设有一个原始数据序列 $X(t)$ 的极大值或极小值数目比上跨零点(或下跨零点)的数目多 2 个(或 2 个以上),则该数据序列就需要进行平稳化处理。具体处理方法是:找出 $X(t)$ 所有的极大值点并将其用三次样条函数拟合成原数据序列的上包络线;找出所有的极小值点并将其用三次样条函数拟合成原数据序列的下包络线;上下包络线的均值为原数据序列的平均包络线 $m_1(t)$;将原数据序列 $X(t)$ 减去该平均包络后即可得到一个去掉低频的新数据序列 $h_1(t)$:

$$X(t) - m_1(t) = h_1(t) \tag{8.1}$$

通常情况下,如果 $h_1(t)$ 仍然不是一个平稳的数据序列,为了得到平稳的数据序列,需要对它重复上述的处理过程。重复进行上述同样的处理过程 $k$ 次,一直到所得到的平均包络趋于零为止,这样就得到了第 1 个 IMF 分量 $C_1(t)$:

$$h_{1(k-1)}(t) - m_{1k}(t) = h_{1k}(t)$$
$$C_1(t) = h_{1k}(t) \tag{8.2}$$

第一个 IMF 分量代表原始数据序列中频率最高的组成成分,同时保留了原始数据序列中最高频信号的物理特征。将原始数据序列 $X(t)$ 减去第一个 IMF 分量 $C_1(t)$,可以得到一个去掉高频组分的差值数据序列 $r_1(t)$。对 $r_1(t)$ 进行上述平稳化处理过程可以得到第 2 个 IMF 分量 $C_2(t)$,如此重复下去直到最后一个差值序列 $r_n(t)$ 不可再被分解为止,此时 $r_n(t)$ 代表原始数据序列的均值或趋势:

$$r_1(t) - C_2(t) = r_2(t), \cdots, r_{n-1}(t) - C_n(t) = r_n(t) \tag{8.3}$$

黄锷将这样的处理过程形象地比喻为"筛"的过程。最后,一个原始的数据序列就可以利用上述过程筛选出来的多个 IMF 分量以及一个均值或者称为趋势项表示:

$$X(t) = \sum_{j=1}^{n} C_j(t) + r_n(t) \tag{8.4}$$

通过上述过程筛选得到的每一个 IMF 分量都是一个新的数据序列,可以代表一组特征尺度,因此上述的筛选过程实际上就是对原始的数据序列进行分解,分解成为多个具有各种不同特征波动的叠加。需要明确的是,上述过程得到的每一个 IMF 分量不一定非要是线性的,也可以是非线性的。通过上述过程得到的 IMF 分量非常适合作 Hilbert 变换,进而求出瞬时频率,得到 HHT 谱。Hilbert 变换是一种线性变换,如果输入信号是平稳的,那么输出信号也应该是平稳的;Hilbert 变换强调局部属性,这避免了 Fourier 变换时为拟合原序列而产生的许多多余的、事实上并不存在的高、低频成分。无论是各种数字滤波器的设计,小波变换方法,还是 EMD 方法,都存在边界问题的处理。因此,本书采用镜像对称延伸方法解决这一问题,能较好地解决边界对于 EMD 分解过程中的上冲和下冲污染(赵进平等,2001;杨周等,2011)。

## 二、小波分析方法

小波变换的概念是由法国工程师 J. Morlet 在 1974 年首先提出的,但当时并未得到数学家们的认可,1986 年 Y. Meyer 等人的深入研究促进了小波分析的蓬勃发展(董长虹,2004)。目前小波分析已经在信号处理、图像压缩、语音编码、模式识别、地震勘探、大气科学以及许多非线性科学领域取得了大量的研究成果。

小波分析是目前分析时间序列的有效工具,可以获取时间序列的时间-频率特征。小波分析是一种时间窗和频率窗都可以改变的时频局域化分析方法,在低频部分,其时间分辨率较低但频率分辨率较高,在高频部分则相反,所以小波分析被称为数学显微镜(徐克红等,2007)。小波分析解决了 Fourier 变换不能解决的许多困难问题,是调和分析史上里程碑式的发展。

选择小波函数是进行小波分析的关键步骤,目前广泛使用的小波函数有 Haar、Mexican hat 和 Morlet 等等。小波函数的选择在小波分析应用中是一个值得反复研究的热点课题。现在主要是通过前人已有的经验选择小波函数,或者尽量选择与待分析的数据序列形态相似的小波函数(Bradshaw et al.,1994;康玲等,2009)。

气候水文的资料序列中通常包含多种时间尺度的周期变化,并且一般都是连续变化的,因此要认识到选择离散或正交小波变换不太合适(邓自旺等,1997)。

本研究采用 Morlet 小波来分析 U1313 站多指标记录的时间尺度和周期性,它能够很好地对资料序列连续进行时频局部化分析。Morlet 小波在刻画时间序列的细致结构和其对应的小波方差反映主次周期上要优于 Mexican hat 小波(杨梅学等,2003;李海东等,2010),因为其理论成熟而且被普遍使用(Zhang et al,2001;史江峰等,2007;鹿化煜等,2009)。

Morlet 小波表达式为

$$\psi(t) = e^{-t^2/2} e^{ict} \tag{8.5}$$

其中,$c$ 为小波中心频率。

Morlet 小波伸缩尺度 $a$ 与周期 $T$ 有如下的对应关系:

$$T = \left[\frac{4\pi}{c+\sqrt{2+c^2}}\right] \times a \tag{8.6}$$

由于 Matlab 程序中 Morlet 小波的中心频率 $c$ 默认为 5,由式(8.6)可计算出,当取常数 $c=5$ 时,有 $T=1.2325a$。因此,可以用 Morlet 小波对时间序列进行周期分析。其他许多小波函数的伸缩尺度 $a$ 与周期 $T$ 之间并没有上述这种对应关系,不适合进行周期分析(邓自旺等,1997;康玲等,2009)。

将时间域上关于 $a$ 的所有小波系数的平方进行积分,得到小波方差:

$$\text{Var}(a) = \int_{-\infty}^{+\infty} |W_f(a,b)|^2 db \tag{8.7}$$

小波方差随尺度 $a$ 的变化过程显示在图像上便是小波方差图,其反映了信号波动能量随尺度的分布情况,小波方差值越大,其对应时间尺度所代表的周期就越显著。通过小波方差图可确定变化信号中存在的主要时间尺度,即主周期,或者说小波分析的多尺度变化规律可通过小波方差图检验(张代青等,2010)。

## 第二节　颜色反射率和 $CaCO_3$ 含量的多时间尺度分析

### 一、时间序列的选取和数据处理

在第七章已经讨论了研究剖面颜色反射率 $L^*$、$a^*$、$b^*$ 和 $a^*/b^*$ 的特征及其环境指示意义,通过建立亮度 $L^*$ 和 $CaCO_3$ 含量之间的拟合方程式(7.1),由已知的本研究剖面 115.48 ~ 69.43m(2420.88 ~ 1460.89ka BP)亮度 $L^*$ 值计算出了 $CaCO_3$ 含量的数值。由于本章内容和图件均较多,考虑到 $L^*$ 和 $CaCO_3$ 含量的环境指示意义较 $a^*$、$b^*$ 和 $a^*/b^*$ 更加明确,因此,$L^*$ 和 $CaCO_3$ 含量是分析的重点,$a^*$、$b^*$ 和 $a^*/b^*$ 的图件省略,仅利用其结果作辅助分析。

颜色反射率系列 $L^*$、$a^*$、$b^*$、$a^*/b^*$ 以及由 $L^*$ 推算出来的 $CaCO_3$ 含量均是间隔 2cm 采样。探寻气候波动的周期所应用的时间序列当然是间隔越小越好,因此对颜色反射率系列指标 $L^*$、$a^*$、$b^*$、$a^*/b^*$ 和 $CaCO_3$ 含量插值为间隔 1cm。利用 AutoSignal 1.7 软件的样条估计(Spline Estimation)选项的改进的三次样条(Cubic Spline)子项自动生成插值数据。改进的三次样条和三次样条基本一样,但算法上有所改进,利用此算法可以使三次样条插值中常见的摆动最小化,有效地剔除三次样条插值中噪声数据造成的极端的摆动(Akima,1970)。

前面各章使用的年代均以 IODP 306 航次提供的若干个时间控制点内插得到。为了处理成等时间间隔的序列,利用已知的时间控制点和深度 $m$ 作散点图(图 8.1),利用 TableCurve 2D 5.01 软件进行方程式拟合,在众多的拟合方程式中选择简单的线性方程式,$r^2$ 为 0.9978,调整后的 $r^2$ 为 0.9976,均较高。

$$y = -37.91621 + 21.346249x \qquad (8.8)$$

根据式(8.8)可以由已知的深度计算出对应的年代,确保是等深度间隔对应等时间间隔。经计算,颜色反射率系列 $L^*$、$a^*$、$b^*$、$a^*/b^*$ 以及由 $L^*$ 推算出来的 $CaCO_3$ 含量的深度范围为 115.48 ~ 69.43m,对应的年代变为 2427.1486 ~ 1444.1539ka BP,平均每厘米沉积物对应的时间约为 0.213ka,平均时间分辨率约为 0.213ka/cm。

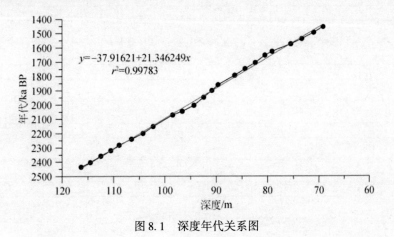

图 8.1 深度年代关系图

## 二、EMD 方法多时间尺度分析结果

利用 Matlab 软件的 EMD 程序,对 $CaCO_3$ 含量、$L^*$、$a^*$、$b^*$ 和 $a^*/b^*$ 进行分解,$L^*$、$CaCO_3$ 含量和 $a^*$ 自动生成 10 个 imf 分量及其数据趋势分量 res,$b^*$ 自动生成 9 个 imf 分量及其数据趋势分量 res,$a^*/b^*$ 自动生成 11 个 imf 分量及其数据趋势分量 res(图 8.2、图 8.3,$a^*$、$b^*$ 和 $a^*/b^*$ 的图件省略,仅利用其结果作辅助分析)。

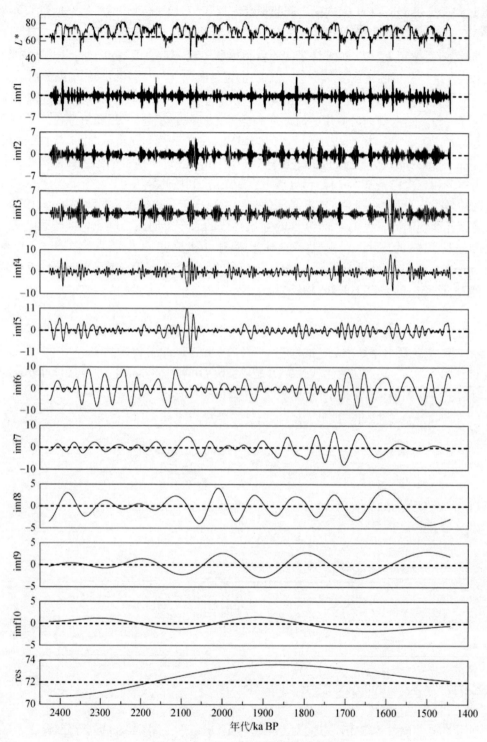

图 8.2 $L^*$ 的 imf 分量和趋势分量图

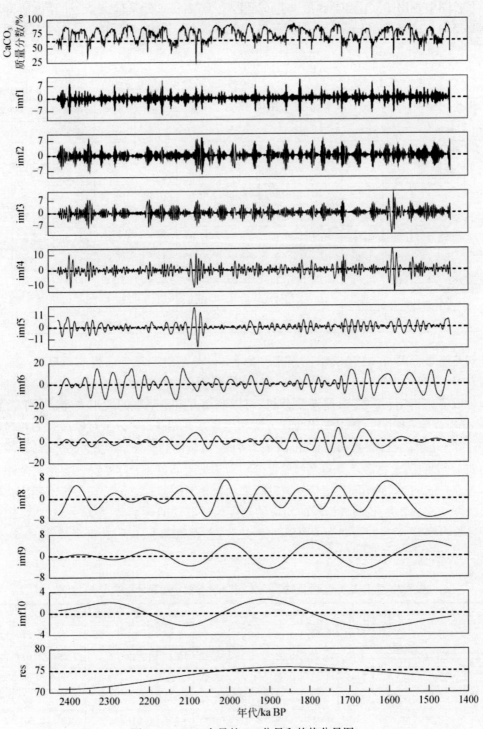

图 8.3　$CaCO_3$ 含量的 imf 分量和趋势分量图

在各图中查出 $L^*$、$CaCO_3$ 含量、$a^*$、$b^*$ 和 $a^*/b^*$ 各 imf 分量的波数,计算出研究剖面 (1444.1539 ~ 2427.1486ka BP)的时间跨度为 982.9947ka,除以波数即为各 imf 分量对应的 周期(表 8.1)。

表 8.1 $CaCO_3$、$L^*$、$a^*$、$b^*$ 和 $a^*/b^*$ 各 imf 分量和趋势分量的波数和周期

| 参数 | | imf1 | imf2 | imf3 | imf4 | imf5 | imf6 | imf7 | imf8 | imf9 | imf10 | imf11 |
|---|---|---|---|---|---|---|---|---|---|---|---|---|
| $CaCO_3$ 含量 | 波数 | 731 | 440 | 273 | 155 | 50.5 | 24.5 | 17 | 9 | 4.5 | 2 | — |
| | 周期/ka | 1.34 | 2.23 | 3.60 | 6.34 | 19.47 | 40.12 | 57.82 | 109.22 | 218.44 | 491.50 | — |
| $L^*$ | 波数 | 731 | 440 | 273 | 155 | 50.5 | 24.5 | 17 | 9 | 4.5 | 2 | — |
| | 周期/ka | 1.34 | 2.23 | 3.60 | 6.34 | 19.47 | 40.12 | 57.82 | 109.22 | 218.44 | 491.50 | — |
| $a^*$ | 波数 | 712 | 356 | 170.5 | 89 | 46 | 26.5 | 14.5 | 5 | 3 | 1.5 | — |
| | 周期/ka | 1.38 | 2.76 | 5.77 | 11.04 | 21.37 | 37.09 | 67.79 | 196.60 | 327.66 | 655.33 | — |
| $b^*$ | 波数 | 665 | 396 | 251 | 135 | 53 | 26.5 | 13.5 | 6.5 | 3 | — | — |
| | 周期/ka | 1.48 | 2.48 | 3.92 | 7.28 | 18.55 | 37.09 | 72.81 | 151.23 | 327.66 | — | — |
| $a^*/b^*$ | 波数 | 261 | 251 | 116 | 137 | 81.5 | 40.5 | 25 | 14.5 | 6.5 | 2.5 | 1 |
| | 周期/ka | 3.77 | 3.92 | 8.47 | 7.18 | 12.06 | 24.27 | 39.32 | 67.79 | 151.23 | 393.20 | 982.99 |

刘莉红等指出,在确定 EMD 分解得到的各 imf 分量对于原始序列的重要性或者说确 定周期时,有两种方法:第一,根据各 imf 分量振幅变化的量级或者说根据各 imf 分量图的 纵坐标数值来确定;第二,参照谐波分析,可以利用方差贡献率的大小来确定(刘莉红等, 2008;郑祖光等,2010)。本书采用两种方法相结合来确定各 imf 分量对原序列的相对重要 性。计算出 $L^*$、$CaCO_3$ 含量、$a^*$、$b^*$ 和 $a^*/b^*$ 各 imf 分量和趋势分量的方差,进一步计算出各 系列 imf 分量的方差占各自方差之和的百分比即为方差贡献率(表 8.2)。方差贡献率可以 揭示各 imf 分量指示的不同尺度信号波动频率和振幅对原数据总体特征的影响程度,某 imf 分量的方差贡献率大,说明其指示的相应的尺度信号波动的频率高、振幅大,对原数据总体 特征影响程度大,对应的周期为主要周期,反之,方差贡献率小,说明其频率低、振幅小,影响 程度小,对应的周期为次要周期。

表 8.2 $CaCO_3$、$L^*$、$a^*$、$b^*$ 和 $a^*/b^*$ 各 imf 分量和趋势分量的方差贡献率

| 参数 | | imf1 | imf2 | imf3 | imf4 | imf5 | imf6 | imf7 | imf8 | imf9 | imf10 | res | 总和 |
|---|---|---|---|---|---|---|---|---|---|---|---|---|---|
| $CaCO_3$ 含量 | 方差 | 3.74 | 4.16 | 4.77 | 8.01 | 14.19 | 43.36 | 20.35 | 13.23 | 8.74 | 3.09 | 2.47 | 126.11 |
| | 贡献率/% | 2.96 | 3.30 | 3.78 | 6.35 | 11.25 | 34.38 | 16.14 | 10.49 | 6.93 | 2.45 | 1.97 | 100.00 |
| $L^*$ | 方差 | 1.31 | 1.45 | 1.67 | 2.80 | 4.96 | 15.15 | 7.11 | 4.62 | 3.05 | 1.08 | 0.86 | 44.06 |
| | 贡献率/% | 2.96 | 3.30 | 3.78 | 6.35 | 11.25 | 34.38 | 16.14 | 10.49 | 6.93 | 2.45 | 1.97 | 100.00 |
| $a^*$ | 方差 | 0.020 | 0.020 | 0.047 | 0.036 | 0.039 | 0.031 | 0.028 | 0.021 | 0.002 | 0.005 | 0.007 | 0.256 |
| | 贡献率/% | 7.70 | 7.78 | 18.46 | 14.18 | 15.25 | 12.21 | 11.13 | 8.11 | 0.67 | 1.96 | 2.57 | 100.00 |
| $b^*$ | 方差 | 0.112 | 0.080 | 0.094 | 0.138 | 0.152 | 0.153 | 0.133 | 0.069 | 0.005 | — | 0.038 | 0.974 |
| | 贡献率/% | 11.54 | 8.21 | 9.70 | 14.17 | 15.58 | 15.71 | 13.67 | 7.05 | 0.51 | — | 3.86 | 100.00 |

续表

| 参数 | | imf1 | imf2 | imf3 | imf4 | imf5 | imf6 | imf7 | imf8 | imf9 | imf10 | res | 总和 |
|------|------|------|------|------|------|------|------|------|------|------|------|------|------|
| $a^*/b^*$ | 方差 | 1.86 | 0.80 | 0.76 | 0.21 | 0.41 | 0.33 | 0.38 | 0.11 | 0.11 | 0.03 | 0.00 | 5 |
| | 贡献率/% | 37.20 | 16.00 | 16.20 | 4.20 | 8.20 | 6.60 | 7.60 | 2.20 | 2.20 | 0.60 | 0.00 | 100.00 |

注:贡献率单位为%;$a^*/b^*$的方差均为乘以100后的值,$a^*/b^*$的分量imf11的方差为0.01,贡献率为0.22。

第七章已经讨论了$CaCO_3$含量、$L^*$、$a^*$、$b^*$和$a^*/b^*$的环境指示意义,亮度$L^*$主要受碳酸盐含量控制,色度$a^*$主要是黏土矿物中铁氧化物和$Fe^{2+}/Fe^{3+}$值的变化的反映,$b^*$的地质意义研究较少,$a^*/b^*$值发生变化,往往指示样品的颜色发生了变化,反映研究样品中某些颜色矿物组成发生了变化。5个指标中,$CaCO_3$含量和亮度$L^*$的环境指示意义最为明确,研究意义最大。经过认真对比,发现$CaCO_3$含量和$L^*$的各imf分量除了范围不同以外,各imf分量的波数、波动的形状以及由波数计算出来的周期完全相同;$CaCO_3$含量和$L^*$的各imf分量的方差虽然不同,但方差贡献率却完全相同(表8.1、表8.2)。因此,$CaCO_3$含量和$L^*$能够相互替代,本书重点分析$CaCO_3$含量各imf分量的意义。

图8.3中每个$CaCO_3$含量imf分量图形表示不同尺度或一个窄波段的$CaCO_3$含量变化特征信号,其物理意义反映该尺度冰期-间冰期波动振幅和周期。计算出各分量的方差贡献率(表8.2)。从表8.1、8.2和图8.3可以看出,1444.15~2427.15ka BP,$CaCO_3$含量的波动存在491.5ka、218.44ka、109.22ka、57.82ka、40.12ka、19.47ka、6.34ka、3.6ka、2.23ka和1.34ka准周期,结合各imf分量纵坐标数值和其方差贡献率可知,40.12ka、57.82ka、19.47ka和109.22ka为主周期。

$CaCO_3$含量的imf6分量的波动频率和振幅的方差贡献率达到34.38%,权重最高,即imf6分量表示的40.12ka尺度的气候振荡是1444.15~2427.15ka BP冰期-间冰期波动的主要周期。40.12ka周期是地轴倾斜角周期,这和公认的第四纪气候波动800ka BP以来以10万年周期为主,800ka BP以前以4万年周期为主的观点相同(Ruddiman et al.,1986;丁仲礼,2006)。Imf5和Imf8分量指示的周期是19.47ka和109.22ka,分别对应岁差和偏心率周期,方差贡献率分别是11.25%和10.49%,相对较弱,imf10分量指示的491.5ka周期可能是400ka的长偏心率周期的反映,其方差贡献率是2.45%,在方差贡献率排行榜中排名最后,说明其反映的周期非常微弱。上述分量指示的周期反映了地球轨道要素变化引起的地球接受太阳辐射量变化对北半球冰期-间冰期波动的影响,验证了米兰科维奇的"轨道假说"。

值得注意的是imf7分量指示的周期是57.82ka,其纵坐标数值较大,方差贡献率为16.14%,仅次于imf6分量的方差贡献率;imf9分量指示的周期是218.44ka,其方差贡献率为6.93%,处于方差贡献率排行榜的第五位。鹿化煜等对这种存在非轨道运动主周期的问题给予了合理的解释,认为对于存在100ka周期的时间序列,其分析结果可能得到200ka(2倍)的周期,而具有40ka和20ka周期的时间序列可能产生60ka的谐振周期(40+20)ka,这主要是周期谐振和时间标尺精度影响的结果(鹿化煜等,2009)。

imf4、imf3、imf2和imf1分量的纵坐标数值相对较小,方差贡献率依次降低,分别为6.35%、3.78%、3.3%和2.96%,对应的周期分别为6.34ka、3.6ka、2.23ka和1.34ka。这些千年尺度的周期不受地球轨道要素变化的控制,被称为"亚轨道"(suborbital)或者"亚米兰科维奇"周期。这种千年尺度上的周期振荡已经开始被许多研究者认可。对格陵兰全新世冰芯化学成分的研究,发现粉尘通量在千年尺度上存在着 2600a 的周期性振荡(O'Brien et al.,1995);Bond 等发现北大西洋全新世深海沉积物记录的气候事件存在 1470±500a 的波动周期(Bond et al.,1997);deMenocal 等发现北非亚热带地区全新世海洋沉积物至少记录了 6 次周期为 1500±500a 的降温事件(deMenocal et al.,2000;deMenocal,2001)。阿拉伯海 74k1 孔的高分辨率古气候记录中发现 1450a 和 1150a 的周期性变化(Sirocko et al.,1996),北美湖泊 4000 年沉积物的气候记录中发现约 1500a 的周期性(Campbell et al.,1998),许靖华认为欧亚大陆的历史气候变化还具有 1200a 的准周期(许靖华,1998)。Ulrich 等认为 1500a 的周期性气候变化至少在末次间冰期就已经存在(Ulrich et al.,2005),Raymo 等研究发现在 1.2 ~ 1.4Ma BP,也存在类似于晚更新世以来 D-O 事件的千年尺度不稳定事件(Raymo et al.,1998),在日本海的沉积记录中显示千年尺度变化可以追溯到 1.5Ma BP(Tada et al.,1999)。

　　$CaCO_3$ 含量的 imf4、imf3、imf2 和 imf1 分量所指示的千年周期虽然并不是主周期,但至少说明在研究剖面的时间段 1444.15 ~ 2427.15ka BP 存在千年周期。并且 $a^*$ 和 $b^*$ 也存在亚轨道的千年尺度周期,$a^*$ 的周期是 1.38ka、2.76ka 和 5.77ka,$b^*$ 的周期是 1.48ka、2.48ka、3.92ka 和 7.28ka(表 8.1)。这些千年周期的检出具有重大的意义,因为除了上述的 Raymo 和 Tada 等少数学者把千年周期追溯到 1.0Ma BP 以前以外,更多学者只是在全新世或近几十万年来找到了千年周期的气候变化,而本书的研究把千年周期气候变化追溯到了 1444.15 ~ 2427.15ka BP。

## 三、小波变换多时间尺度分析结果

　　本书进行小波分析所用的 $CaCO_3$ 含量、$L^*$、$a^*$、$b^*$ 和 $a^*/b^*$ 数据和前面进行 EMD 方法分析的数据完全相同。利用 Matlab 软件的小波工具箱中的一维连续小波分析选项,对 $CaCO_3$ 含量、$L^*$、$a^*$、$b^*$ 和 $a^*/b^*$ 数据进行分解,观察分别取不同时间尺度下的图形情况,重点分析 1 : 2000 和 1 : 100 两种时间尺度条件下所反映的周期情况(彩图 1,$a^*$、$b^*$ 和 $a^*/b^*$ 的连续小波分析图省略,仅利用其结果作辅助分析)。

　　小波变换系数的极值大小和相应的波动振幅之间存在着正比关系,波动能量又和振幅的平方之间存在着正比关系,因此当小波系数的极值越大,相应的能量就越强,所代表的周期就会越显著。基于这个原因,根据小波的变换系数可以找到不同时间尺度下的周期变化特征。但图 8.4 只能从宏观上大概反映出显著周期出现的位置,不能显示出准确的显著周期的具体数值,只适合从宏观整体上进行把握分析,为了进一步得到更加精准的周期,在上述分析结果上又进行了小波方差的计算并绘制了小波方差图来检验小波分析的多尺度变化规律(图 8.4、图 8.6)。

　　图 8.4 显示出 $L^*$ 和 $CaCO_3$ 含量的小波方差图基本相同。在 1 : 2000 时间尺度下,从 $L^*$ 和 $CaCO_3$ 含量的小波方差图中均可以明确判读出存在 396.22ka、94.98ka 和 42.88ka 的显著周期(图 8.4a);在 1 : 100 时间尺度下,从 $L^*$ 和 $CaCO_3$ 含量的小波方差图中可以判读出存在 19.21ka、11.05ka、7.1ka、3.42ka 和 1.58ka 的周期(图 8.4b)。

　　米兰科维奇提出的古气候的天文学理论认为:地球轨道偏心率、倾斜角和岁差三要素的

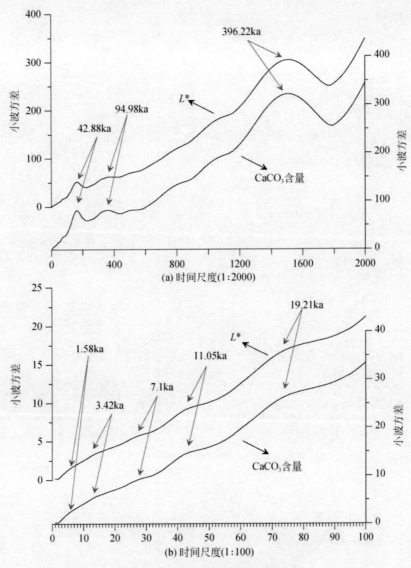

图 8.4　$L^*$ 和 $CaCO_3$ 含量小波方差图

准周期性变化引起了第四纪气候冰期–间冰期的波动,偏心率有 400ka 和 100ka 两个特征周期;倾斜角的特征周期集中在 40ka 附近;岁差的特征周期为 20ka,它又分为 23ka 和 19ka (Milankovitch,1941;Berger,1977;余志伟等,1992)。

$L^*$ 和 $CaCO_3$ 含量的小波方差图中所反映的 396.22ka、94.98ka、42.88ka 和 19.21ka 周期分别与地球轨道参数变化引起的 400ka 的长偏心率周期、100ka 短偏心率周期、41ka 的倾斜角周期和 19ka 的岁差周期对应均较好;11.05ka 周期是半岁差周期,7.1ka、3.42ka 和 1.58ka 周期是千年尺度的亚轨道周期。

$a^*$、$b^*$ 和 $a^*/b^*$ 的小波方差图中也反映出了类似的轨道周期和千年尺度的亚轨道周期 (图 8.5)。$a^*$ 的 97.87ka、37.1ka 和 19.21ka 周期(图 8.5a 和 b),$a^*/b^*$ 的 89.98ka、37.1ka

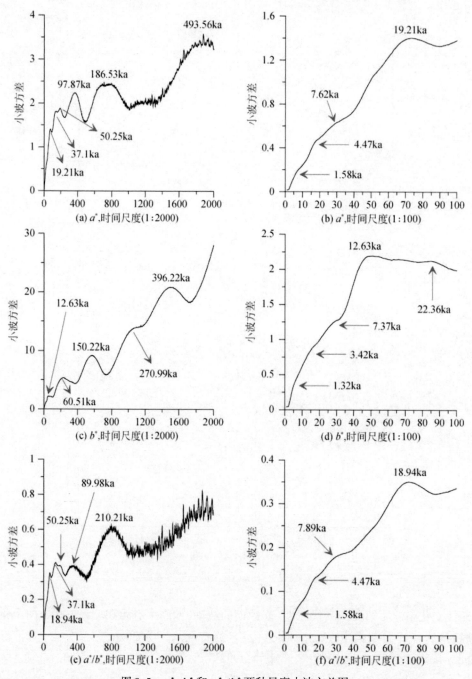

图8.5 $a^*$、$b^*$ 和 $a^*/b^*$ 两种尺度小波方差图

和 18. 94ka(图 8. 5e 和 f),分别对应 100ka 短偏心率周期、41ka 的倾斜角周期和 19ka 的岁差周期,$b^*$ 的 396. 22ka 周期与 $L^*$ 和 $CaCO_3$ 含量的 396. 22ka 正好相同,与 400ka 的长偏心率周期对应较好(图 8. 5c)。$a^*$、$b^*$ 和 $a^*/b^*$ 的千年尺度周期(1. 32ka、1. 58ka、3. 42ka、4. 47ka、7. 37ka、7. 62ka 和 7. 89ka)与 $L^*$ 和 $CaCO_3$ 含量的千年尺度周期(7. 1ka、3. 42ka 和 1. 58ka)基

本相同(图 8.5b、d 和 f)。

$L^*$ 和 $CaCO_3$ 含量的小波分析结果与 EMD 分析结果相对比,发现虽然具体的周期数值有一定幅度的差别,但通过两种方法都找到了 100ka 短偏心率周期、41ka 的倾斜角周期和 19ka 的岁差周期等地球轨道周期,都证实了亚轨道千年周期的存在且均能反映出千年周期并非主要的周期。

两种方法也存在明显的差别。首先,小波方差图(图 8.4a)明确显示出了 400ka 的长偏心率周期的存在,而在 EMD 分析结果中,imf10 分量指示的 491.5ka 周期可能是 400ka 的长偏心率周期的反映,但其方差贡献率较低,在方差贡献率排行榜中排名最后,说明其反映的周期非常微弱;其次,通过 EMD 方法找到了更多的周期,57.82ka、218.44ka 和 2.23ka 的周期在 EMD 分析结果中均有单独的 imf 分量指示它们的存在,而小波方差图中均未能明显反映出这些周期的存在;另外,虽然通过两种方法均找到了亚轨道千年周期的存在,但在 EMD 方法中,几个千年周期均有单独的 imf 分量明确指示出它们的存在,而在小波分析方法中,连续小波分析图模糊不清(彩图 1),不易明确这些周期的存在,小波方差图中反映千年周期存在的峰值过于平坦(图 8.4b),未免让人感到牵强,不如 EMD 方法说服力强。

# 第三节 粒度系列的多时间尺度分析

## 一、粒度系列指标的选取和数据处理

在粒度参数各指标中,选取平均粒径($M_z$)和中值粒径($M_d$)进行多时间尺度分析。

细黏土的含量基本上能代表整个黏土的含量,细粉砂比极细粉砂更能代表整个粉砂的含量。因此,选取细黏土含量(%)和细粉砂含量(%)作为细黏土(<2μm)、粗黏土(2~4μm)和极细粉砂(4~8μm)等 8 个粒度等级分类的代表性指标进行多时间尺度分析。

通过对粒度比值的分析,发现细黏土/细粉砂、黏土/细粉砂、细黏土/>8μm 和黏土/>8μm 等 4 个粒度比值曲线波动幅度很大,比其他粒度比值更加敏感,均能较好地反映粗细颗粒变化情况。因为细黏土的含量比粗黏土更能代表整个黏土的含量,从而代表细颗粒的变化情况,细粉砂比极细粉砂更能代表粗颗粒的变化情况,再考虑到虽然细粉砂是>8μm 颗粒的主体,但>8μm 颗粒毕竟比细粉砂(8~16μm)包含了>16μm 的更粗颗粒的变化情况。因此选择细黏土/细粉砂和细黏土/>8μm 两个粒度比值曲线作为古气候代用曲线,指示粗细颗粒此长彼消的变化情况,进行多时间尺度分析。

利用粒级-标准偏差曲线提取了两组对环境敏感粒度组分:细组分(<1.729μm,组分Ⅰ)和粗组分(>1.729μm,组分Ⅱ),粗细两个环境敏感粒度组分对环境变化的敏感程度基本相同。组分Ⅰ和组分Ⅱ完全正相关,而组分Ⅱ代表粗颗粒的变化情况,作为反映气候冷暖波动的代用曲线更加合适。组分Ⅰ/组分Ⅱ同时考虑了细颗粒和粗颗粒的变化情况,比值变小,说明细颗粒含量增加而粗颗粒含量减少,气候温暖,比值变大,说明细颗粒含量减少而粗颗粒含量增加,气候寒冷。它们作为反映古气候的冷暖波动情况的代用曲线,波动的幅度更大,被认为是更敏感的指标。因此,在对环境敏感粒度组分中选择组分Ⅱ和组分Ⅰ/组分Ⅱ

进行多时间尺度分析。

　　粒度系列指标均是在剖面上段 69.93 ~ 80.24m 连续取样,下段 80.24 ~ 115.18m 间隔 2cm 取样,样品长度均为 2cm。对粒度系列上段连续取样的部分不再插值,利用 AutoSignal 1.7 软件对下段 80.24 ~ 115.18m 插值(方法见 8.2 节),处理成和上段一样,连续取样,样品长度为 2cm。

　　根据式(8.8)可以由已知的深度计算出对应的年代,确保是等深度间隔对应等时间间隔。经计算,粒度系列指标的深度范围为 115.19 ~ 69.93m,对应的年代变为 2420.958 ~ 1454.827ka BP,平均每 2cm 沉积物对应的时间约为 0.426ka,平均时间分辨率约为 0.426ka/2cm。

## 二、EMD 方法多时间尺度分析结果

　　利用 Matlab 软件的 EMD 程序,对平均粒径($M_z$)、中值粒径($M_d$)、细黏土(%)、细粉砂 (%)、细黏土/细粉砂、细黏土/>8μm、组分 II 和组分 I/组分 II 进行分解,细黏土(%)、细黏土/>8μm、组分 II 和组分 I/组分 II 自动生成 9 个 imf 分量及其数据趋势分量 res,平均粒径 ($M_z$)和细粉砂(%)自动生成 10 个 imf 分量及其数据趋势分量 res,中值粒径($M_d$)自动生成 11 个 imf 分量及其数据趋势分量 res,细黏土/细粉砂自动生成 8 个 imf 分量及其数据趋势分量 res(图 8.6 ~ 图 8.14)。

　　在各图中查出平均粒径($M_z$)、中值粒径($M_d$)、细黏土(%)、细粉砂(%)、细黏土/细粉砂、细黏土/>8μm、组分 II 和组分 I/组分 II 各 imf 分量的波数,计算出研究剖面 (1454.827 ~ 2420.958ka BP)的时间跨度为 966.131ka,除以波数即为各 imf 分量对应的周期(表 8.3)。

　　计算出平均粒径($M_z$)、中值粒径($M_d$)、细黏土(%)、细粉砂(%)、细黏土/细粉砂、细黏土/>8μm、组分 II 和组分 I/组分 II 各 imf 分量的方差,进一步计算出各 imf 分量的方差占各系列方差之和的百分比即为方差贡献率(表 8.4)。

**表 8.3　粒度系列各 imf 分量和趋势分量的波数和周期**

| 参数 | | imf1 | imf2 | imf3 | imf4 | imf5 | imf6 | imf7 | imf8 | imf9 | imf10 | imf11 |
|---|---|---|---|---|---|---|---|---|---|---|---|---|
| 平均粒径 | 波数 | 426 | 226 | 126 | 75 | 49 | 24 | 16 | 9 | 3 | 1 | — |
| | 周期/ka | 2.27 | 4.27 | 7.67 | 12.88 | 19.72 | 40.26 | 60.38 | 107.35 | 322.04 | 966.13 | — |
| 中值粒径 | 波数 | 335 | 291 | 167 | 130.5 | 91 | 41 | 23.5 | 9.5 | 7.5 | 3.5 | 2 |
| | 周期/ka | 2.88 | 3.32 | 5.79 | 7.40 | 10.62 | 23.56 | 41.11 | 101.70 | 138.02 | 276.04 | 483.07 |
| 细黏土 | 波数 | 486 | 291 | 151 | 78 | 42 | 21.5 | 9 | 3.5 | 1.5 | — | — |
| | 周期/ka | 1.99 | 3.32 | 6.40 | 12.39 | 23.00 | 44.94 | 107.35 | 276.04 | 644.09 | — | — |
| 细粉砂 | 波数 | 443 | 265 | 156 | 85 | 49.5 | 24 | 15.5 | 9 | 5 | 2 | — |
| | 周期/ka | 2.18 | 3.65 | 6.19 | 11.37 | 19.52 | 40.26 | 62.33 | 107.35 | 193.23 | 483.07 | — |

续表

| 参数 | | imf1 | imf2 | imf3 | imf4 | imf5 | imf6 | imf7 | imf8 | imf9 | imf10 | imf11 |
|---|---|---|---|---|---|---|---|---|---|---|---|---|
| 细黏土/细粉砂 | 波数 | 463 | 213 | 94 | 42 | 22 | 9 | 5 | 1.5 | — | — | — |
| | 周期/ka | 2.09 | 4.54 | 10.28 | 23.00 | 43.92 | 107.35 | 193.23 | 644.09 | — | — | — |
| 细黏土/>8μm | 波数 | 462 | 226 | 106 | 51 | 24 | 13 | 6 | 3 | 1.5 | — | — |
| | 周期/ka | 2.09 | 4.27 | 9.11 | 18.94 | 40.26 | 74.32 | 161.02 | 322.04 | 644.09 | — | — |
| 组分Ⅱ | 波数 | 456 | 228 | 119 | 53 | 31 | 13 | 7.5 | 3 | 1.5 | — | — |
| | 周期/ka | 2.12 | 4.24 | 8.12 | 18.23 | 31.17 | 74.32 | 128.82 | 322.04 | 644.09 | — | — |
| 组分Ⅰ/组分Ⅱ | 波数 | 449 | 226 | 122 | 53 | 31 | 13.5 | 7 | 4 | 1.5 | — | — |
| | 周期/ka | 2.15 | 4.27 | 7.92 | 18.23 | 31.17 | 71.57 | 138.02 | 241.53 | 644.09 | — | — |

**表 8.4 粒度系列各 imf 分量和趋势分量的方差贡献率**

| 参数 | | imf1 | imf2 | imf3 | imf4 | imf5 | imf6 | imf7 | imf8 | imf9 | imf10 | res | 总和 |
|---|---|---|---|---|---|---|---|---|---|---|---|---|---|
| 平均粒径 | 方差 | 0.28 | 0.37 | 0.64 | 0.19 | 0.32 | 0.18 | 0.24 | 0.22 | 0.11 | 0.03 | 0.00 | 2.59 |
| | 贡献率/% | 11.01 | 14.35 | 24.66 | 7.49 | 12.39 | 6.83 | 9.39 | 8.56 | 4.10 | 1.15 | 0.07 | 100 |
| 中值粒径 | 方差 | 0.20 | 0.13 | 0.10 | 0.03 | 0.20 | 0.19 | 0.28 | 0.22 | 0.11 | 0.03 | 0.01 | 1.51 |
| | 贡献率/% | 13.17 | 8.46 | 6.60 | 2.06 | 13.05 | 12.56 | 18.68 | 14.24 | 7.52 | 1.66 | 0.52 | 100 |
| 细黏土 | 方差 | 10.02 | 4.94 | 7.34 | 8.76 | 12.74 | 7.69 | 15.33 | 1.47 | 4.48 | — | 0.73 | 73.50 |
| | 贡献率/% | 13.63 | 6.72 | 9.99 | 11.91 | 17.33 | 10.46 | 20.86 | 2.01 | 6.10 | — | 0.99 | 100 |
| 细粉砂 | 方差 | 2.55 | 1.66 | 2.00 | 1.29 | 2.94 | 3.49 | 4.43 | 1.83 | 0.96 | 0.68 | 0.31 | 22.14 |
| | 贡献率/% | 11.50 | 7.49 | 9.05 | 5.83 | 13.30 | 15.77 | 20.03 | 8.26 | 4.32 | 3.07 | 1.39 | 100 |
| 细黏土/细粉砂 | 方差 | 10.36 | 6.93 | 6.10 | 8.70 | 9.30 | 14.80 | 0.66 | 8.15 | — | — | 0.09 | 65.09 |
| | 贡献率/% | 15.91 | 10.65 | 9.38 | 13.37 | 14.29 | 22.73 | 1.01 | 12.52 | — | — | 0.14 | 100 |
| 细黏土/>8μm | 方差 | 10.05 | 6.55 | 5.28 | 8.96 | 7.33 | 9.09 | 7.37 | 3.06 | 6.74 | — | 0.75 | 65.20 |
| | 贡献率/% | 15.42 | 10.05 | 8.10 | 13.74 | 11.25 | 13.95 | 11.30 | 4.69 | 10.34 | — | 1.16 | 100 |
| 组分Ⅱ | 方差 | 10.28 | 5.95 | 7.44 | 7.92 | 8.43 | 9.87 | 3.27 | 1.33 | 4.91 | — | 0.63 | 60.03 |
| | 贡献率/% | 17.12 | 9.91 | 12.39 | 13.20 | 14.04 | 16.44 | 5.45 | 2.21 | 8.18 | — | 1.05 | 100 |
| 组分Ⅰ/组分Ⅱ | 方差 | 2.74 | 1.51 | 1.80 | 2.56 | 2.15 | 3.17 | 1.24 | 0.60 | 1.90 | — | 0.55 | 18.23 |
| | 贡献率/% | 15.05 | 8.31 | 9.89 | 14.06 | 11.77 | 17.41 | 6.83 | 3.28 | 10.40 | — | 2.99 | 100 |

注:组分Ⅰ/组分Ⅱ的方差均为乘以100后的值。中值粒径方差为0.02,贡献率为1.5%。

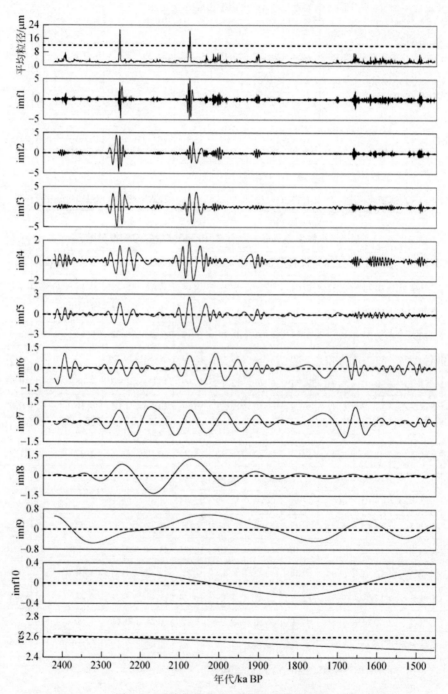

图 8.6　平均粒径的 imf 分量和趋势分量图

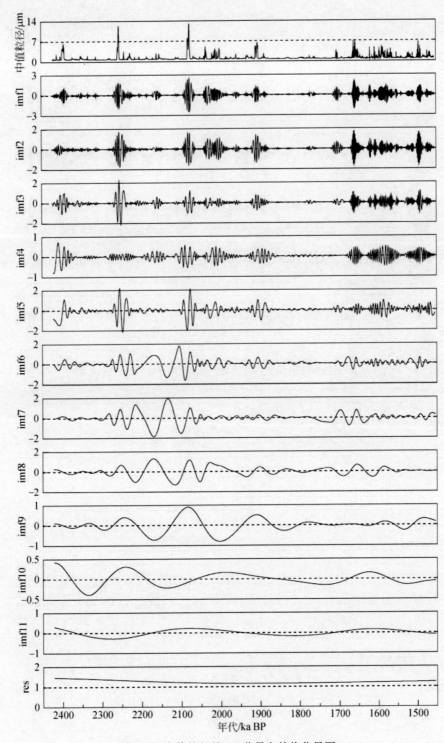

图 8.7　中值粒径的 imf 分量和趋势分量图

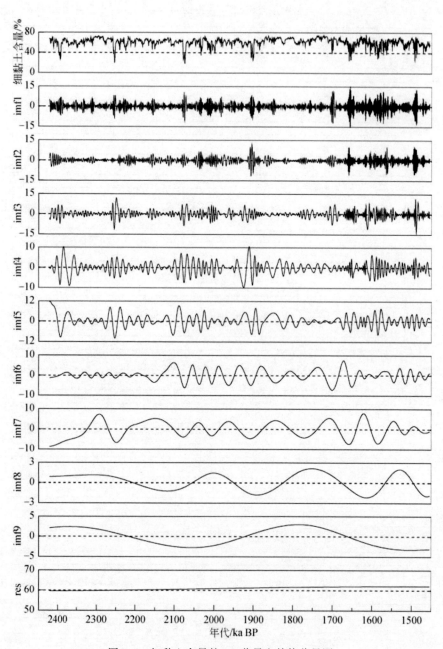

图 8.8 细黏土含量的 imf 分量和趋势分量图

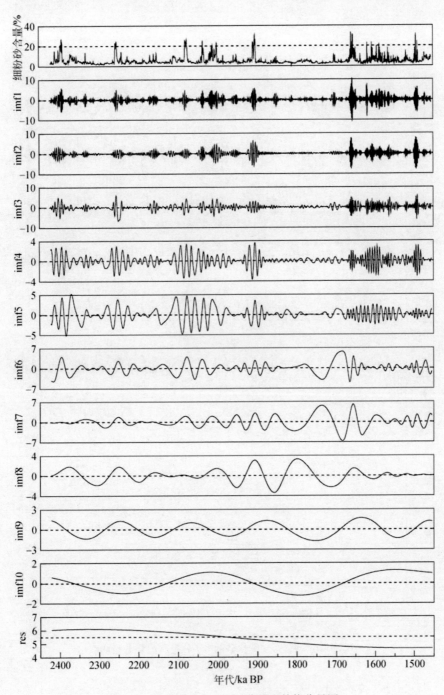

图 8.9　细粉砂含量的 imf 分量和趋势分量图

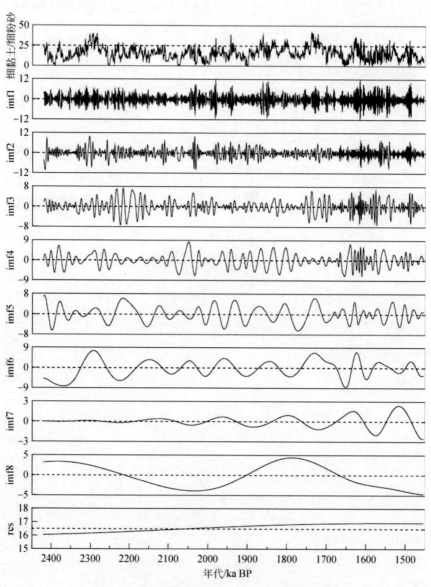

图 8.10  细黏土/细粉砂的 imf 分量和趋势分量图

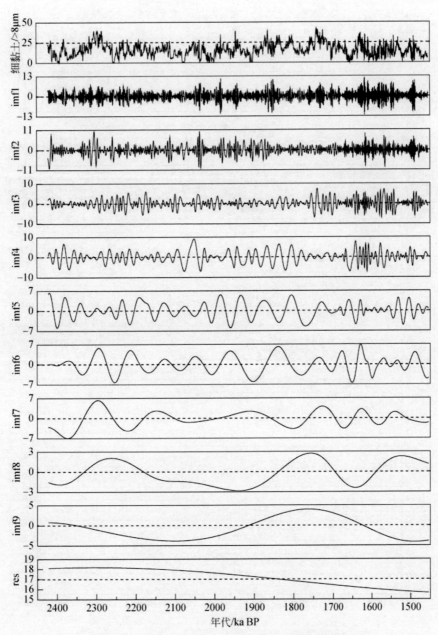

图 8.11　细黏土/>8μm 的 imf 分量和趋势分量图

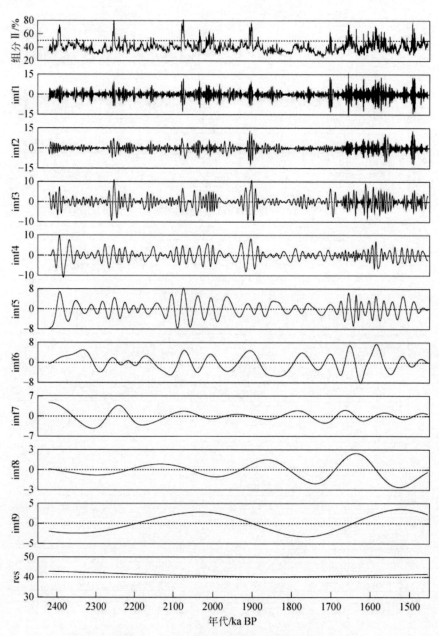

图 8.12　组分 Ⅱ 的 imf 分量和趋势分量图

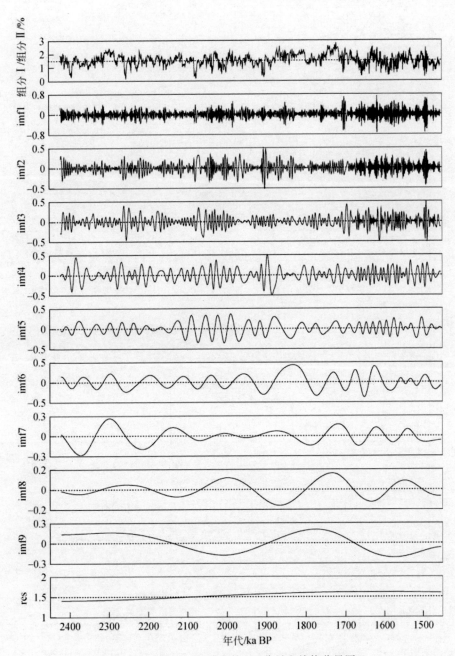

图 8.13 组分Ⅰ/组分Ⅱ的 imf 分量和趋势分量图

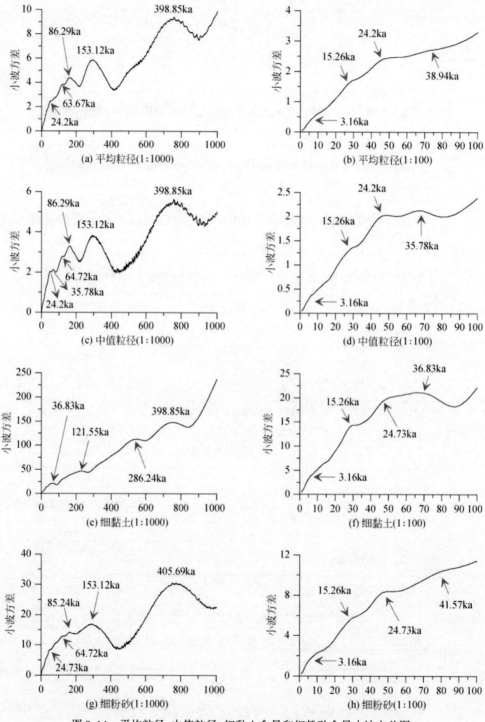

图 8.14　平均粒径、中值粒径、细黏土含量和细粉砂含量小波方差图

## (一)平均粒径的多尺度分析

图 8.6 中每个平均粒径 imf 分量图形表示不同尺度或一个窄波段的平均粒径变化特征信号,计算出方差贡献率(表 8.4)。从表 8.3、表 8.4 和图 8.6 可以看出,1454.827 ~ 2420.958ka BP,平均粒径的波动存在 322.04ka、107.35ka、60.38ka、40.26ka、19.72ka、12.88ka、7.67ka、4.27ka 和 2.27ka 准周期,其中以 7.67ka、4.27ka、19.72ka 和 2.27ka 为主周期。

平均粒径的 imf3 分量的波动频率和振幅的方差贡献率达到 24.66%,权重最高,即 imf3 分量表示的 7.67ka 尺度的气候振荡是 1454.827 ~ 2420.958ka BP 平均粒径波动的主要周期。平均粒径各 imf 分量中方差贡献率处于第二、三和四位的依次是 imf2、imf5 和 imf1,方差贡献率分别是 14.35%、12.39% 和 11.01%,指示的周期分别是 4.27ka、19.72ka 和 2.27ka。

在平均粒径的各个 imf 分量中,imf5 分量指示的周期是 19.72ka,对应岁差周期,其方差贡献率是 12.39%,占第三位;imf8 分量指示的周期是 107.35ka,对应偏心率周期,其方差贡献率是 8.56%,占第六位;imf6 分量指示的周期是 40.26ka,对应倾斜角周期,其方差贡献率是 6.83%,占第八位;imf4 分量指示的周期是 12.88ka,对应半岁差周期,其方差贡献率是 7.49,占第七位。

可见,在平均粒径各 imf 分量对应的周期中,地球轨道三要素的周期并不是主要的周期。千年尺度的"亚轨道"或者"亚米兰科维奇"周期,7.67ka、4.27ka 和 2.27ka 为主周期。

## (二)中值粒径的多尺度分析

中值粒径各 imf 分量的方差贡献率从大到小依次是 18.68%(imf7)、14.24%(imf8)、13.17%(imf1)、13.05%(imf5)、12.56%(imf6)、8.46%(imf2)、7.52%(imf9)、6.6%(imf3)、2.06%(imf4)和 1.66%(imf10),说明在 1454.827 ~ 2420.958ka BP,中值粒径的波动存在的周期依次是 41.11ka、101.7ka、2.88ka、10.62ka、23.56ka、3.32ka、138.02ka、5.79ka、7.4ka 和 276.04ka,其中以 41.11ka、101.7ka、2.88ka、10.62ka 和 23.56ka 为主周期(表 8.3、表 8.4,图 8.7)。

中值粒径 41.11ka 的周期对应的是倾斜角周期,101.7ka 的周期对应的是偏心率周期,10.62ka 周期对应半岁差周期,23.56ka 对应岁差周期。可见,在中值粒径各 imf 分量对应的周期中,地球轨道三要素的周期是主要的周期。千年尺度的"亚轨道"周期 2.88ka、3.32ka、5.79ka 和 7.4ka 分别处于第三、六、八和九位,为次周期。

## (三)细黏土的多尺度分析

细黏土各 imf 分量的方差贡献率从大到小依次是 20.86%(imf7)、17.33%(imf5)、13.63%(imf1)、11.91%(imf4)、10.46%(imf6)、9.99%(imf3)、6.72%(imf2)、6.1%(imf9)和 2.01%(imf8),对应的周期依次是 107.35ka、23ka、1.99ka、12.39ka、44.94ka、6.4ka、3.32ka、644.09ka 和 276.04ka,其中以 107.35ka、23ka、1.99ka、12.39ka 和 44.94ka 为主周期(表 8.3、表 8.4,图 8.8)。

细黏土 107.35ka 的周期对应的是偏心率周期,23ka 周期对应的是岁差周期,1.99ka 周期对应的是亚轨道的千年周期,12.39ka 对应的是半岁差周期,44.94ka 对应的是倾斜角周期。说明在 1454.827~2420.958ka BP,细黏土的波动存在的周期是以 100ka 和 23ka 周期为主的,这和公认的第四纪气候波动 800ka BP 以来以 100ka 周期为主,800ka BP 以前以 40ka 周期为主的观点并不吻合。但在细黏土各 imf 分量对应的周期中,地球轨道三要素的周期依然是主要的周期。千年尺度的"亚轨道"周期 1.99ka、6.4ka 和 3.32ka 分别处于第三、六和七位,为次要周期。

### (四)细粉砂的多尺度分析

细粉砂各 imf 分量的方差贡献率从大到小依次是 20.03%(imf7)、15.77%(imf6)、13.3%(imf5)、11.5%(imf1)、9.05%(imf3)、8.26%(imf8)、7.49%(imf2)、5.83%(imf4)、4.32%(imf9)和 3.07%(imf10),对应的周期依次是 62.33ka、40.26ka、19.52ka、2.18ka、6.19ka、107.35ka、3.65ka、11.37ka、193.23ka 和 483.07ka,其中以 62.33ka、40.26ka、19.52ka 和 2.18ka 为主周期(表8.3、表8.4,图8.9)。

细粉砂 62.33ka 和 40.26ka 的周期对应的是倾斜角周期,62.33ka 与倾斜角 400ka 周期的差值较大,也可能对应的是别的周期;19.52ka 对应的是岁差周期,107.35ka 对应的是偏心率周期。在细粉砂各 imf 分量对应的周期中,地球轨道三要素的周期依然是主要的周期,2.18ka、6.19ka 和 3.65ka 对应的是亚轨道千年周期,分别占第四、第五和第七位,是次要周期。

### (五)细黏土/细粉砂的多尺度分析

细黏土/细粉砂自动生成了 8 个 imf 分量及其数据趋势分量 res,各 imf 分量的方差贡献率从大到小依次是 22.73%(imf6)、15.91%(imf1)、14.29%(imf5)、13.37%(imf4)、12.52%(imf8)、10.65%(imf2)、9.38%(imf3)和 1.01%(imf7),对应的周期依次是 107.35ka、2.09ka、43.92ka、23ka、644.09ka、4.54ka、10.28ka 和 193.23ka,其中以 107.35ka、2.09ka、43.92ka 和 23ka 为主周期(表8.3、表8.4,图8.10)。

细黏土/细粉砂 107.35ka 周期对应的是偏心率周期,43.92ka 和 23ka 周期分别对应的是倾斜角周期和岁差周期。说明在 1454.827~2420.958ka BP,细黏土/细粉砂的波动存在的周期是以 100ka 周期为主的,这和公认的第四纪气候波动 800ka BP 以来以 100ka 周期为主,800ka BP 以前以 40ka 周期为主的观点并不吻合。在细黏土/细粉砂各 imf 分量对应的周期中,地球轨道三要素的周期依然是主要的周期,2.09ka 对应的是亚轨道千年周期,占第二位,也是主要周期之一,4.54ka 对应的亚轨道千年周期,占第六位,是次要周期。

### (六)细黏土/>8μm 值的多尺度分析

细黏土/>8μm 值各 imf 分量的方差贡献率均较小,从大到小依次是 15.42%(imf1)、13.95%(imf6)、13.74%(imf4)、11.3%(imf7)、11.25%(imf5)、10.34%(imf9)、10.05%(imf2)、8.1%(imf3)和 4.69%(imf8),对应的周期依次是 2.09ka、74.32ka、18.94ka、161.02ka、40.26ka、644.09ka、4.27ka、9.11ka 和 322.04ka,其中以 2.09ka、74.32ka、18.94ka、161.02ka 和 40.26ka 为主周期(表8.3、表8.4,图8.11)。

细黏土/>8μm 值 2.09ka 周期对应的是亚轨道千年周期,说明在 1454.827～2420.958ka BP,细黏土/>8μm 值的波动存在的周期是以千年周期为主的。细黏土/>8μm 值 18.94ka 和 40.26ka 周期分别对应的是岁差和倾斜角周期,偏心率周期没有体现出来。说明在细黏土/>8μm 值各 imf 分量对应的周期中,地球轨道三要素的周期不是主要的周期,2.09ka 的亚轨道千年周期是主要的周期。

### (七)对环境敏感粒度组分Ⅱ的多尺度分析

对环境敏感粒度组分Ⅱ各 imf 分量的方差贡献率均较小,都在 20% 以下,从大到小依次是 17.12%(imf1)、16.44%(imf6)、14.04%(imf5)、13.2%(imf4)、12.39%(imf3)、9.91%(imf2)、8.18%(imf9)、5.45%(imf7)和 2.21%(imf8),对应的周期依次是 2.12ka、74.32ka、31.17ka、18.23ka、8.12ka、4.24ka、644.09ka、128.82ka 和 322.04ka,其中以 2.12ka、74.32ka、31.17ka、18.23ka 和 8.12ka 为主周期(表 8.3、表 8.4、图 8.12)。

环境敏感粒度组分Ⅱ和细黏土/>8μm 值的第一个周期基本相同,2.12ka 对应的是亚轨道千年周期,说明在 1454.827～2420.958ka BP,环境敏感粒度组分Ⅱ的波动存在的周期是以千年周期为主的。环境敏感粒度组分Ⅱ的地球轨道三要素的周期体现不明显,处于第四位的周期 18.23ka 对应岁差周期,处于第八位的 128.82ka 周期对应的可能是偏心率周期,倾斜角周期没有体现出来。可见,在环境敏感粒度组分Ⅱ各 imf 分量对应的周期中,地球轨道三要素的周期不是主要的周期,2.12ka 的亚轨道千年周期是主要的周期。

### (八)对环境敏感粒度组分Ⅰ/组分Ⅱ值的多尺度分析

环境敏感粒度组分Ⅰ/组分Ⅱ值的各 imf 分量的方差均较小,为了更好地体现出各个 imf 分量方差的大小,表 8.4 中列出的组分Ⅰ/组分Ⅱ值的各 imf 分量的方差均为乘以 100 以后的数值。对环境敏感粒度组分Ⅰ/组分Ⅱ值的各 imf 分量的方差贡献率均较小,都在 20% 以下,从大到小依次是 17.41%(imf6)、15.05%(imf1)、14.06%(imf4)、11.77%(imf5)、10.4%(imf9)、9.89%(imf3)、8.31%(imf2)、6.83%(imf7)和 3.28%(imf8),对应的周期依次是 71.57ka、2.15ka、18.23ka、31.17ka、644.09ka、7.92ka、4.27ka、138.02ka 和 241.53ka,其中以 71.57ka、2.15ka、18.23ka、31.17ka 和 644.09ka 为主周期(表 8.3、表 8.4,图 8.13)。

环境敏感粒度组分Ⅰ/组分Ⅱ值的 71.57ka 周期对应的可能是偏心率周期,18.23ka 对应的是岁差周期,31.17ka 对应的可能是倾斜角周期,偏心率和倾斜角周期误差较大,较为牵强。但 2.15ka 的亚轨道千年周期则比较明确,是主要的周期之一。

综上所述,通过粒度系列平均粒径($M_z$)、中值粒径($M_d$)、细黏土(%)、细粉砂(%)、细黏土/细粉砂、细黏土/>8μm、组分Ⅱ和组分Ⅰ/组分Ⅱ共 8 个指标进行 EMD 分解,不仅找到了地球轨道三要素的周期,而且找到了亚轨道千年周期。

在本节第二部分对 $CaCO_3$ 含量和颜色反射率的 EMD 分解中,找到了多个千年尺度的亚轨道周期(1ka 尺度的周期:1.34ka、1.38ka 和 1.48ka。2ka 尺度的周期:2.23ka、2.48ka 和 2.76ka)。颜色反射率系列指标和 $CaCO_3$ 含量插值为间隔 1cm,而平均每厘米沉积物对应的时间约为 0.213ka,平均时间分辨率约为 213a/cm。因此,通过高分辨率的颜色反射率系列指标和 $CaCO_3$ 含量,能够找到 1ka 尺度的周期。而粒度系列插值后间隔是 2cm,对应的时间约为 0.426ka,平均时间分辨率约为 426a/2cm。比 $CaCO_3$ 含量和颜色反射率的分辨率要低一半,通过 EMD 分解不能找到 1ka 尺度的周期,只能找到 2ka 尺度的周期。

在中值粒径($M_d$)、细黏土(%)、细粉砂(%)、细黏土/细粉砂共四个指标的各 imf 分量对应的周期中,地球轨道三要素的周期是主要的周期,千年尺度的"亚轨道"周期为次要周期。平均粒径($M_z$)、细黏土/>8μm、组分Ⅱ和组分Ⅰ/组分Ⅱ共四个指标的各 imf 分量对应的周期中,地球轨道三要素的周期不是主要的周期,千年尺度的"亚轨道"周期为主要的周期。

特别需要注意的是,在千年尺度的"亚轨道"周期中,1.99~2.88ka 的周期占有重要的地位。细黏土/>8μm 值的 2.09ka 周期和对环境敏感粒度组分Ⅱ的 2.12ka 周期都是各自的第一主周期;细黏土/细粉砂值的 2.09ka 周期和对环境敏感粒度组分Ⅰ/组分Ⅱ值的 2.15ka 周期都是各自的第二周期;中值粒径的 2.88ka 周期和细黏土的 1.99ka 周期都是各自的第三主周期;平均粒径的 2.27ka 周期和细粉砂的 2.18ka 周期都是各自的第四主周期。在上述 8 个指标的 1.99ka、2.09ka、2.09ka、2.12ka、2.15ka、2.18ka、2.27ka 和 2.88ka 周期中,除了 2.88ka 的值稍微大一点以外,其他 7 个周期的数值非常接近,围绕着 2.12ka 周期左右波动,统称为 2ka 尺度周期或者 2.12ka 尺度周期。

可见,亚轨道的 2.12ka 尺度的周期在粒度系列 8 个指标中普遍存在,是最主要的周期或者主要周期之一。

## 三、小波变换多时间尺度分析结果

本书进行小波分析所用的平均粒径、中值粒径、细黏土(%)、细粉砂(%)、细黏土/细粉砂、细黏土/>8μm、组分Ⅱ和组分Ⅰ/组分Ⅱ数据与前面进行 EMD 方法分析的数据完全相同。利用 Matlab 软件的小波工具箱中的一维连续小波分析选项,对上述 8 个指标进行分解,观察分别取不同时间尺度下的图形情况,重点分析 1∶1000 和 1∶100 两种时间尺度条件下所反映的周期情况(彩图 2、彩图 3)。

由于连续小波分析图只能从宏观上大概反映出显著周期出现的位置,不能显示出准确的显著周期的具体数值,只适合从宏观整体上进行把握分析,为了进一步得到更加精准的周期,在上述分析结果上又进行了小波方差的计算,并绘制了小波方差图来检验小波分析的多尺度变化规律(图 8.14、图 8.15)。

8 个指标的小波方差图基本上可以划分为两种类型,平均粒径、中值粒径、细粉砂和组分Ⅱ等 4 个指标为第一种类型,它们的小波方差图比较接近,反映的周期也基本相同,其周期表现为:405.69~395.69ka(398.85ka、405.69ka、395.69ka)、153.12~152.59ka(153.12ka、152.59ka)、89.45~85.24ka(86.29ka、85.24ka、89.45ka)、64.72~63.67ka(63.67ka、64.72ka)、41.57~35.78ka(38.94ka、35.78ka、41.57ka)、25.78~24.2ka(24.2ka、24.73ka、25.78ka)、15.26ka 和 3.16ka,组分Ⅱ中没有体现出 41.57~35.78ka 的周期。

细黏土、细黏土/细粉砂、细黏土/>8μm 和组分Ⅰ/组分Ⅱ等 4 个指标为第二种类型,此种类型相对比第一种类型复杂。其中,细黏土/细粉砂和细黏土/>8μm 这两个指标的小波分解图和小波方差图都基本相同,反映出来的 8 个周期 273.09ka、114.18ka、61.04ka、

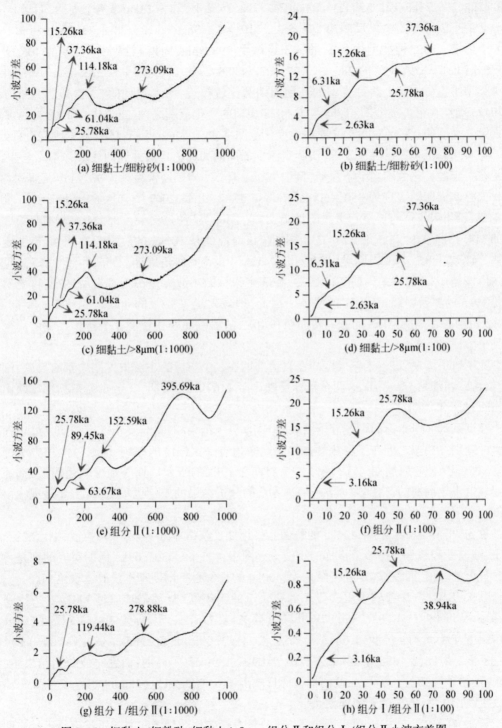

图 8.15　细黏土/细粉砂、细黏土/>8μm、组分Ⅱ和组分Ⅰ/组分Ⅱ小波方差图

37.36ka、25.78ka、15.26ka、6.31ka 和 2.63ka 也完全相同,细黏土的小波方差图反映出 398.85ka、286.24ka、121.55ka、36.83ka、24.73ka、15.26ka 和 3.16ka 等 7 个周期,而组分 I / 组分 II 的小波方差图中仅反映出 278.88ka、119.44ka、38.94ka、25.78ka、15.26ka 和 3.16ka 等 6 个周期。第二种类型中只有细黏土反映的 398.85ka 周期与第一种类型的 405.69 ~ 395.69ka 周期一致,反映的 286.24 ~ 273.09ka(286.24ka、278.88ka 和 273.09ka)周期在第一种类型中没有体现。两种类型的其他周期都比较接近,第二类型的 37.36ka、36.83ka 和 38.94ka 周期在第一类型的 41.57 ~ 35.78ka 周期的变化范围之内,25.78ka 和 24.73ka 周期也在第一类型的 25.78 ~ 24.2ka 周期的变化范围之内,15.26ka 和 3.16ka 周期则完全一致。

在对深海沉积物研究中发现,实际观测到的周期和理论预测的周期往往并不完全一致,经常在一定的变化范围内上下浮动,例如 100ka 偏心率周期经常表现为 90 ~ 110ka,而 413ka 的长偏心率周期则表现为 350 ~ 500ka(Imbrie,1982;田军,2007)。405.69 ~ 395.69ka 周期与 413ka(约 400ka)的长偏心率周期对应较好。第一类型的 89.45 ~ 85.24ka 周期与第二类型的 114.18ka、119.44ka 和 121.55ka 周期应该对应的是 100ka 的短偏心率周期,有一定的误差。41.57 ~ 35.78ka 周期对应的应该是 41ka(40ka)倾斜角周期。25.78 ~ 24.2ka 周期对应的应该是 23ka 的岁差周期。15.26ka 在 8 个指标的小波方差图中都有所体现,可能对应的是 19ka 的岁差周期,有一定的误差。因此,地球轨道三要素的 400ka 的长偏心率周期、100ka 短偏心率周期、41ka 的倾斜角周期和 19ka 的岁差周期在粒度 8 个指标反映的周期中得到了验证。

除了轨道周期以外,千年尺度的亚轨道周期在 8 个指标的小波方差图中都有反映,细黏土/细粉砂和细黏土/>8μm 这两个指标反映出了 2.63ka 的周期,其余 6 个指标都反映出了 3.16ka 的千年周期。

粒度系列 8 个指标的小波分析结果与 EMD 分析结果相对比,发现既有相似之处也存在较大的差别。相似之处在于虽然具体的周期数值有一定幅度的差别,但通过两种方法都找到了 100ka 短偏心率周期、41ka 的倾斜角周期和 19ka 的岁差周期等地球轨道周期,都证实了亚轨道千年周期的存在(表 8.5);两种方法的分析结果的差别也很明显,主要表现在以下方面:

首先,小波分析结果中,400ka 的长偏心率周期反映得非常明显,平均粒径、中值粒径、细黏土、细粉砂和组分 II 等 5 个指标的小波方差图中,405.69 ~ 395.69ka 周期对应的都是一个非常显著的峰值,而在 EMD 分析结果中,400ka 的长偏心率周期基本没有体现出来。

其次,EMD 方法找到了更多更小的亚轨道的千年周期。例如,通过 EMD 方法找到了 8 ~ 9ka 尺度(9.11ka、8.12ka)、7ka 尺度(7.92ka、7.67ka、7.4ka)、5 ~ 6ka 尺度(6.4ka、6.19ka、5.79ka)、4ka 尺度(4.54ka、4.27ka、4.24ka)、3ka 尺度(3.65ka、3.32ka)和 2ka 尺度(2.88ka、2.27ka、2.18ka、2.15ka、2.12ka、2.09ka、1.99ka)的周期;而在小波分析结果中,细黏土/细粉砂和细黏土/>8μm 这两个指标反映出了 6.31ka 和 2.63ka 的周期,其余 6 个指标均仅反映出了 3.16ka 的千年周期。

再次,在 EMD 方法中,可以通过各 imf 分量振幅变化的量级和方差贡献率排行榜来明确各 imf 分量对于原序列的相对重要性,从而确定主周期。例如在 EMD 方法结果中可以看到,细黏土/>8μm 值的 2.09ka 周期和对环境敏感粒度组分 II 的 2.12ka 周期都是各自的第一主周期;细黏土/细粉砂值的 2.09ka 周期和对环境敏感粒度组分 I /组分 II 值的 2.15ka 周期都是各自的第二周期;中值粒径的 2.88ka 周期和细黏土的 1.99ka 周期都是各自的第三主周期;平均粒径的 2.27ka 周期和细粉砂的 2.18ka 周期都是各自的第四主周期。而在本书采用的小波分析方法中,只能通过观察小波分解图的能量大小和小波方差图中峰值的高低来确定周期的主次顺序,精确性有所欠缺。通过小波分析虽然找到了亚轨道的千年周期,但它们在小波方差图中的峰值均较平坦,不能认定它们是最主要的周期。

表 8.5　粒度系列两种方法反映的周期对比

| 指标名称 | EMD 方法反映的周期/ka | 小波分析反映的周期/ka |
| --- | --- | --- |
| 平均粒径 | 322.04、107.35、60.38、40.26、19.72、12.88、7.67、4.27、2.27 | 398.85、153.12、86.29、63.67、38.94、24.2、15.26、3.16 |
| 中值粒径 | 276.04、138.02、101.7、41.11、23.56、10.62、7.4、5.79、3.32、2.88 | 398.85、153.12、86.29、64.72、35.78、24.2、15.26、3.16 |
| 细黏土 | 644.09、276.04、107.35、44.94、23、12.39、6.4、3.32、1.99 | 398.85、286.24、121.55、36.83、24.73、15.26、3.16 |
| 细粉砂 | 483.07、193.23、107.35、62.33、40.26、19.52、11.37、6.19、3.65、2.18 | 405.69、153.12、85.24、64.72、41.57、24.73、15.26、3.16 |
| 细黏土/细粉砂 | 644.09、193.23、107.35、43.92、23、10.28、4.54、2.09 | 273.09、114.18、61.04、37.36、25.78、15.26、6.31、2.63 |
| 细黏土/>8μm | 644.09、322.04、161.02、74.32、40.26、18.94、9.11、4.27、2.09 | 273.09、114.18、61.04、37.36、25.78、15.26、6.31、2.63 |
| 组分 II | 644.09、322.04、128.82、74.32、31.17、18.23、8.12、4.24、2.12 | 395.69、152.59、89.45、63.67、25.78、15.26、3.16 |
| 组分 I /组分 II | 644.09、241.53、138.02、71.57、31.17、18.23、7.92、4.27、2.15 | 278.88、119.44、38.94、25.78、15.26、3.16 |

# 第四节　磁化率、$\delta^{18}$O、$\delta^{13}$C 和 SST 的多时间尺度分析

## 一、数据处理

第七章讨论磁化率的统计特征和波动情况时,采用了 1844 个原始数据,其中缺失了 A8H3 段 60 个数据,缺失其他段 0cm 和 2.5cm 等处的数据 70 个,共 1714 个有效数据。由于 A8H3 段缺失数据较多,且为连续缺失,插值的话准确性难以保证。因此,舍弃 A8H3 段以前的数据,对从 A8H4 段开始的原始数据进行多时间尺度分析。对于其他段 0cm 和 2.5cm 等处缺失的数据,采用邻近两个数据的平均值进行插值处理。经过处理后的数据共 1599 个,深度在 75.58 ~ 115.47m,均为间隔 2.5cm,根据式(8.8)可以由已知的深度计算出对应的年代,确保是等深度间隔对应等时间间隔。对应的年代范围是 1575.433 ~ 2426.935ka BP,时间跨度为 851.502ka,平均时间分辨率约为 532.5a/2.5cm。

第四章已经讨论了研究剖面实测的浮游有孔虫表层种 *G. ruber*（白色）$\delta^{18}O$ 和 $\delta^{13}C$ 的统计特征和波动情况,第五章利用实测的浮游有孔虫表层种 *G. ruber*（白色）的 Mg/Ca 值,计算并选择出最合适的 2414.2～2253.77ka BP 表层水温,再通过建立海水背景值和 $\delta^{18}O$ 值之间的回归方程,计算并选择出了 2253.77～1471.53ka BP 最合适的表层水温,组合在一起,得到了整个研究时段 2414.2～1471.53ka BP 的古海水表层温度,取名为 $SST_{Last}$（表 5.13,图 5.15）,在本章简称为 SST。

实测的 $\delta^{18}O$ 和 $\delta^{13}C$ 与计算出来的 SST 值均为 228 个数据,3 组数据深度一一对应,均剔除一个明显间隔太近的数据以后,剩下的 227 个数据,深度在 69.93～115.23m,均间隔 20cm。利用 AutoSignal 1.7 软件的样条估计选项的改进的三次样条子项自动生成插值数据,插值以后共 453 个数据,均间隔 10cm。根据式（8.8）可以由已知的深度计算出对应的年代,确保是等深度间隔对应等时间间隔。对应的年代范围是 1454.827～2421.812ka BP,时间跨度为 966.9851ka,平均时间分辨率约为 2.13ka/10cm。

## 二、EMD 方法多时间尺度分析结果

利用 Matlab 软件的 EMD 程序,对处理好的磁化率、$\delta^{18}O$、$\delta^{13}C$ 和 SST 数据进行分解,磁化率自动生成 10 个 imf 分量及其数据趋势分量 res,$\delta^{18}O$、$\delta^{13}C$ 和 SST 均自动生成 6 个 imf 分量及其数据趋势分量 res（图 8.19～图 8.22）。在图 8.19 中查出磁化率各 imf 分量的波数,用已经计算出的时间跨度 851.502ka 除以波数即为各 imf 分量对应的周期（表 8.6）;在图 8.20～图 8.22 中查出 $\delta^{18}O$、$\delta^{13}C$ 和 SST 各 imf 分量的波数,用已经计算出的时间跨度 966.9851ka 除以波数即为各 imf 分量对应的周期（表 8.6）。

**表 8.6 磁化率、$\delta^{18}O$、$\delta^{13}C$ 和 SST 各 imf 分量的波数和周期**

| 参数 | | imf1 | imf2 | imf3 | imf4 | imf5 | imf6 | imf7 | imf8 | imf9 | imf10 |
|---|---|---|---|---|---|---|---|---|---|---|---|
| 磁化率 | 波数 | 236 | 206 | 83 | 43 | 26 | 11.5 | 10 | 5.5 | 2.5 | 1 |
| | 周期/ka | 3.61 | 4.13 | 10.26 | 19.80 | 32.75 | 74.04 | 85.15 | 154.82 | 340.60 | 851.50 |
| $\delta^{18}O$ | 波数 | 73.5 | 38.5 | 15.5 | 7.5 | 4 | 2 | — | — | — | — |
| | 周期/ka | 13.16 | 25.12 | 62.39 | 128.93 | 241.75 | 483.49 | — | — | — | — |
| $\delta^{13}C$ | 波数 | 75 | 33 | 17.5 | 8.5 | 4.5 | 2 | — | — | — | — |
| | 周期/ka | 12.89 | 29.30 | 55.26 | 113.76 | 214.89 | 483.49 | — | — | — | — |
| SST | 波数 | 73.5 | 36.5 | 17 | 9.5 | 5 | 2 | — | — | — | — |
| | 周期/ka | 13.16 | 26.49 | 56.88 | 101.79 | 193.40 | 483.49 | — | — | — | — |

计算出磁化率、$\delta^{18}O$、$\delta^{13}C$ 和 SST 数据各 imf 分量的方差,进一步计算出各 imf 分量的方差占各系列方差之和的百分比即为方差贡献率（表 8.7）。

表 8.7　磁化率和密度各 imf 分量和趋势分量的方差贡献率

| 参数 | | imf1 | imf2 | imf3 | imf4 | imf5 | imf6 | imf7 | imf8 | imf9 | imf10 | res | 总和 |
|---|---|---|---|---|---|---|---|---|---|---|---|---|---|
| 磁化率 | 方差 | 0.38 | 0.40 | 1.23 | 1.35 | 1.54 | 2.16 | 0.99 | 1.33 | 2.79 | 0.15 | 0.27 | 12.57 |
| | 贡献率/% | 2.99 | 3.17 | 9.76 | 10.73 | 12.25 | 17.16 | 7.91 | 10.56 | 22.15 | 1.16 | 2.16 | 100.00 |
| $\delta^{18}O$ | 方差 | 3.56 | 2.09 | 1.46 | 0.42 | 0.30 | 0.50 | — | — | — | — | 0.92 | 9.26 |
| | 贡献率/% | 38.45 | 22.60 | 15.81 | 4.57 | 3.29 | 5.35 | — | — | — | — | 9.93 | 100.00 |
| $\delta^{13}C$ | 方差 | 2.10 | 3.17 | 1.64 | 1.70 | 2.38 | 1.81 | — | — | — | — | 0.74 | 13.53 |
| | 贡献率/% | 15.51 | 23.44 | 12.10 | 12.55 | 17.55 | 13.41 | — | — | — | — | 5.45 | 100.00 |
| SST | 方差 | 0.39 | 0.28 | 0.14 | 0.05 | 0.01 | 0.07 | — | — | — | — | 0.16 | 1.09 |
| | 贡献率/% | 36.11 | 25.84 | 12.34 | 4.61 | 0.90 | 5.97 | — | — | — | — | 14.23 | 100.00 |

注:$\delta^{18}O$ 和 $\delta^{13}C$ 的方差均为乘以 100 后的值。

### (一) 磁化率多时间尺度分析结果

磁化率各 imf 分量的方差贡献率从大到小依次是 22.15%（imf9）、17.16%（imf6）、12.25%（imf3）、10.73%（imf4）、10.56%（imf8）、9.76%（imf3）、7.91%（imf7）、3.17%（imf2）和 2.99%（imf1），说明在 1575.433 ~ 2426.935ka BP,磁化率波动存在的周期依次是 340.6ka、74.04ka、32.75ka、19.8ka、154.82ka、10.26ka、85.15ka、4.13ka 和 3.61ka,其中以 340.6ka、74.04ka、32.75ka 和 19.8ka 为主周期（表 8.6、8.7,图 8.16）。

在磁化率的主要周期中,340.6ka 的周期可能对应的是偏心率 400ka 的特征周期,74.04ka 周期可能对应的是偏心率 100ka 的特征周期,32.75ka 周期可能对应的是倾斜角 40ka 的特征周期,误差较大。磁化率 19.8ka 周期与岁差的 20ka 特征周期对应较好。磁化率的 imf1 和 imf2 分量指示的周期是 3.61 和 4.13ka,属于亚轨道的千年周期,但 imf1 和 imf2 分量的方差贡献率都较小,说明在 1575.433 ~ 2426.935ka BP,亚轨道的千年周期是磁化率波动的非常次要的周期。

### (二) $\delta^{18}O$ 多时间尺度分析结果

$\delta^{18}O$ 各 imf 分量和趋势分量的方差贡献率从大到小依次是 38.45%（imf1）、22.6%（imf2）、15.81%（imf3）、9.93%（res）、5.35%（imf6）、4.57%（imf4）和 3.29%（imf5）,说明在 1454.827 ~ 2421.812ka BP,$\delta^{18}O$ 波动存在的周期依次是 13.16ka、25.12ka、62.39ka、483.49ka、128.93ka 和 241.75ka,其中以 13.16ka、25.12ka 和 62.39ka 为主周期（表 8.6、表 8.7,图 8.17）。

在 $\delta^{18}O$ 的波动周期中,13.16ka 周期对应的是半岁差周期,25.12 对应的是岁差周期,62.39ka 可能对应的是倾斜角 40ka 的特征周期,误差较大,483.49ka 周期则是时间跨度的一半,可能对应的是偏心率 400ka 的特征周期,128.93ka 对应的是偏心率 100ka 的特征周期。可见,在 $\delta^{18}O$ 各 imf 分量对应的周期中,地球轨道三要素的周期是主要的周期,由于间隔 10cm,时间分辨率较低,没有检出千年尺度的"亚轨道"或者"亚米兰科维奇"周期。

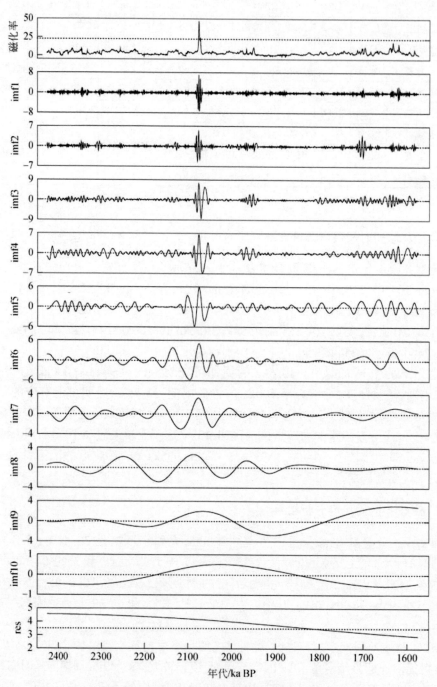

图 8.16　磁化率的 imf 分量和趋势分量图

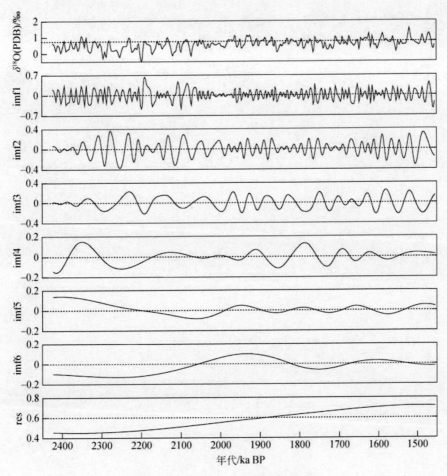

图 8.17　$\delta^{18}$O 的 imf 分量和趋势分量

### (三)$\delta^{13}$C 多时间尺度分析结果

$\delta^{13}$C 各 imf 分量的方差贡献率从大到小依次是 23.44%(imf2)、17.55%(imf5)、15.51%(imf1)、13.41%(imf6)、12.55%(imf4) 和 12.1%(imf6),说明在 1454.827~2421.812ka BP,$\delta^{13}$C 波动存在的周期依次是 29.3ka、214.89ka、12.89ka、483.49ka、113.76ka 和 55.26ka,其中以 29.3ka、214.89ka 和 12.89ka 为主周期(表 8.6、表 8.7,图 8.18)。

在 $\delta^{13}$C 的波动周期中,29.3ka 的周期对应的可能是岁差 23ka 周期,214.89ka 对应的可能不是地球轨道要素的周期,12.89ka 对应的是半岁差周期,483.49ka 周期则是时间跨度的一半,可能对应的是偏心率 400ka 的特征周期,113.76ka 与偏心率 100ka 的特征周期对应较好。$\delta^{13}$C 的波动周期相对较乱,能确定的是由于时间分辨率较低,没有检出千年尺度的“亚轨道”或者“亚米兰科维奇”周期。

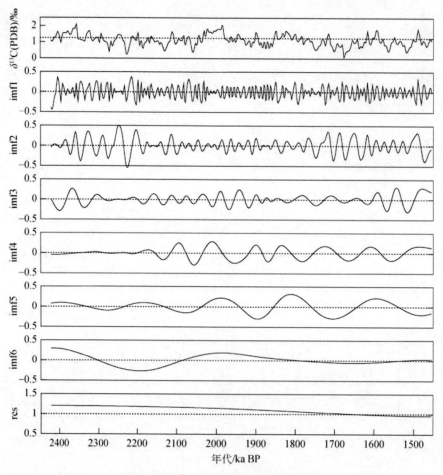

图 8.18　$\delta^{13}$C 的 imf 分量和趋势分量

### (四) SST 多时间尺度分析结果

SST 各 imf 分量和趋势分量的方差贡献率从大到小依次是 36.11% (imf1)、25.84% (imf2)、14.23% (res)、12.34% (imf3)、5.97% (imf6)、4.61% (imf4) 和 0.9% (imf5),说明在 1454.827 ~ 2421.812ka BP, SST 波动存在的周期依次是 13.16ka、26.49ka、56.88ka、483.49ka、101.79ka 和 193.4ka,其中以 13.16ka、26.49ka 和 56.88ka 为主周期(表 8.6、表 8.7,图 8.19)。

在 SST 的波动周期中,13.16ka 周期对应的是半岁差周期,26.49ka 对应的是岁差周期,56.88ka 可能对应的是倾斜角 40ka 的特征周期,误差较大,483.49ka 周期则是时间跨度的一半,可能对应的是偏心率 400ka 的特征周期,101.79ka 与偏心率 100ka 的特征周期对应较好。可见,在 SST 各 imf 分量对应的周期中,地球轨道三要素的周期是主要的周期,由于间隔 10cm,时间分辨率较低,没有检出千年尺度的"亚轨道"或者"亚米兰科维奇"周期。

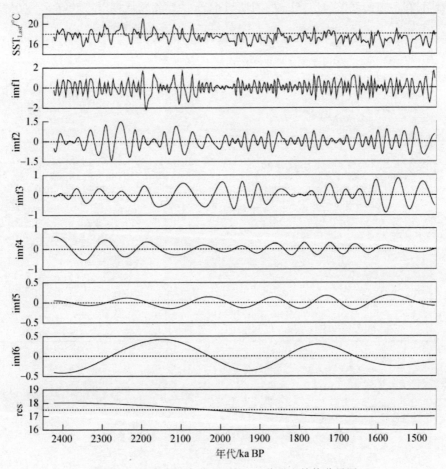

图 8.19　海水表层水温 SST 的 imf 分量和趋势分量图

## 三、小波变换多时间尺度分析结果

　　本书进行小波分析所用的磁化率、$\delta^{18}O$、$\delta^{13}C$ 和 SST 数据和前面进行 EMD 方法分析的数据完全相同。利用 Matlab 软件的小波工具箱中的一维连续小波分析选项,对上述 4 个指标进行分解,观察分别取不同时间尺度下的图形情况,由于磁化率数据较多,时间尺度最多可以设置为 512,而 $\delta^{18}O$、$\delta^{13}C$ 和 SST 数据较少,时间尺度最多只能设置为 128。重点分析磁化率 1∶500 和 1∶100 两种时间尺度条件下所反映的周期情况;重点分析 $\delta^{18}O$、$\delta^{13}C$ 和 SST 的 1∶120 和 1∶60 两种时间尺度条件下所反映的周期情况(彩图 4)。由于连续小波分析图只能从宏观上大概反映出显著周期出现的位置,不能显示出准确的显著周期的具体数值,只适合从宏观整体上进行把握分析,为了进一步得到更加精准的周期,在上述分析结果上又进行了小波方差的计算,并绘制了小波方差图来检验小波分析的多尺度变化规律(图 8.20)。
　　磁化率的时间分辨率较高,因此找到了更多的周期(表 8.8,图 8.20),并且找到了亚轨道的千年周期 3.29ka。磁化率小波方差图中反映的 118.39ka 周期应该对应的是 100ka 的偏心率周期,有一定的误差,42.75ka 的周期与 41ka 的倾斜角周期对应较好。

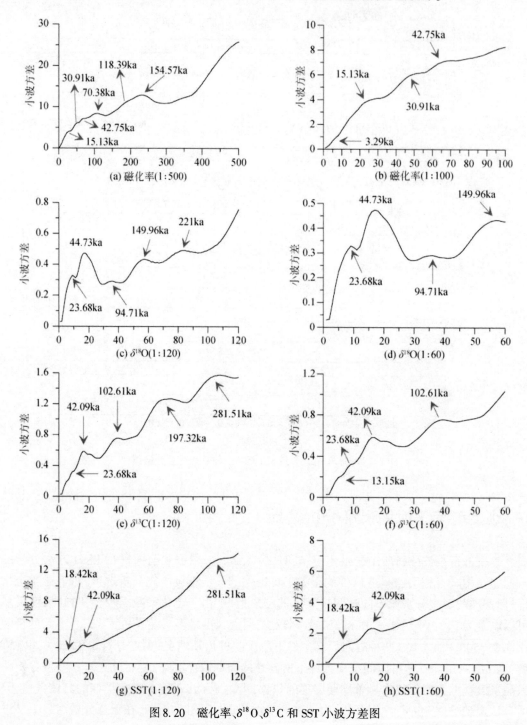

图 8.20　磁化率、$\delta^{18}$O、$\delta^{13}$C 和 SST 小波方差图

$\delta^{18}$O 小波方差图中反映的 94.71ka、44.73ka 和 23.68ka 周期,$\delta^{13}$C 小波方差图中反映的 102.61ka、42.09ka 和 23.68ka 周期,分别对应 100ka 偏心率周期、41ka 的倾斜角周期和 19ka

的岁差周期;SST 小波方差图中反映的 42.09ka 和 18.42ka 周期分别对应 41ka 的倾斜角周期和 19ka 的岁差周期,没有体现出 100ka 偏心率周期。$\delta^{18}$O、$\delta^{13}$C 和 SST 的时间分辨率相同,均较低,都没有检出亚轨道的千年周期。

磁化率、$\delta^{18}$O、$\delta^{13}$C 和 SST 的小波分析结果与 EMD 分析结果相对比,发现既有相似之处也存在较大的差别。相似之处在于虽然具体的周期数值有一定幅度的差别,但通过两种方法都找到了 100ka 短偏心率周期、41ka 的倾斜角周期和 19ka 的岁差周期等地球轨道周期。由于磁化率分辨率高,而 $\delta^{18}$O、$\delta^{13}$C 和 SST 数据量偏少,分辨率较低,因此,两种方法在磁化率中都找到了亚轨道的千年周期,在 $\delta^{18}$O、$\delta^{13}$C 和 SST 都没有找到千年周期;两种方法的分析结果的差别也很明显,主要表现在以下方面。

首先,EMD 分析结果中,均有一个很长的周期,磁化率有一个 340.6ka 周期,是其时间跨度的 1/2.5,$\delta^{18}$O、$\delta^{13}$C 和 SST 均有一个 483.49ka 周期,是其时间跨度的 1/2,而小波分析结果中均没有这个长周期。当然,这样的长周期意义并不大,严格来讲不能作为周期,应舍弃。

其次,EMD 方法比小波分析方法找到了更多更小的周期。EMD 方法在磁化率中找到了 4.13ka 和 3.61ka 两个千年周期,而小波分析在磁化率中仅找到了 3.29ka 一个千年周期; EMD 方法在 $\delta^{18}$O 和 SST 中找到的最小的周期均为 13.16ka,对应的应该是半岁差周期,小波分析在 $\delta^{18}$O 和 SST 中均没有找到这个类似的周期。EMD 方法在 SST 中找到了 6 个周期,而小波分析方法在 SST 中仅找到了 3 个周期。

再次,$\delta^{18}$O、$\delta^{13}$C 和 SST 的 EMD 方法分析结果彼此比较接近,而它们的小波分析结果彼此之间有较大的差别。例如,通过 EMD 方法在 $\delta^{18}$O、$\delta^{13}$C 和 SST 中都找到了半岁差周期,为 13.16ka、12.89ka 和 13.16ka 周期,而通过小波分析方法仅在 $\delta^{13}$C 中找到了 13.15ka 周期,在 $\delta^{18}$O 和 SST 中均没有找到与此接近的周期。

表 8.8 磁化率、$\delta^{18}$O、$\delta^{13}$C 和 SST 两种方法反映的周期对比

| 指标名称 | EMD 方法反映的周期/ka | 小波分析反映的周期/ka |
|---|---|---|
| 磁化率 | 340.6、154.82、85.15、74.04、32.75、19.8、10.26、4.13、3.61 | 154.57、118.39、70.38、42.75、30.91、15.13、3.29 |
| $\delta^{18}$O | 483.49、241.75、128.93、62.39、25.12、13.16 | 221、149.96、94.71、44.73、23.68 |
| $\delta^{13}$C | 483.49、214.89、113.76、55.26、29.3、12.89 | 281.51、197.32、102.61、42.09、23.68、13.15 |
| SST | 483.49、193.4、101.79、56.88、26.49、13.16 | 281.51、42.09、18.42 |

# 第九章 U1313 站沉积记录揭示的古气候变化特征及结论

## 第一节 U1313 站沉积记录多指标评述与选择

沉积物中蕴藏着丰富的古气候变化信息,所谓的沉积记录就是这些古气候变化信息的总称。沉积记录中一些生物、物理和化学方面的具体信号又被称为指标。连续而丰富的沉积记录是揭示不同尺度气候变化规律和预测未来气候变化趋势的重要依据,重建古气候演化历史主要是通过认识沉积物物理、化学性质及生物化石与气候间的有机联系而实现的(刘东生,2009)。

在前面各章中讨论了 U1313 站沉积记录的多个气候替代性指标的特征、波动情况和环境指示意义。本研究实测的数据有浮游有孔虫表层种 $G.\ ruber$(白色)$\delta^{18}O$、$\delta^{13}C$、$Mg/Ca$ 和 $Sr/Ca$,矿物组成、粒度参数、粒级分类、粒度比值和对环境敏感粒度组分等方面的指标;利用到的 IODP 306 航次船上数据有磁化率、密度和颜色反射率等指标;根据 $Mg/Ca$ 和 $\delta^{18}O$ 重建了研究剖面的表层海水古盐度(SSS)、海水氧同位素背景值 $\delta^{18}O_{seawater}$(SMOW)和古海水表层温度(SST)等指标;通过建立亮度 $L^*$ 和 $CaCO_3$ 含量的拟合方程式,重建了研究剖面 $CaCO_3$ 含量指标。

上述众多指标的分辨率有着明显的差别。颜色反射率系列指标 $L^*$、$a^*$、$b^*$ 和 $a^*/b^*$ 以及由 $L^*$ 重建的 $CaCO_3$ 含量指标的分辨率最高,都是间隔 1cm 取样,平均分辨率约为 0.213ka/cm。粒度系列指标均是在剖面上段 69.93~80.24m 连续取样,样品长度均为 2cm,平均时间分辨率约为 0.426ka/2cm,下段 80.24~115.18m 间隔 2cm 取样,样品长度均为 2cm,平均时间分辨率约为 0.852ka/4cm。磁化率和密度均是间隔 2.5cm 取样,平均时间分辨率约为 532.5a/2.5cm。$\delta^{18}O$、$\delta^{13}C$、$Mg/Ca$ 和 $Sr/Ca$ 以及重建的表层海水古盐度(SSS)、海水氧同位素背景值 $\delta^{18}O_{seawater}$(SMOW)和古海水表层温度(SST)等指标均是间隔 20cm 取样,平均时间分辨率约为 4.26ka/20cm,其中 $Mg/Ca$ 和 $Sr/Ca$ 仅是在研究剖面的 115.1~107.32m(2414.2~2253.77ka BP)的一部分取样,并没有涵盖整个剖面。分辨率高能揭示更多的古气候变化信息,分辨率低会遗漏一些重要的信息,因此,颜色反射率和粒度系列等分辨率高的指标是重点研究对象。

$CaCO_3$ 含量与颜色反射率系列指标 $L^*$、$a^*$、$b^*$ 和 $a^*/b^*$ 的分辨率虽然均很高,但它们的环境指示意义有较大的差别。亮度 $L^*$ 主要受碳酸盐含量控制,色度 $a^*$ 主要是黏土矿物中铁氧化物和 $Fe^{2+}/Fe^{3+}$ 值的变化的反映,$b^*$ 的地质意义研究较少,$a^*/b^*$ 值发生变化,往往指示样品的颜色发生了变化,反映研究样品中某些颜色矿物组成发生了变化。5 个指标中,$CaCO_3$ 含量和亮度 $L^*$ 的环境指示意义最为明确,研究意义最大,是本书的重点研究指标。

前已论述细黏土的含量基本上能代表整个黏土的含量,细粉砂比极细粉砂更能代表整个粉砂的含量。细黏土/细粉砂和细黏土/>8μm 曲线波动幅度很大,比其他粒度比值更加敏感,均能较好地指示粗细颗粒此长彼消的变化情况。

磁化率和密度的分辨率虽然相同,但在钻孔过程中,钻心会被不断压紧,造成密度随着钻孔深度的增加而加大,有一定的误差,并且磁化率比密度具有更明确的环境指示意义,因此,选择磁化率作为指标进行分析。

在 $\delta^{18}O$、$\delta^{13}C$、$Mg/Ca$、$Sr/Ca$、$SSS$、$SST$ 和 $\delta^{18}O_{seawater}$(SMOW)等指标中,$Mg/Ca$ 和 $Sr/Ca$ 因为数据量小,涵盖的深度较短,只适合作局部分析,有孔虫壳体的 $Mg/Ca$ 比 $Sr/Ca$ 更有研究意义。$\delta^{18}O$ 和 $\delta^{13}C$ 是实测数据,准确性高,且其环境指示性明确。$SST$、$SSS$ 和 $\delta^{18}O_{seawater}$(SMOW)均为根据 $Mg/Ca$ 和 $\delta^{18}O$ 重建的数据,其中,$SST$ 的环境指示意义最为明确,研究意义最大。

综上所述,选择 $CaCO_3$ 含量、亮度 $L^*$、磁化率、平均粒径、中值粒径、细黏土(%)、细粉砂(%)、细黏土/细粉砂、细黏土/>8μm、组分Ⅱ、组分Ⅱb、组分Ⅰ/组分Ⅱ、$\delta^{18}O$、$\delta^{13}C$、$SST$ 和 $Mg/Ca$ 等 16 个指标来分析 U1313 站沉积记录揭示的古气候变化特征。

# 第二节 多指标的统计特征和环境指示意义分析

## 一、多指标的统计特征分析

$CaCO_3$ 含量和亮度 $L^*$ 在合成剖面 115.48 ~ 69.43m(2420.88 ~ 1460.89ka BP)间隔 2cm 取样,应有 2310 个原始数据,其中缺失 32 个数据,共 2278 个有效数据。磁化率在 115.47 ~ 69.46m(2420.7 ~ 1461.53ka BP)之间间隔 2.5cm 取样,应用 1844 个原始数据,其中缺失 A8H3 段(75.53 ~ 74.03m,1576.14 ~ 1550.7ka BP)60 个数据,缺失其他段 0cm 和 2.5cm 等处的数据 70 个,共 1714 个有效数据。粒度系列指标包括平均粒径、中值粒径、细黏土(%)、细粉砂(%)、细黏土/细粉砂、细黏土/>8μm、组分Ⅱ、组分Ⅱb 和组分Ⅰ/组分Ⅱ在 115.18 ~ 69.93m(2415.60 ~ 1471.53ka BP)的上半段 69.93 ~ 80.24m(1471.53 ~ 1648.14ka BP)连续取样,下段 80.24 ~ 115.18m(1648.14 ~ 2415.60ka BP)间隔 2cm 取样,样品长度均为 2cm,共获得粒度样品 1491 个,剔除重叠数据以后,共有 1389 个样品的有效粒度数据。$\delta^{18}O$、$\delta^{13}C$ 和 $SST$ 在研究剖面 115.1 ~ 69.93m(2414.2 ~ 1471.53ka BP)之间共有 228 个数据。$Mg/Ca$ 在研究剖面的 115.1 ~ 107.32m(2414.2 ~ 2253.77ka BP)之间共 41 个数据。

利用 SPSS 软件计算出 $CaCO_3$ 含量、亮度 $L^*$、磁化率、平均粒径、中值粒径、细黏土(%)、细粉砂(%)、细黏土/细粉砂、细黏土/>8μm、组分Ⅱ、组分Ⅱb、组分Ⅰ/组分Ⅱ、$\delta^{18}O$、$\delta^{13}C$、$SST$ 和 $Mg/Ca$ 等指标的统计描述量(表9.1)。各指标的统计特征和频率直方图散布于前面各章节,在此不再详细赘述。

## 二、多指标的环境指示意义分析

亮度 $L^*$ 主要受碳酸盐含量控制,本研究剖面的 $CaCO_3$ 含量是由亮度 $L^*$ 反演得到的,它们的曲线记录除范围不同以外,波动情况完全一致,可以相互代替。深海沉积物中碳酸盐含量是最重要的地球古气候和古环境的信息来源(汪品先,1998b)。深海 $CaCO_3$ 沉积在第四纪表现出显著的多旋回性。其旋回性主要可以分为两种:第一种被称为太平洋型,其特点是冰期来临,$CaCO_3$ 含量增高,间冰期则相反;第二种被称为大西洋型,其特点是冰期来临,$CaCO_3$ 含量降低,间冰期则相反。尽管两种 $CaCO_3$ 沉积旋回表现出相反的沉积模式,但它们与古温度的旋回趋势却是一致的,并不矛盾(李铁刚等,1994;李学杰等,2008;葛倩等,2008)。

平均粒径和中值粒径反映粒度的中间值和平均值,当它们值变大时,说明粗颗粒含量增加,反之,则说明细颗粒增加。细黏土(%)代表细颗粒的变化情况,细黏土(%)和组分Ⅱ代表粗颗粒的变化情况,细黏土/细粉砂、细黏土/>8μm 和组分Ⅰ/组分Ⅱ等 3 个指标是细颗粒和粗颗粒的比值,能同时代表细粗颗粒此长彼消的变化情况。当细颗粒含量增加而粗颗粒含量减少时,气候温暖,冰量减小,对应间冰期;当细颗粒含量减少而粗颗粒含量增加时,气候变冷,冰量增加,对应冰期。组分Ⅱb 是指>34.255μm 的粗颗粒含量,满足这个条件的样品只有 27 个样品(表 6.6),虽然其含量很小,均值只有 0.087%,一般情况下几乎可以忽略不计,但组分Ⅱb 与 IRD 对应良好,能指示 IRD 事件的发生。故选择组分Ⅱb 作为冰筏碎屑沉积层存在的标志。

本研究剖面的磁化率曲线变化所指示的气候变化意义是:磁化率值增大,表明气候变冷,对应冰期,全球冰量增加;磁化率值减小,表明气候变暖,对应间冰期,全球冰量减少。

$\delta^{18}O$ 能够很好地反映温度的变化,$\delta^{18}O$ 值变重,指示冰期,古温度降低,冰量增加;$\delta^{18}O$ 值变轻,指示间冰期,古温度增高,冰量减少。而 SST 本身就是古海水表层温度。Groger 和 Henrich 指出,冰期时,陆源粉砂组分的平均粒径变小,$\delta^{13}C$ 值降低,浮游有孔虫保存较差,表明此时期底层流的流速较快、营养成分较高和深层水的溶蚀性较强;间冰期时则相反,陆源粉砂组分的平均粒径增大,$\delta^{13}C$ 值增大,浮游有孔虫保存较好。因此 $\delta^{13}C$ 值和粒度指标相结合可以推测冰期和间冰期(Groger et al,2003)。

有孔虫壳体 Mg/Ca 值可以用来反演海水温度的变化(Lea et al.,1999)。因为深海沉积的有孔虫壳体中 Mg 含量不高,对温度的变化反应非常显著,Mg/Ca 值的变化幅度非常明显(Lea,2003)。经研究发现,温度和 Mg/Ca 值的关系是,当温度每升高 1℃时,深海沉积的浮游有孔虫壳体中的 Mg/Ca 值相应增加(9±1)%。目前利用有孔虫中的 Mg/Ca 值来重建海水温度是计算古温度的众多方法中最为成功的方法。

**表 9.1　多个指标的描述统计量**

| 参数 | N | 极小值 | 极大值 | 极差 | 均值 | 中值 | 众数 | 标准差 | 方差 | 偏度 | 峰度 |
|---|---|---|---|---|---|---|---|---|---|---|---|
| $CaCO_3$ | 2278 | 31.49 | 96.71 | 65.22 | 79.93 | 90.13 | 94.13 | 18.04 | 325.48 | -0.99 | -0.16 |
| $L^*$ | 2278 | 53.54 | 87.61 | 34.07 | 76.08 | 79.82 | 53.54 | 9.23 | 85.15 | -0.82 | -0.53 |
| 平均粒径 | 1389 | 1.63 | 21.69 | 20.06 | 2.58 | 2.32 | 2.06 | 1.30 | 1.69 | 7.81 | 86.28 |
| 中值粒径 | 1389 | 0.48 | 13.01 | 12.53 | 1.20 | 0.88 | 0.75 | 1.04 | 1.08 | 5.23 | 37.82 |
| 细黏土 | 1389 | 18.76 | 74.78 | 56.02 | 60.75 | 62.28 | 59.09 | 8.36 | 69.90 | -1.60 | 3.74 |
| 细粉砂 | 1389 | 1.67 | 33.42 | 31.75 | 5.44 | 4.11 | 3.63 | 4.27 | 18.24 | 3.17 | 11.94 |

| 参数 | $N$ | 极小值 | 极大值 | 极差 | 均值 | 中值 | 众数 | 标准差 | 方差 | 偏度 | 峰度 |
|---|---|---|---|---|---|---|---|---|---|---|---|
| 细黏土/细粉砂 | 1389 | 0.71 | 42.27 | 41.55 | 15.65 | 14.94 | 14.12 | 7.92 | 62.65 | 0.46 | 0.06 |
| 细黏土/>8μm | 1389 | 0.28 | 42.27 | 41.99 | 15.33 | 14.62 | 17.67 | 7.98 | 63.62 | 0.49 | 0.12 |
| 组分Ⅱ | 1389 | 26.273 | 81.468 | 55.195 | 41.099 | 39.647 | 52.375 | 8.034 | 64.539 | 1.555 | 3.536 |
| 组分Ⅱb | 1389 | 0.000 | 19.792 | 19.792 | 0.087 | 0.000 | 0.000 | 0.988 | 0.976 | 14.633 | 236.782 |
| 组分Ⅰ/组分Ⅱ | 1389 | 0.227 | 2.806 | 2.579 | 1.513 | 1.522 | 0.909 | 0.422 | 0.178 | -0.242 | 0.139 |
| 磁化率 | 1714 | -3.00 | 47.20 | 50.20 | 3.48 | 3.20 | 1.20 | 3.26 | 10.62 | 4.51 | 44.74 |
| $\delta^{18}O$ | 228 | -0.46 | 1.54 | 2.04 | 0.56 | 0.59 | 0.65 | 0.31 | 0.10 | -0.29 | 0.43 |
| $\delta^{13}C$ | 228 | 0.06 | 2.10 | 2.04 | 1.12 | 1.10 | 1.03 | 0.36 | 0.13 | 0.05 | -0.01 |
| SST | 228 | 14.01 | 20.93 | 6.92 | 17.37 | 17.29 | 16.42 | 1.07 | 1.14 | 0.22 | 0.37 |
| Mg/Ca | 41 | 2.43 | 3.37 | 0.94 | 2.98 | 2.99 | 2.43 | 0.23 | 0.05 | -0.4 | -0.57 |

## 第三节　古气候变化的特征

$CaCO_3$含量和亮度$L^*$在研究剖面115.48~69.43m(2420.88~1460.89ka BP)之间的变化情况,可以分为26个沉积旋回,用26个小写英文字母表示(图9.1,图9.2)。根据深海$CaCO_3$沉积第四纪大西洋型旋回性的冰期$CaCO_3$含量低和间冰期含量高的明显特点,可以判断出$CaCO_3$含量和亮度$L^*$的峰值对应间冰期、谷值对应冰期,说明在2420.88~1460.89ka BP,北大西洋地区气候变化波动频繁,至少发育了26次大小不等的冰期。

综合分析$CaCO_3$含量、亮度$L^*$、磁化率、平均粒径、中值粒径、细黏土(%)、细粉砂(%)、细黏土/细粉砂、细黏土/>8μm、组分Ⅱ、组分Ⅱb、组分Ⅰ/组分Ⅱ、$\delta^{18}O$、$\delta^{13}C$、SST和Mg/Ca等16个指标在研究剖面115.48~69.43m(2420.88~1460.89ka BP)之间的波动情况,可以把U1313站沉积记录揭示的古气候变化过程分为A、B、C、D、E、F、G、H和I共9个阶段(图9.1、图9.2),各个阶段的古气候变化特征详述如下。

### 一、A阶段(2420.88~2376.49ka BP)

该阶段深度为115.48~113.3m,对应的年代在2420.88~2376.49ka BP,长2.18m,时间跨度为44.39ka。$CaCO_3$含量和亮度$L^*$在114.92m(2411.03ka BP)和113.94m(2390.92ka BP)处有两个明显的谷值,在114.44m(2402.2ka BP)处有一个峰值,两个谷值分别指示a和b两个冰期。a冰期与$\delta^{18}O$的峰值和SST的谷值对应明显,而与其他指标对应得并不明显,可能是因为处于研究剖面的边缘,并没有达到谷值的底部,或者其他指标分辨率较低造成的;b冰期比a冰期的谷值更显著,与其他指标对应得非常明显,平均粒径、中值粒径、细粉砂(%)、$\delta^{18}O$和组分Ⅱ在113.94m(2390.92ka BP)处均有一个明显的峰值,$\delta^{13}C$、SST、细黏土

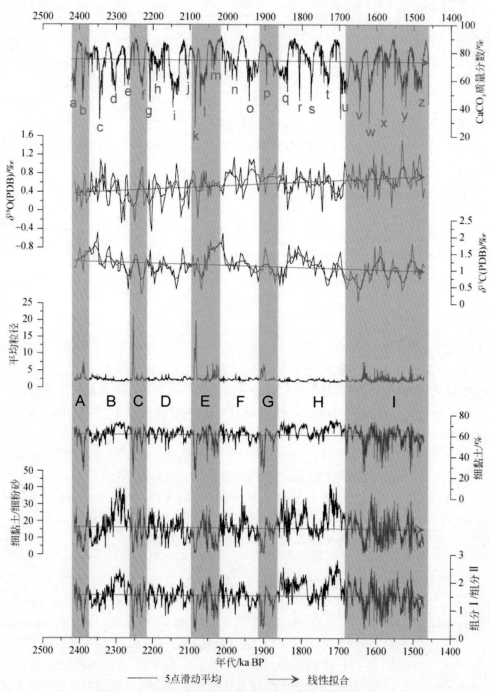

图 9.1　CaCO₃ 含量、$\delta^{18}$O、$\delta^{13}$C、平均粒径、细黏土、细黏土/细粉砂和组分 I/组分 II 图

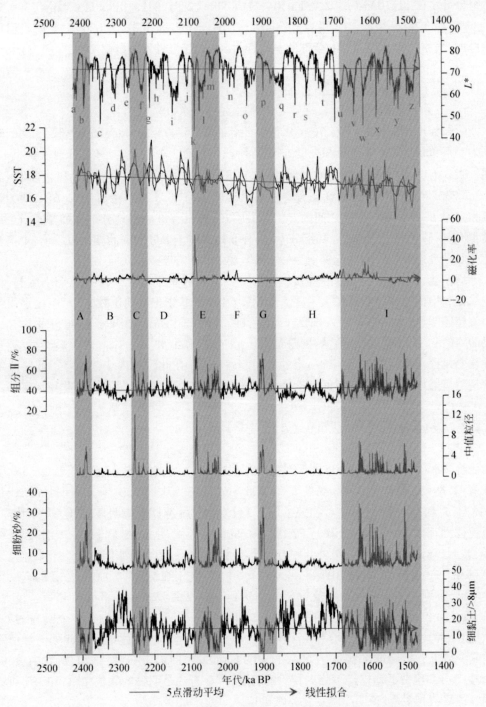

图 9.2　$L^*$、SST、磁化率、组分 II、中值粒径、细粉砂和细黏土/细粉砂图

(%)、细黏土/细粉砂、细黏土/>8μm 和组分Ⅰ/组分Ⅱ均对应一个明显的谷值。

组分Ⅱb 在 114.02m(2392.73ka BP)、113.98m(2391.82ka BP)、113.94m(2390.92ka BP)、113.86m(2389.12ka BP)和 113.78m(2387.31ka BP)大于零(表6.6)。此阶段粗颗粒含量增加,气候变冷,对应冰期,全球冰量增加,伴有 IRD 事件发生。

## 二、B 阶段(2376.49~2261.53ka BP)

该阶段深度为 113.3~107.76m,对应的年代在 2376.49~2261.53ka BP,长 5.54m,时间跨度为 114.96ka。$CaCO_3$ 含量和亮度 $L^*$ 在本阶段发育有 3 个明显的谷值,分别指示 c、d 和 e 冰期。$\delta^{18}O$ 有 3 个峰值,SST 有 3 个谷值与 c、d 和 e 冰期对应明显,在 b 和 c 冰期之间,112.9m(2367.47ka BP)处,$\delta^{18}O$ 还有一个明显的峰值,SST 还有一个对应的谷值,而 $CaCO_3$ 含量和亮度 $L^*$ 在 b 和 c 冰期之间的谷值不太明显,故没有进一步划分。$\delta^{13}C$、细黏土(%)、细黏土/细粉砂、细黏土/>8μm 和组分Ⅰ/组分Ⅱ均对应于 c、d 和 e 冰期出现谷值,中值粒径和组分Ⅱ则表现为很小的突起峰值,平均粒径、磁化率和细粉砂表现不明显。

平均粒径、中值粒径和磁化率波动非常平缓,其曲线记录在此阶段有几个小突起、指示平均粒径和中值粒径相对稍微大一些。细粉砂(%)和组分Ⅱ波动也较平缓,但比平均粒径和中值粒径明显。细黏土(%)、细黏土/细粉砂、细黏土/>8μm 和组分Ⅰ/组分Ⅱ均有一个明显的峰值和不太明显的峰值,特别是细黏土/细粉砂和细黏土/>8μm 表现最明显,指示粒度颗粒变化存在粗→细→粗→细→粗的旋回。组分Ⅱb 在此阶段内全部为零。此阶段细颗粒含量明显增加,气候变暖,以间冰期为主,全球冰量减少,没有证据显示发生 IRD 事件。

## 三、C 阶段(2261.53~2219.64ka BP)

该阶段深度为 107.76~105.4m,对应的年代在 2261.53~2219.64ka BP,长 2.36m,时间跨度为 41.89ka。$CaCO_3$ 含量和亮度 $L^*$ 在 105.9m(2228.57ka BP)处有一个明显的谷值,对应 f 冰期,$\delta^{18}O$ 有 1 个峰值,$\delta^{13}C$ 和 SST 均有 1 个谷值与 f 冰期对应明显,磁化率、平均粒径、中值粒径、细粉砂(%)和组分Ⅱ与 f 冰期对应的峰值不太明显,细黏土(%)、细黏土/细粉砂、细黏土/>8μm 和组分Ⅰ/组分Ⅱ则有一个不太明显的谷值与 f 冰期对应。

在 107.32m(2253.77ka BP)处,平均粒径、中值粒径、细粉砂(%)和组分Ⅱ均有一个明显的峰值,特别是平均粒径和中值粒径分别达到了整个曲线记录的极大值和第二极大值。细黏土(%)、细黏土/细粉砂、细黏土/>8μm 和组分Ⅰ/组分Ⅱ均对应有一个明显的谷值。在此处 $CaCO_3$ 含量和亮度 $L^*$ 均有一个不明显的谷值相对应。上述指标在此处的峰值和谷值均是突然上升然后迅速下降,在紧邻的 107.1m(2249.88ka BP)处,平均粒径、中值粒径、细粉砂(%)和组分Ⅱ均已经下降到相对的谷底,$\delta^{18}O$ 有一个明显的谷值,$\delta^{13}C$ 和 SST 则有一个明显的峰值相对应,说明冷暖变化非常迅速。

组分Ⅱb 在 107.44m(2255.88ka BP)、107.40m(2255.18ka BP)、107.36m(2254.47ka BP)、107.32m(2253.77ka BP)、107.28m(2253.06ka BP)和 107.24m(2252.35ka BP)大于零(表6.6)。此阶段粗颗粒含量增加,气候变冷,对应冰期,全球冰量增加,伴有 IRD 事件

发生。

## 四、D 阶段（2219.64～2092.21ka BP）

该阶段深度为 105.4～99.43m,对应的年代在 2219.64～2092.21ka BP,长 5.97m,时间跨度为 127.43ka。

$CaCO_3$ 含量和亮度 $L^*$ 在本阶段有 g、h、i 和 j 共 4 个冰期。$\delta^{18}O$ 的峰值和 SST 的谷值均与这 4 个冰期对应较好。在 h 和 i 两个冰期之间,$\delta^{18}O$ 还有一个峰值,SST 还有一个对应的谷值,而 $CaCO_3$ 含量和亮度 $L^*$ 在 h 和 i 冰期之间的谷值不太明显,故没有进一步划分。$\delta^{13}C$ 和 $\delta^{18}O$ 的相关系数为-0.33,属于不太显著的负相关,不过,在本阶段。$\delta^{13}C$ 的谷值与 $\delta^{18}O$ 的峰值对应较好。

其他指标的曲线记录波动均非常平缓,没有明显的峰值或者谷值,与 g、h、i 和 j 冰期相对应的平均粒径、中值粒径、细粉砂(%)和组分Ⅱ的峰值,细黏土(%)、细黏土/细粉砂、细黏土/>8μm 和组分Ⅰ/组分Ⅱ的谷值均不是很明显。表现为几个对应的小突起。组分Ⅱb 在此阶段内全部为零。此阶段粗细颗粒含量均没有明显增加或者减少,气候波动较小,对应较长时间的间冰期,全球冰量减少,没有证据显示发生 IRD 事件。

## 五、E 阶段（2092.21～2019.66ka BP）

该阶段深度为 99.43～95.21m,对应的年代在 2092.21～2019.66ka BP,长 4.22m,时间跨度为 72.55ka。$CaCO_3$ 含量和亮度 $L^*$ 在本阶段有 k、l 和 m 共 3 个冰期。在 99.13m(2085.96ka BP)处,$CaCO_3$ 含量和亮度 $L^*$ 达到了极小值,磁化率达到极大值,对应的是 k 冰期,磁化率、平均粒径、中值粒径、细粉砂(%)和组分Ⅱ在此处均有一个显著的峰值,细黏土(%)、细黏土/细粉砂、细黏土/>8μm 和组分Ⅰ/组分Ⅱ在此处则有一个显著的谷值。$\delta^{18}O$ 有一个峰值,SST 和 $\delta^{13}C$ 各有一个谷值与此相对应,但均不是非常显著。

平均粒径、中值粒径、细粉砂(%)和组分Ⅱ除了均有一个显著的峰值以外,还有几个较低的峰值连续出现。这几个连续的峰值与显著的峰值在平均粒径和中值粒径的曲线记录中悬殊,在组分Ⅱ的曲线记录中差距已经不大,在细粉砂(%)的曲线记录中非常接近。细黏土(%)、细黏土/细粉砂、细黏土/>8μm 和组分Ⅰ/组分Ⅱ相对应出现一个显著的谷值和几个连续的谷值,细黏土(%)和组分Ⅰ/组分Ⅱ的曲线记录中,显著的谷值和几个连续的谷值有一定差距,但不如平均粒径和中值粒径峰值差距那么大,在细黏土/细粉砂和细黏土/>8μm 的曲线记录中,所谓显著的谷值已经不太显著,和连续的谷值差距不明显。

组分Ⅱb 在 99.17m(2086.79ka BP)、99.13m(2085.96ka BP)、99.09m(2085.12ka BP)、99.05m(2084.29ka BP)、99.01m(2083.46ka BP)、98.97m(2082.62ka BP)、98.93m(2081.79ka BP)、98.89m(2080.96ka BP)、97.07m(2052.14ka BP)、96.21m(2038.08ka BP)、95.69m(2028.50ka BP)、95.45m(2024.08ka BP)和 95.41m(2023.34ka BP)大于零(表 6.6)。第六章已经专门详细论述的 A10H5 段 80～138cm(98.73～99.29m,2077.63～2089.29ka BP),出现的明显的冰筏碎屑沉积层(图 6.3、图 6.7),正好位于本阶段内,证实发生多次 IRD

事件。此阶段粗颗粒含量增加,气候变冷,对应冰期,冰期的规模要大于相邻阶段,全球冰量增加幅度较大。

## 六、F 阶段(2019.66 ~ 1914.7ka BP)

该阶段深度为 95.21 ~ 91.35m,对应的年代在 2019.66 ~ 1914.7ka BP,长 3.86m,时间跨度为 104.96ka。$CaCO_3$ 含量和亮度 $L^*$ 在本阶段有 n 和 o 冰期。$\delta^{18}O$ 有 2 个峰值,SST 有 2 个谷值与此相对应。n 和 o 冰期。$\delta^{18}O$ 在与 n 和 o 冰期对应的 2 个峰值之间尚有一个较小的峰值,SST 相对应有一个较小的谷值,在 $CaCO_3$ 含量和亮度 $L^*$ 的曲线记录上并没有体现出来。$\delta^{13}C$ 与 n 和 o 冰期相对应的谷值表现不明显。细黏土/细粉砂、细黏土/>8μm 和组分 I/组分 II 与 n 和 o 冰期对应的谷值不明显,但均有一个较显著的峰值与 $CaCO_3$ 含量和亮度 $L^*$ 与 n 和 o 冰期之间的峰值对应较好。

与 D 阶段相似,其他指标的曲线记录波动均较平缓,没有明显的峰值或者谷值,仅在极个别地方有几个小突起。细黏土/细粉砂和细黏土/>8μm 的曲线记录显示有个别地方存在较大的峰值,但这些峰值缺少连续样品的支持,5 点平滑曲线对这些峰值响应不明显。组分 IIb 在此阶段内全部为零。此阶段粗细颗粒含量均没有明显增加或者减少,气候波动较小,对应较长时间的间冰期,全球冰量减少,没有证据显示发生 IRD 事件。

## 七、G 阶段(1914.7 ~ 1865.57ka BP)

该阶段深度为 91.35 ~ 89.81m,对应的年代在 1914.7 ~ 1865.57ka BP,长 1.54m,时间跨度 49.13ka。$CaCO_3$ 含量和亮度 $L^*$ 在本阶段仅有 1 个冰期 p。$\delta^{18}O$ 的峰值和 SST 的谷值与冰期 p 对应有一定的位差,$\delta^{13}C$ 的峰值与其对应较好。与 C 阶段相似,平均粒径、中值粒径、细粉砂(%)和组分 II 均有一个明显的峰值,细黏土(%)、细黏土/细粉砂、细黏土/>8μm 和组分 I/组分 II 均对应有一个明显的谷值。平均粒径和中值粒径的峰值比 C 和 E 两阶段的峰值小得多,但细粉砂(%)和组分 II 的峰值却非常显著,与 C 和 E 两阶段的峰值差别不明显。

此阶段粗颗粒含量增加,气候变冷,对应冰期,全球冰量增加,但组分 IIb 在此阶段内全部为零,没有证据发生多次 IRD 事件。

## 八、H 阶段(1865.57 ~ 1683.87ka BP)

该阶段深度为 89.81 ~ 81.64m,对应的年代在 1865.57 ~ 1683.87ka BP,长 8.17m,时间跨度为 181.7ka。$CaCO_3$ 含量和亮度 $L^*$ 在本阶段 q、r、s、t 和 u 共 5 个冰期。$\delta^{18}O$ 的峰值和 SST 的谷值与 5 个冰期对应较好。$\delta^{13}C$ 则对应一般。

平均粒径、中值粒径和细粉砂含量(%)波动非常平缓,其曲线记录在此阶段有几个小突起、指示平均粒径和中值粒径相对稍微大一些,相应的小突起在细粉砂含量(%)的曲线记录中表现较明显。组分 II 和细黏土(%)波动也较平缓,但比平均粒径、中值粒径和细粉砂含量

(%)明显。细黏土/细粉砂、细黏土/>8μm 和组分 I/组分 II 的曲线记录则表现出明显的波动,且主要在线性拟合线以上波动,峰值明显但谷值不明显,指示粒度颗粒变化存在粗→细→粗→细→粗的旋回,但主要集中在细颗粒一端变化,粗颗粒含量在整个剖面中与其他阶段相比,明显较低。组分 I/组分 II 的曲线记录还显示出在第一次粗→细以后保持了相当一段时间,随后迅速变速,但幅度不大。组分 IIb 在此阶段内全部为零。此阶段细颗粒含量明显增加,气候变暖,对应间冰期,全球冰量减少,没有证据显示发生 IRD 事件。

## 九、I 阶段(1683.87 ~ 1460.89ka BP)

该阶段深度为 81.64 ~ 69.43m,对应的年代在 1683.87 ~ 1460.89ka BP,长 12.21m,时间跨度为 222.98ka。CaCO$_3$ 含量和亮度 $L^*$ 在本阶段 v、w、x、y 和 z 共 5 个冰期。$\delta^{18}$O 的峰值和 $\delta^{13}$C、SST 的谷值与 5 个冰期对应较好。

所有指标在此阶段均波动明显,且幅度较大,存在多个明显的峰值或谷值。细黏土/细粉砂、细黏土/>8μm 和组分 I/组分 II 则同时存在多个峰值和谷值。平均粒径和中值粒径的峰值不如 C 和 E 两阶段的峰值明显,但有多个连续的峰值。79.52m(1634.96ka BP)处,细粉砂含量达到了极大值 33.42%。组分 IIb 在 79.34m(1631.66ka BP)、77.54m(1605.02ka BP)和 72.93m(1531.09ka BP)大于零(表 6.6)。此阶段粗细颗粒含量高低变换频繁,且幅度较大,说明气候极端不稳定,波动剧烈,冰川多次进退,冰期和间冰期迅速转换,全球冰量多次迅速增加又快速减少,发生多次 IRD 事件。

## 第四节 结 论

本书通过对综合大洋钻探计划(IODP)北大西洋 306 航次 U1313 站深海沉积物颜色反射率、CaCO$_3$ 含量、磁化率、密度、平均粒径、中值粒径、细黏土含量(%)、细粉砂含量(%)、细黏土/细粉砂、细黏土/>8μm、组分 II、组分 IIb、组分 I/组分 II、$\delta^{18}$O、$\delta^{13}$C、SST 和 Mg/Ca 等多个气候代用指标的分析与研究,得出以下认识和结论:

(1)研究剖面 115.48 ~ 69.43m(2420.88 ~ 1460.89ka BP),发生了多次冰漂砾沉积事件,尤以 A10H5 段 104 ~ 124cm(98.97 ~ 99.17m,2082.63 ~ 2086.79ka BP)最为显著,出现了明显的冰筏碎屑沉积层,肉眼可见存在有数块粒径约 3 ~ 20mm 的砾石。

(2)研究剖面粒度主要是由黏土和粉砂组成,其中又以黏土含量为主,平均达到了 76.13%,粉砂含量平均为 23.84%,砂的含量平均仅为 0.03%。粒度频率曲线均呈现明显的双峰分布,说明由两种不同的物源组成。对环境敏感粒度组分的分析表明,存在组分 I 和组分 II 等粗细两个环境敏感粒度组分,它们对环境变化的敏感程度基本相同,分别代表岩心沉积的粗细颗粒的多少,推测是在西风环流和北大西洋暖流两种动力条件的搬运下沉积形成的,其含量高低的变化能够反映气候的冷暖波动情况。矿物分析结果表明研究剖面样品主要由石英、钙长石和伊利石等矿物组成。

(3)利用 EMD 方法和小波分析方法对颜色反射率、CaCO$_3$ 含量、平均粒径、中值粒径、细黏土含量(%)、细粉砂含量(%)、细黏土/细粉砂、细黏土/>8μm、组分 II 和组分 I/组分 II

等指标进行多时间尺度分析的结果表明,大西洋地区早更新世气候变化不仅存在着地球轨道参数变化引起的偏心率周期(400ka 和 100ka)、岁差周期(23ka 和 19ka)和倾斜角周期(41ka),还存在着 8ka(7.4 ~ 8.12ka)、6ka(5.79 ~ 6.4ka)、4ka(4.24 ~ 4.54ka)、3ka(3.16 ~ 3.65ka)、2ka(1.99 ~ 2.88ka)和 1ka(1.38 ~ 1.48ka)等一系列亚轨道的千年尺度周期。

(4)根据 $CaCO_3$ 含量和亮度 $L^*$ 在研究剖面 115.48 ~ 69.43m(2420.88 ~ 1460.89ka BP)的波动情况,可以分为 26 个沉积旋回,用 26 个小写英文字母表示(图 9.1、图 9.2)。根据深海 $CaCO_3$ 沉积第四纪大西洋型旋回性的冰期 $CaCO_3$ 含量低和间冰期含量高的明显特点,可以判断出 $CaCO_3$ 含量和亮度 $L^*$ 的峰值对应间冰期、谷值对应冰期,说明在 2420.88 ~ 1460.89ka BP,北大西洋地区气候变化波动频繁,至少发育了 26 次大小不等的冰期。$\delta^{18}O$ 和 SST 的波动情况证实了以上结论。

(5)综合分析 $CaCO_3$ 含量、亮度 $L^*$、磁化率、平均粒径、中值粒径、细黏土含量(%)、细粉砂含量(%)、细黏土/细粉砂、细黏土/>8μm、组分Ⅱ、组分Ⅱb、组分Ⅰ/组分Ⅱ、$\delta^{18}O$、$\delta^{13}C$、SST 和 Mg/Ca 等 16 个指标在研究剖面 115.48 ~ 69.43m(2420.88 ~ 1460.89ka BP)的波动情况,可以把 U1313 站沉积记录揭示的古气候变化过程分为 A、B、C、D、E、F、G、H 和 I 共 9 个阶段(图 9.1、图 9.2),各个阶段的古气候变化特征详述如下。

A 阶段(2420.88 ~ 2376.49ka BP),时间跨度为 44.39ka,包括 a 和 b 两个冰期。粗颗粒含量增加,气候变冷,对应冰期,全球冰量增加,伴有 IRD 事件发生。

B 阶段(2376.49 ~ 2261.53ka BP),时间跨度为 114.96ka。包含 c、d 和 e 冰期对应明显。细颗粒含量明显增加,气候变暖,以间冰期为主,全球冰量减少,没有证据显示发生 IRD 事件。

C 阶段(2261.53 ~ 2219.64ka BP),时间跨度为 41.89ka。仅包含 f 冰期,粗颗粒含量增加,气候变冷,对应冰期,全球冰量增加,伴有 IRD 事件发生。

D 阶段(2219.64 ~ 2092.21ka BP),时间跨度为 127.43ka。包含 g、h、i 和 j 共 4 个冰期。粗细颗粒含量均没有明显增加或者减少,气候波动较小,对应较长时间的间冰期,全球冰量减少,没有证据显示发生 IRD 事件。

E 阶段(2092.21 ~ 2019.66ka BP),时间跨度为 72.55ka。包含 k、l 和 m 冰期。第六章已经专门详细论述的 A10H5 段 80 ~ 138cm(98.73 ~ 99.29m,2077.63 ~ 2089.29ka BP)出现的明显的冰筏碎屑沉积层(图 6.3、图 6.7),正好位于本阶段内,证实发生多次 IRD 事件。此阶段粗颗粒含量增加,气候变冷,对应冰期,冰期的规模要大于相邻阶段,全球冰量增加幅度较大。

F 阶段(2019.66 ~ 1914.7ka BP),时间跨度为 104.96ka。包含 n 和 o 冰期。此阶段粗细颗粒含量均没有明显增加或者减少,气候波动较小,对应较长时间的间冰期,全球冰量减少,没有证据显示发生 IRD 事件。

G 阶段(1914.7 ~ 1865.57ka BP),时间跨度 49.13ka。仅包含 1 个冰期 p。此阶段粗颗粒含量增加,气候变冷,对应冰期,全球冰量增加,但组分Ⅱb 在此阶段内全部为零,没有证据发生多次 IRD 事件。

H 阶段(1865.57 ~ 1683.87ka BP),时间跨度 181.7ka。包含 q、r、s、t 和 u 共 5 个冰期。此阶段细颗粒含量明显增加,气候变暖,对应间冰期,全球冰量减少,没有证据显示发生 IRD

事件。

I 阶段(1683.87 ~ 1460.89ka BP),时间跨度为 222.98ka。包含 v、w、x、y 和 z 共 5 个冰期。此阶段粗细颗粒含量高低变换频繁,且幅度较大,说明气候极端不稳定,波动剧烈,冰川多次进退,冰期和间冰期迅速转换,全球冰量多次迅速增加又快速减少,发生多次 IRD 事件。

# 参 考 文 献

安芷生,符淙斌.2001.全球变化科学的进展.地球科学进展,16(5):671-680

安芷生,王俊达,李华梅.1977.洛川黄土剖面的古地磁研究.地球化学,4:239-249

把多辉,朱拥军,王若生,等.2005.气候变迁与黄土高原演变的研究综述.干旱气象,23(3):69-73

操应长,王健,刘惠民.2010.利用环境敏感粒度组分分析滩坝砂体水动力学机制的初步探讨——以东营凹陷西部沙四上滩坝砂体沉积为例.沉积学报,28(2):274-283

曹继秀,徐齐治,张宇田,等.1988.兰州九州台黄土–古土壤系列与环境演化研究.兰州大学学报(自然科学版),24(1):118-122

長島佳菜,多田隆治,松井裕之.2004.過去14万年間のアジアモンスーン・偏西風変動–日本海堆積物中の黄砂粒径・含有量からの復元–.第四紀研究,43(2):85-97

陈萍.2003.浮游有孔虫壳体的若干化学指标及其古海洋学意义——以东北印度洋260ka以来古海洋学研究为例.北京:中国地质大学(北京)

陈萍,方念乔,胡超涌,等.2004.浮游有孔虫壳体 Mg/Ca 值——SST 的替代性指标.地球科学,29(6):697-702

陈仕涛,汪永进,吴江滢,等.2006.东亚季风气候对 Heinrich2 事件的响应:来自石笋的高分辨率记录.地球化学,35(6):86-592

陈效逑.2001.自然地理学.北京:北京大学出版社,160-200

邓成龙,刘青松,潘永信,等.2007.中国黄土环境磁学.第四纪研究,27(2):193-209

邓拥军,王伟,钱成春,等.2001.EMD 方法及 Hilbert 变化中边界问题的处理.科学通报,46(3):257-263

邓自旺,林振山,周晓兰.1997.西安市近50年来气候变化多时间尺度分析.高原气象,16(1):81-93

丁仲礼.2006.米兰科维奇冰期旋回理论:挑战与机遇.第四纪研究,26(5):710-717

丁仲礼,刘东生.1989.中国黄土研究新进展(一)黄土地层.第四纪研究,1:24-35

丁仲礼,余志伟,刘东生.1991.中国黄土研究进展(三)时间标尺.第四纪研究,4:336-348

董长虹.2004.Matlab 小波分析工具箱原理与应用.北京:国防工业出版社,1-290

葛倩,孟宪伟,初凤友,等.2008.近3万年来南海北部碳酸盐旋回及古气候意义.海洋性研究,26(1):18-21

葛全胜,王芳,陈泮勤,等.2007.全球变化研究进展和趋势.地球科学进展,22(4):417-427

郭正堂,刘东生,吴乃琴,等.1996.最后两个冰期黄土记录的 Heinrich 事件型气候节拍.第四纪研究,1:21-30

郭志永,翟秋敏,沈娟.2011.黄河中游渑池盆地湖泊沉积记录的古气候变化及其意义.第四纪研究,31(1):150-162

韩广,张桂芳,杨文斌.2004.呼伦贝尔沙地沙丘砂来源的定量分析——逐步判别分析在粒度分析方面的应用.地理学报,59(2):189-196

侯书贵,李院生,效存德,等.2007.南极 Dome A 地区的近期积累率.科学通报,52(2):243-245

胡守云,王苏民,Appel E,等.1998.呼伦湖湖泊沉积物磁化率变化的环境磁学机制.中国科学(D 辑),28(4):334-339

黄赐璇,冯·康波·艾利斯,李栓科.1996.根据孢粉分析论青藏高原西部和北部全新世环境变化.微体古生物学报,13(4):423-432

黄维,翦知湣,Bühring C.2003a.南海北部 ODP 1144 站颜色反射率揭示的千年尺度气候波动.海洋地质与第四纪地质,23(3):5-10

黄维,刘志飞,陈晓良,等.2003b.寻求深海碳酸盐沉积含量的物理标志.地球科学,28:157-162

翦知湣,王吉良,成鑫荣,等.2001a.南海北部晚新生代氧同位素地层学.中国科学(D 辑),31(10):800-807

翦知湣,成鑫荣,赵泉鸿,等.2001b.南海北部近 6Ma 以来的氧同位素地层与事件.中国科学(D 辑),31(10):816-822

康玲,杨正祥,姜铁兵.2009.基于 Morlet 小波的丹江口水库入库流量周期性分析.计算机工程与科学.31(11):149-152

康兴成,Grumlich L J,Sheppard P.1997.青海都兰地区 1835 年来的气候变化——来自树木年轮的资料.第四纪研究,17(1):70-75

李炳元,潘保田.2002.青藏高原古地理环境研究.地理研究,21(1):61-70

李炳元,张青松,王富葆.1991.喀喇昆仑山—西昆仑山地区的湖泊演化.第四纪研究,1:64-71

李海东,沈渭寿,赵卫,等.2010.1957—2007 年雅鲁藏布江中游河谷降水变化的小波分析.气象与环境学报,26(4):1-7

李华梅,安芷生,王俊达.1974.午城黄土剖面古地磁研究的初步结果.地球化学,2:93-104

李建如.2005.有孔虫壳体的 Mg/Ca 比值在古环境研究中的应用.地球科学进展,20(8):815-822

李建如,汪品先.2006.南海 20 万年来的碳同位素记录.科学通报,51(12):1482-1486

李郎平,鹿化煜.2010.黄土高原 25 万年以来粉尘堆积与侵蚀的定量估算.地理学报,65(1):37-52

李世杰,郑本兴,焦克勤.1993.西昆仑山区湖泊初探.海洋与湖沼,24(1):37-44

李铁刚,常凤鸣.2009.冲绳海槽古海洋学.北京:海洋出版社,1-258

李铁刚,薛胜吉.1994.全新世/冰期西赤道太平洋边缘海碳酸钙沉积旋回及其古海洋学意义.海洋地质与第四纪地质,14(4):25-32

李学杰.1997.近 2 万年来南海北部与西部碳酸盐旋回及其古海洋学意义.海洋地质与第四纪地质,17(2):9-19

李学杰,刘坚,陈芳,等.2008.南海北部晚更新世以来的碳酸盐旋回.第四纪研究,28(3):431-436

李元芳,朱立平,李炳元.2002.藏南沉错地区近 1400 年来的介形类与环境变化.地理学报,57(4):413-421

林海.2001.全球变化的新挑战.中国科学基金,5:268-271

林海.2002.中国全球变化研究的回顾与展望.地学前缘,9(1):19-25

刘传联.2005.追溯北大西洋气候的千年周期——记综合大洋钻探 303 航次.地球科学,30(1):30-31

刘东生.1966.黄土的物质成分和结构.北京:科学出版社,1-125

刘东生.1985.黄土与环境.北京:科学出版社,1-412

刘东生.1997.第四纪环境.北京:科学出版社,1-239

刘东生.2003.大洋钻探与我国古海洋学研究的国际意义.科学通报,48(21):2205

刘东生.2009.黄土与干旱环境.合肥:安徽科学技术出版社,1-507

刘东生,丁仲礼.1990.中国黄土研究新进展(二)古气候与全球变化.第四纪研究,1:1-9

刘东生,孙继敏,吴文祥.2001.中国黄土研究的历史、现状和未来——次事实与故事相结合的讨论.第四纪研究,21(3):185-207

刘光锈,沈永平,王睿,等.1995.孢粉记录揭示的 2 万年以来若尔盖地区的气候变化.冰川冻土,17(2):132-137

刘莉红,翟盘茂,郑祖光.2008.中国北方夏半年最长连续无降水日数的变化特征.气象学报,66(3):474-477

刘青松,邓成龙.2009.磁化率及其环境意义.地球物理学报,52(4):1041-1048

刘新月,王清,周祖翼.2004.日本的综合大洋钻探计划(IODP).地球科学进展,19(4):552-557

刘秀铭,刘东生,夏敦胜,等.2007.中国与西伯利亚黄土磁化率古气候记录–氧化和还原条件下的两种成土模式分析.中国科学(D 辑),37(10):1382-1391

刘振夏,李培英,李铁刚,等.2000.冲绳海槽 5 万年以来的古气候事件.科学通报,45(16):1776-1781

刘志飞,Colin C,Trentesaux A,等.2004.南海南部晚第四纪东亚季风演化的粘土矿物记录.中国科学(D

辑),34(3):272-278

刘志杰,刘荫椿.2008.中国第四纪黄土古环境研究若干进展.环境科学与管理,33(4):15-19

隆浩,王晨华,刘勇平,等.2007a.粘土矿物在过去环境变化研究中的应用.盐湖研究,15(2):21-29

隆浩,王乃昂,马海州,等.2007b.腾格里沙漠西北缘湖泊沉积记录的区域风沙特征.沉积学报,25(4):
　　626-631

陆建芳.2002.古海洋环境中的地球化学新指标.地球科学进展,17(3):402-410

鹿化煜,安芷生.1997.洛川黄土粒度组成的古气候意义.科学通报,42(1):66-69

鹿化煜,安芷生.1998.黄土高原黄土粒度组成的古气候意义.中国科学(D辑),28(3):278-283

鹿化煜,安芷生.1999.黄土高原红粘土与黄土古土壤粒度特征对比——红粘土风成成因的新证据.沉积学
　　报,17(2):226-232

鹿化煜,周杰.1996.Heinrich事件和末次冰期气候的不稳定性.地球科学进展,11(1):40-44

鹿化煜,周亚利,Mason J,等.2006a.中国北方晚第四纪气候变化的沙漠与黄土记录——以光释光年代为基
　　础的直接对比.第四纪研究,26(6):888-894

鹿化煜,Stevens T,弋双文,等.2006b.高密度光释光测年揭示的距今约15~10ka黄土高原侵蚀事件.科学通
　　报,51(23):2767-2772

鹿化煜,胡挺,王先彦.2009.1100万年以来中国北方风尘堆积与古气候变化的周期及驱动因素分析.高校
　　地质学报,15(2):149-158

鹿化煜,李郎平,弋双文,等.2010.中国北方沙漠—黄土体系的沉积和侵蚀过程与未来趋向探析.地学前缘,
　　17(5):336-344

吕华华.2005.赤道北太平洋黏土沉积物的标型特征及其应用研究.青岛:中国科学院海洋研究所

吕连清,方小敏,鹿化煜,等.2004.青藏高原东北缘黄土粒度记录的末次冰期千年尺度气候变化.科学通报,
　　49(11):1091-1103

马万栋,孙国芳.2007.黄土粒度组成的古环境意义研究进展.气象与环境科学,30(1):80-83

孟庆勇,李安春.2008.海洋沉积物的环境磁学研究简述.海洋环境科学,27(1):86-90

宁伏龙,张凌,王荣璟.2009.大洋科学钻探——从DSDP→ODP→IODP.武汉:中国地质大学出版社,162-167

潘永信,朱日祥.1996.环境磁学研究现状和进展.地球物理学报,11(4):87-99

钱建兴.1999.晚第四纪以来南海古海洋学研究.北京:科学出版社,1-167

钱振华,宋汉文.2005.经验模式分解方法(EMD)研究综述.2005年上海市国际工业博览会第三届上海市
　　"工程与振动"科技论坛论文集.上海:上海市土木工程协会

秦大河,效存德,丁永建,等.2006.国际冰冻圈研究动态和我国冰冻圈研究的现状与展望.应用气象学报.17
　　(6):649-656

任贾文,效存德,侯书贵,等.2009.极地冰芯研究的新焦点:NEEM与Dome A.科学通报,54(4):399-401

邵雪梅,范金梅.1999.树轮宽资料所指示的川西过去气候变化.第四纪研究,19(1):81-89

沈才明,唐领余,王苏民.1996.若尔盖地区25万年以来的植被与古气候.微体古生物学报,13(4):373-385

沈吉,刘兴起,Matsumoto R,等.2004a.晚冰期以来青海湖沉积物多指标高分辨率的古气候演化.中国科学
　　(D辑),34(6):582-589

沈吉,吕厚远,王苏民,等.2004b.错鄂孔深钻揭示的青藏高原中部2.8Ma B.P.以来环境演化及其对构造事
　　件响应.中国科学(D辑),34(4):359-366

施雅风,李吉均,李炳元.1998.青藏高原晚新生代隆升与环境变化.广州:广东科技出版社,1-463

石广玉,刘玉芝.2006.地球气候变化的米兰科维奇理论研究进展.地球科学进展,21(3):278-285

石学法,陈春峰,刘焱光,等.2002.南黄海中部沉积物粒径趋势分析及搬运作用.科学通报,47(6):452-456

史江峰,刘禹,蔡秋芳,等.2007.贺兰山过去196年降水的树轮宽度重建及降水变率.海洋地质与第四纪地

质,27(1):95-100

孙东怀,鹿化煜,Rea D,等.2000.中国黄土粒度的双峰分布及其古气候意义.沉积学报,18(3):327-335

孙广友,罗新正,Tuener R E.2001.青藏东北部若尔盖高原全新世泥炭沉积年代学研究.沉积学报,19(2):177-181

孙鸿烈,郑度.1998.青藏高原形成演化与发展.广州:广东科技出版社,73-138,179-230

孙继敏,丁仲礼,刘东生.1996.当前国际第四纪研究概述.干旱区地理,19(4):81-90

孙庆峰,陈发虎,Colin C,等.2011.粘土矿物在气候环境变化研究中的应用进展.矿物学报,31(1):146-152

孙枢.2005.对我国全球变化与地球系统科学研究的若干思考.地球科学进展,20(1):6-10

孙有斌,高抒,李军.2003.边缘海陆源物质中环境敏感粒度组分的初步分析.科学通报,48(1):83-86

唐学远,孙波,李院生,等.2009.南极冰盖研究最新进展.地球科学进展,24(11):1210-1218

田军.2007.南海ODP1143站有孔虫稳定同位素揭示的上新世至更新世气候变化.上海:同济大学出版社:1-91

万世明,李安春,Stuut W J-B,等.2007.南海北部ODP1146站粒度揭示的近20Ma以来东亚季风演化.中国科学(D辑),37(6):761-770

汪海斌,陈发虎,张家武.2002.黄土高原西部地区黄土粒度的环境指示意义.中国沙漠,22(1):21-26

王君波,朱立平.2005.青藏高原湖泊沉积与环境演变研究:现状与展望.地理科学进展,5:3-14.

汪品先.1994.古海洋学.地球科学进展,9(4):94-96

汪品先.1998a.大洋钻探与海洋地质的新世纪.中国地质,255:9-10

汪品先.1998b.西太平洋边缘海的冰期碳酸盐旋回.海洋地质与第四纪地质,18(1):1-11

汪品先.2006a.编制地球的"万年历".自然杂志,28(1):1-6

汪品先.2006b.地质计时的天文"钟摆".海洋地质与第四纪地质,26(1):1-7

汪品先.2009.南海——我国深海研究的突破口.热带海洋学报,28(3):1-4

汪品先,田军,成鑫荣,等.2003.探索大洋碳储库的演变周期.科学通报,48(21):2216-2227

汪品先,翦知湣,刘志飞.2006a.地球圈层相互作用中的深海过程和深海记录(I):研究进展与成果.地球科学进展,21(4):331-337

汪品先,翦知湣,刘志飞.2006b.地球圈层相互作用中的深海过程和深海记录(Ⅱ):气候变化的热带驱动与碳循环.地球科学进展,21(4):338-345

王保贵,汤贤赞,侯红明,等.1993.南沙群岛海域磁性地层学初步研究.热带海洋,12(2):53-60

王昆山,石学法,王国庆.2006.南黄海陆架沉积物颜色反射率的初步研究.海洋科学进展,24(1):30-38

王苏民,施雅风.1992.晚第四纪青海湖演化研究析视与讨论.湖泊科学,4(3):1-9

王苏民,薛滨.1996.中更新世以来若尔盖盆地环境演化与黄土高原比较研究.中国科学(D辑),26(4):323-328

王永焱.1987.中国黄土区第四纪古气候变化.中国科学(B辑),10:1099-1106

旺罗,刘东生,韩家懋,等.2000.中国第四纪黄土环境磁学研究进展.地球科学进展,15(3):335-341

魏东岩.1993.古气候研究新进展.化工地质,15(2):107-109

魏乐军,郑绵平,蔡克勤,等.2002.西藏洞错全新世早期盐湖沉积的古气候记录.地学前缘,9(1):129-135

吴健,沈吉.2009.兴凯湖沉积物磁化率和色度反映的28kaBP以来区域古气候环境演化.海洋地质与第四纪地质,29(3):123-131

吴瑞金.1993.湖泊沉积物的磁化率、频率磁化率及其古气候意义——以青海湖、岱海近代沉积为例.湖泊科学,5(2):128-135

鲜锋,周卫健,于学峰,等.2006.高原泥炭记录揭示的全新世季风快速变化.海洋地质与第四纪地质,26(1):41-45

向荣,杨作升,郭志刚,等.2005.济州岛西南泥质区粒度组分变化的古环境应用.中国地质大学学报(地球科学),30(5):582-588

向荣,杨作升,Saito Y,等.2006.济州岛西南泥质区近2300a来环境敏感粒度组分记录的东亚冬季风变化.中国科学(D辑),36(7):654-666

肖尚斌,李安春.2005.东海内陆架泥区沉积物的环境敏感粒度组分.沉积学报,23(1):122-129

肖尚斌,李安春,蒋富清,等.2004.近2ka来东海内陆架的泥质沉积记录及其气候意义.科学通报,49(21):2233-2238

效存德,李院生,候书贵,等.2007.南极冰盖最高点满足钻取最古老冰芯的必要条件:Dome A 最新实测结果.科学通报,52(20):2456-2460

谢昕,郑洪波,陈国成,等.2007.古环境研究中深海沉积物粒度测试的预处理方法.沉积学报,5:684-692

谢远云,梁鹏,孟杰,等.2009.哈尔滨沙尘沉降物物源敏感粒度组分的提取及来源分析.地理与地理信息科学,25(6):51-55

徐方建,李安春,刘建国,等.2007.东海内陆架泥质沉积中心的环境敏感粒度组分.海洋地质与第四纪地质,27(增刊):16-20

徐方建,李安春,万世明,等.2009.东海内陆架泥质区中全新世环境敏感粒度组分的地质意义.海洋学报,31(3):95-102

徐方建,李安春,李铁刚,等.2011.末次冰消期以来冬海内陆架沉积物磁化率的环境意义.海洋学报,33(1):91-97

徐克红,程鹏飞,文汉江.2007.太阳黑子数时间序列的奇异谱分析和小波分析.测绘科学,6:35-38

徐茂泉,陈友飞.2010.海洋地质学(第二版).厦门:厦门大学出版社,1-284

徐树建.2007.风成沉积物环境敏感粒度指标的提取及意义.干旱区资源与环境,21(3):95-98

徐树建,潘保田,李琼,等.2005.陇西盆地末次冰期黄土粒度特征及其环境意义.沉积学报,23(14):702-708

徐树建,潘保田,高红山,等.2006.末次间冰期—冰期旋回黄土环境敏感粒度组分的提取及意义.土壤学报,43(2):183-189

许靖华.1984.古海洋学的历史与趋向.海洋学报,6(6):830-842

许靖华.1998.太阳、气候、饥荒与民族大迁移.中国科学(D辑),28(4):367-384

薛滨,王苏民,夏威岚,等.1997.若尔盖 RM 孔揭示的青藏高原900ka BP 以来的隆升与环境变化.中国科学(D辑),27(6):543-547

薛积彬,钟巍.2008.干旱区湖泊沉积物粒度组分记录的区域沙尘活动历史:以新疆巴里坤湖为例.沉积学报,26(4):647-654

羊向东,王苏民,Kamenik C,等.2003.藏南沉错钻孔硅藻组合与湖水古盐度定量恢复.中国科学(D辑),33(2):163-169

杨保,施雅风.1999.青藏高原冰芯研究进展.地球科学进展,14(2):183-188

杨怀仁.1987.第四纪地质.北京:高等教育出版社,1-200

杨梅学,姚檀栋.2003.小波气候突变的检测—应用范围及应注意的问题.海洋地质与第四纪地质,23(4):73-76

杨周,林振山,俞鸣同.2011.东亚冬季风演变和亚洲内陆干旱化信号的多尺度分析.第四纪研究,31(1):73-80

姚檀栋.1998a.7000m 处冰芯的初步研究.科学通报,43(8):811-812

姚檀栋.1998b.青藏高原冰芯研究.冰川冻土,20(3):233-237

姚檀栋,王宁练.1997.冰芯研究的过去、现在和未来.科学通报,42(3):225-230

姚檀栋,秦大河,田立德,等.1996.青藏高原2ka来温度与降水变化—古里雅冰芯记录.中国科学(D辑),26

(4):348-353

姚檀栋,王宁练,任贾文.2002.国际冰芯与气候环境研究新进展——关于国际"冰芯与气候"会议.冰川冻土,24(6):806-811

姚治君,段瑞,董晓辉,等.2010.青藏高原冰湖研究进展及趋势.地理科学进展,29(1):10-14.

叶笃正,符淙斌,董文杰.2002.全球变化科学进展与未来趋势.地球科学进展,17(4):467-469

殷志强,秦小光,吴金水,等.2008.湖泊沉积物粒度多组分特征及其成因机制研究.第四纪研究,28(2):345-353

于守兵,李世杰,刘吉峰.2006.青藏高原湖泊沉积研究及其进展.山地学报,24(4):480-488

余志伟,丁仲礼,刘东生.1992.黄土记录的古气候周期性研究.地质科学,增刊(S1):270-278

俞鸣同,林振山,杜建丽,等.2009.格陵兰冰芯氧同位素显示近千年气候变化的多尺度分析.冰川冻土,31(6):1037-1042

张代青,梅亚东,杨娜,等.2010.中国大陆近54年降水量变化规律的小波分析.武汉大学学报(工学版),43(3):278-282

张兰生,方修琦,任国玉.2000.全球变化,北京:高等教育出版社,1-341

张美良,程海,袁道先,等.2004.末次冰期贵州七星洞石笋高分辨率气候记录与Heinrich事件.地球学报,25(3):337-344

张玉兰.2009.南海深海69站柱状沉积中的孢粉记录与气候变化.热带海洋学报,28(3):54-58

张振克,王苏民,吴瑞金.1998a.全新世中期洱海湖泊沉积记录的环境演化与西南季风变迁.科学通报,43(19):2127-2128

张振克,吴瑞金,王苏民.1998b.岱海湖泊沉积物频率磁化率对历史时期环境变化的反映.地理研究,17(3):297-302

张振克,吴瑞金,朱育新,等.2000.云南洱海流域人类活动的湖泊沉积记录分析.地理学报,55(1):66-74

张志强,孙成权.1999.全球变化研究十年新进展.科学通报,44(5):464-477

赵进平,黄大吉.2001.经验模态分解方法的镜像延拓与圆形样条函数.浙江大学学报,2(3):247-252

赵景波,岳应利,杜娟.2002.黄土的形成与气候旋回划分.中国沙漠,22(1):11-15

赵泉鸿,汪品先.1999.南海第四纪古海洋学研究进展.第四纪研究,6:481-501

赵泉鸿,翦知湣,王吉良,等.2001.南海北部晚新生代氧同位素地层学.中国科学(D辑),31(10):800-807

赵希涛,朱大岗,严富华,等.2003.西藏纳木错末次间冰期以来的气候变迁与湖面变化.第四纪研究,23(1):41-52

郑度,李炳元.1999.青藏高原地理环境研究进展.地理科学,19(4):295-302

郑祖光,刘莉红.2010.经验模态分析与小波分析及其应用,北京:气象出版社,1-89

中国科学院综合科学考察队.1996.横断山冰川.北京:科学出版社,1-282

中国科学院综合科学考察队.1998.喀喇昆仑-昆仑山地区冰川与环境.北京:科学出版社,1-215

中国科学院综合科学考察队.1999.喀喇昆仑山-昆仑山地区晚新生代环境变化.北京:中国环境科学出版社,1-168

周天军,宇如聪,刘喜迎,等.2005.一个气候系统模式中大洋热盐环流对全球增暖的响应.科学通报,50(3):269-275

周卫建,卢雪峰,武振坤,等.2001.若尔盖高原全新世气候变化的泥炭记录与加速器放射性碳测年.科学通报,46(12):1040-1044

朱诚.2003.全球变化科学导论.南京:南京大学出版社,1-342

朱立平,陈玲,张平中,等.2001.环境磁学反映的藏南沉错地区1300年来冷暖变化.第四纪研究,21(6):520-527

朱日祥,岳乐平,白立新. 1995. 中国第四纪古地磁学研究进展. 第四纪研究,2:162-173

朱照宇,邱燕,周厚云,等. 2002. 南海全球变化研究进展. 地质力学学报,8(4):315-322

Akima H. 1970. A new method of interpolation and smooth curve fitting based on local procedures. Journal of the ACM,17:589-602

Alley R B,Gow A J,Meese D A,et al. 1997. Grain-scale processes,folding and stratigraphic disturbance in the GISP2 ice core. Journal of Geophysical Research,102:26819-26830

Alley R B,Marotzke J,Nordhaus W D,et al. 2003. Abrupt climate change. Science,299(5615):2005-2010

An Z S,Kukla G,Porter S C,et al. 1991. Magnetic susceptibility evidence of monsoon variation on the loess plateau of central China during the last 130,000 years. Quaternary Research,36:29-36

Anand P,Elderfield H,Maureen H. 2003. Calibration of Mg/Ca thermometry in planktonic foraminifera from a sediment trap time series. Paleoceanography,18(2):1050

Anderson J B. 1972. Marine geology of the Weddell Sea. Florida State Univ Sediment Res Lab Rep,1-222

Andrews J T,Erlenkeuser H,Tedesco K,et al. 1994. Late Quaternary(stage 2 and 3)Meltwater and Heinrich events,Northwest Labrador Sea. Quaternary Research,41:26-34

Arbuszewski J,Demenocal P,Kaplan A,et al. 2010. On the fidelity of shell-derived $\delta^{18}O_{seawater}$ estimates. Earth and Planetary Science Letters,300(3-4):1-196

Bader H. 1958. United States polar ice and snow studies in the International Geophysical Year. Geophysical Monograph,(2):177-181

Balsam W L,Deaton B C,Damuth J E. 1999. Evaluating opti-cal lightness as a proxy for carbonate content in marinesediment cores. Marine Geology,161:141-153

Bard E,Arnold M,Duprat J,et al. 1987. Reconstruction of the last deglaciation:deconvolved records of $\delta^{18}O$ profiles,micropalaeontological variation and accelerator mass spectrometric $^{14}C$ dating. Climate Dynamics,1:101-112

Barker S,Greaves M,Elderfield H,et al. 2003. A study of cleaning procedures used for foraminiferal Mg/Ca paleo-thermometry. Geochem Geophys Geosyst,44(9):8407

Bemis B E,Spero H J,Bijma J,et al. 1998. Reevaluation of the oxygen isotopic composition of planktonic foraminifera:experimental results and revised paleotemperature equations. Paleoceanography,13(2):150-160

Bender M L,Lorens R B,Williams D E. 1975. Sodium,magnesium and strontium in the tests of planktonic foraminifera. Micropaleobiology,21:448-459

Berger A. 1977. Support for the astronomical theory of climate change. Nature,268:44-45

Biscaye P E,Grousset F E,Revel M,et al. 1997. Asian provenance of glacial dust(stage 2)in the Greenland ice sheet project 2 ice core,Summit,Greenland. Journal of Geophysical Research,102(C12):26765

Bond G,Heinrich H,Broecker W,et al. 1992. Evidence for massive discharges of icebergs into the North Atlantic Ocean during the last glacial period. Nature,360:245-248

Bond G,Broecker W S,Johnson S,et al. 1993. Correlations be-tween climate records from North Atlantic sediments and Greenlandice. Nature,365:143-147

Boulay S,Colin C,Trentesaux A,et al. 2004. Mineralogy and sedimentology of Pleistocene sediment in the South China Sea(ODP Site 1144). Scientific Results,184:1-21

Bowen D Q,Richmond G M,Fullerton D S,et al. 1986. Correlations of Quaternary glaciations in the northern Hemi-sphere. Quaternary Science Reviews,5:509-510

Boyle E A,Keigwin L D. 1985. Comparison of Atlantic and Pacific paleochemical records for the last 215,000 years:Changes in deep ocean circulation an d chemical inventories. Earth and Planetary Science Letters,76:

135-150

Boyle E A, Rosenthal Y. 1996. Chemical hydrography of the South Atlantic during the last glacial maximum: Cd vs. $\delta^{13}$C//Wefer G, et al. The South Atlantic: Present and Past Circulation. Berlin, Springer-Verlag: 423-443

Bradshaw G A, Mclntosh B A. 1994. Detecting climate-induced patterns using wavelet analysis. Environmental Pollution, 83(1-2): 135-141

Brassell S C, Eglinton G, Marlowe I T, et al. 1986. Molecular stratigraphy: A new tool for climatic assessment. Nature, 320: 129-133

Broecker W S. 1982. Ocean chemistry during glacial time. Geochemica et Cosmochimica Acta, 46(10): 1689-1705

Broecker W S. 1992. Upset for Milankovitch theory. Nature, 359: 779-780

Broecker W S, Denton G H. 1990a. What drives glacial cycles? Scientific American, 262: 42-50

Broecker W S, Denton G H. 1990b. The role of ocean-atmosphere reorganization in glacial cycles. Quaternary Science Reviews, 9: 305-341

Broecker W S, Peng T H. 1982. Tracers in the Sea. 99. Eldigio press New York, http://221. 204. 254. 28/resource/ GZ/GZDL/new2/Dlbl/Qqbh/1797_SR. htm. 2010-10-24

Broecker W S, Bond G, Klas M, et al. 1990. A salt oscillator in the glacial Atlantic? 1. The concept: Paleoceanography. Paleoceanography, 5(4): 469-477

Broecker W, Bond G, Klas M, et al. 1992. Origin of the northern Atlantic's Heinrich events. Climate Dynamics, 6: 265-273

Campbell I, Campbell C, Apps M J, et al. 1998. Late Holocene approximately 1500 yr climatic periodicities and their implications. Geology, 26: 471-473

Cannariato K G, Kennett J P. 1999. Climatically related millennial-scale fluctuations in strength of California margin oxygen-minimum zone during the past 60 ka. Geology, 27: 975-978

Channell J E T, Sato T, Kanamatsu T, et al. 2004. North Atlantic climate. IODP Sci. Prosp. , 303/ 306. http://iodp. tamu. edu/ publications/ SP/ 303306SP306306SP. PDF

Channell J E T, Kanamatsu T, Sato T, et al. 2006. Proceedings of the Integrated Ocean Drilling Program, 303/306

Chappell J. 2002. Sea level changes triggered rapid climate shifts in the last glacial cycle: New results from coral terraces. Quaternary Science Reviews, 21: 1231-1242

Chave K E. 1954. Aspects of the biogeochemistry of magnesium: 1. Calcareous Marine Organisms. The Journal of Geology, 62(3): 266-283

Clarke F W, Wheeler W C. 1922. The inorganic constituents of marine invertebrates. USGS Prof Pap, 124: 55

Cléroux C, Cortijo E, Anand P , et al. 2008. Mg/Ca and Sr/Ca ratios in planktonic foraminifera: Proxies for upper water column temperature reconstruction. Paleoceanography, 23(3): PA3214.

Colin C, Turpin L, Bertaux J, et al. 1999. Erosional history of the Himalayan and Burman ranges during the last two glacial-interglacial cycles. Earth Planet Sci Lett, 171: 647-660

Craig H. 1965. Measurement of oxygen isotopic paleotemperatures//Tongiorgi E. Stable Isotopes in Oceanographic Studies and Paleotemperatures. Cons Naz Delle Ric, Spoleto, Italy, 161-182

Cronblad H G, Malmgren B A. 1981. Climatically controlled variation of strontium and magnesium in Quaternary planktonic foraminifera. Nature, 291: 61-64

Crowley T J. 1995. Ice age terrestrial carbon change revisited. Global Biogeochemistry Cycles, 9(3): 377-389

Cullen J L. 1981. Microfossil evidence for changing salinity patterns in the Bay of Bengal over the last 20 000 years. Palaeogeography Palaeoclimatology Palaeoecology, 35: 315-356

Dahl-Jensen D. 1985. Determination of the flow properties at Dye 3, South Greenland, by bore hole tilting measurements and perturbation modeling. J Glacial,31:92-98

Dansgaard W, Tauber H. 1969. Glacier oxygen-18 content and Pleistocene ocean temperatures. Science, 166: 499-502

Dansgaard W, Johnson S, Meller J, et al. 1969. One thousand centuries of climatic record from Camp Century on the Greenland ice sheet. Science,166:377-381

Dansgaard W, Johnsen S J, Clausen H B, et al. 1993. Evidence for general instability of past climate from a 250-kyr ice-core record. Nature,364:218-220

Dekens P S, Lea D W, Pak D K, et al. 2002. Core top calibration of Mg/Ca in tropical foraminifera: Refining paleo-temperature estimation. Geochem Geophys Geosyst,3(4):1-29

Delaney M L, Allan W H B, Boyle E A. 1985. Li, Sr, Mg, and Na in foraminifera calcite sheets form laboratory culture, sediment traps, and sediment cores. Geochimicaet Cosmochimica Acta,49:1327-1341

Demenocal P B. 2001. Cultural responses to climate change during the last late Holocene. Science,292:667-673

Demenocal P B, Ortiz J, Guiderson T, et al. 2000. Abrupt onset and termination of the Africa Humid period: rapid climate responses to gradual insolation forcing. Quaternary Science Reviews,19:347-361.

Dowdeswell J A, Maslin M A, Andrews J T, et al. 1995. Iceberg production, debris rafting, and the extent and thickness of Heinrich layers(H-1,H-2)in North Atlantic sediments. Geology,23:301-304

Dugam S S, Kakade S B, Verma R K. 1997. Interannual and long-term variability in the North Atlantic Oscillation and Indian Summer monsoon rainfall. Theor Appl Climato,58(1-2):21-29

Duplessy J C. 1978. Isotope Studies//Gribbin J. Climate Change. Cambrige University Press,46-67

Duplessy J C, Shackleton N J, Matthews R K, et al. 1984. $^{13}$C record of benthic foraminifera in the last interglacial ocean: implications for the carbon cycle and the global deep water circulation. Quaternary Research,21(2): 225-243

Duplessy J C, Labeyrie L, Juillet-Leclerc A, et al. 1991. Surface salinity reconstruction of the North Atlantic Ocean during the Last Glacial Maximum. Oceanolographic Acta,14:311-324

Duplessy J C, Labeyrie L, Juillet-Leclerc A, et al. 1992. A new method to reconstruct sea surface salinity: application to the North Atlantic Ocean during the Younger Dryas//Bard E, Broecker W S. The Last Deglaciation: Absolute and Radiocarbon Chronologies, NATOASI Series 1,2. Berlin: Springer-Verlag,201-217

Eggins S, Deckker P D, Marshall J. 2003. Mg/Ca variation in planktonic foraminifera tests: Implications for reconstructing palaeo-seawater temperature and habitat migration. Earth & Planetary Science Letters, 212: 291-306

Ehler J. 1996. Quaternary and Glacial Geology. London: John Wiley & Sons Ltd,1-578

Elderfield H, Ganssen G. 2000. Past temperature and $\delta^{18}$O of surface ocean waters inferred from foraminiferal Mg/Ca ratios. Nature,405:442-445

Emiliani C. 1955. Pleistocene temperature. Journal of Geology,63(6):538-578.

EPICA Community Members. 2004. Eight glacial cycles from an Antarctic ice core. Nature,429:623-628

EPICA Community Members. 2006. One-to-one hemispheric coup ling of millennial polar climate variability during the last glacial. Nature,444:195-198

Epstein S, Buchsbaum R, Lowenstam H A, et al. 1953. Revised carbonate-water isotopic temperature scale. Geological Society of America Bulletin,64: 1315-1326.

Erez J, Luz B. 1983. Experimental paleotemperature equation for planktonic foraminifera. Geochimica Et Cosmochimica Acta,47(6):1025-1031

Expedition Scientists. 2005. North Atlantic climate 2. IODP Prel Rept,306.

Fairbanks R G, Charles C D, Wright J D. 1992//Taylor R E. Origin of Meltwater Pulses, Radiocarbon after Four Decades, 473-500

Farge M. 1992. Wavelet transforms and their applications to trubulence. Ann Rev Fluid Mech, 24:395-457

Fleck R J. 1972. Chronology of late pliocene and early pleistocene glacial and magnetic events in southern argentina. Earth and Planetary Science Letters, 16:15-22

Flower B P, Oppo D W, McManus J F, et al. 2000. North Atlantic Intermediate to Deep Water circulation and chemical stratification during the past 1 Myr. Paleoceanography, 15(4):388-403

Fillon R H. 1972. Evidence from ross sea for widespread submarine erosion. Nature Physical Science, 238:40-42

Folk R L, Ward W C. 1957. Brazos river bar: A study in significance of grain size parameters. Journal of Sedimentary Petrology, 27(1):3-26

Friedman G M, Sanders J E. 1982. 沉积学原理. 徐怀大, 陆伟文译. 北京: 科学出版社

Ganssen G, Troelstra S R. 1987. Paleoenvironmental changes from stable isotopes in planktonic foraminifera from eastern Mediterranean sapropels. Marine Geology, 75:221- 230

Genty D, Blamart D, Ouahdi R, et al. 2003. Precise dating of Dansgaard-Oeschger climate oscillations in western Europe from stalagmite data. Nature, 421:833-837

Gerard B, William S, Maziet C, et al. 1997. A Pervasive Millennial-Scale Cycle in North Atlantic Holocene and Glacial Climates. Science, 278:1257-1266

Gingele F X, Deckker P D, Hillenbrand C D. 2001. Clay mineral distribution in surface sediments between Indonesia and NW Australia-source and transport by ocean currents. Marine Geology, 179:135-146

Giosan L, Flood R D, Griitzener J, et al. 2002. Paleoceanographic significance of sediment color on western North Atlantic drifts: II. Late Pliocene-Pleistocene sedimentation. Marine Geology, 189:43-61

Glasiter R P, Nelson H W. 1974. Grain size distributions and aid in facies identification. Bulletin of Canadian Petroleum Geology, 22(3):203-240

Gow A J. 1970. Antarctic ice sheet: stable isotope analyses of Byrd Station cores and interhemispheric climatic implications. Science, 168:1570-1572

Gow A J, Ueda H T, Garfield D E. 1968. Antarctic ice sheet: preliminary results of first core hole to bedrock. Science, 161:1011-1013

GRIP Project Members. 1993. Climate instability during the last interglacial period recorded in the GRIP ice core. Nature, 364:203-207

Groeneveld J, Chiessi C M. 2011. Mg/Ca of Globorotalia inflata as a recorder of permanent thermocline temperatures in the South Atlantic, Paleoceanography, 26:PA2203

Groger M, Henrich R, Bickert T. 2003. Glacial-interglacial variability in lower North Atlantic deep water: inference from silt grain-size analysis and carbonate preservation in the western equatorial Atlantic. Marine Geology, 201:321-332

Groots P M, Stuive M, White J W C, et al. 1993. Comparison of oxygen isotope records from the GRSP 2 and GRIP Greenland ice cores. Nature, 366:552-554

Han J M, Hus J J, Paepe R, et al. 1991. The Rock Magnetic Properties of the Malan and Lishi Formations in the Loess Plateau of China//Liu T S. Loess, Environment and Global Change, Beijing: Science Press, 30-47

Hansen B L, Langway C C Jr. 1966. Deep core drilling in ice and core analyses at Camp Century, Greenland, 1961 – 1966. Antarc J US, 10:207-208

Hastings D W, Russell A D, Emerson S R. 1998. Foraminiferal magnesium in *Globeriginoides sacculifer* as a paleo-temperature proxy. Paleoceanography, 13(2):161-169

Hays J D, Imbrie J, Shackleton N J. 1976. Variations in the Earths orbit: Pacemaker of the ice age. Science, 194: 1121-1132

Heinrich H. 1988. Origin and consequence of cyclic ice-rafting in the Northeast Atlantic Ocean during the past 130,000 years. Quaternary Research, 29(1): 142-152

Heinrich H. 1992. Origin and consequences of cyclic ice rafting into the North Atlantic ocean during the last glacial period. Nature, 360: 245-249

Heller F, Liu T S. 1982. Magnetostratigraphical dating of loess deposits in China. Nature, 300: 431-433

Heller F, Liu T S. 1984. Magnetism of China loess deposits. Geophysical Journal of the Royal Astronomical Society, 77: 125-141

Heller F, Liu T S. 1986. Palaeoclimatic and sedimentary history from magnetic susceptibility of loess in China. Geophysical Research Letters, 13: 1169-1172

Howard W R, Prell W L, 1992. Late Quaternary surface circulation of the southern Indian ocean and its relationship of the orbital variations. Paleoceanography, 7: 79-117

Huang N E, Shen Z, Long S R, et al. 1998. The empirical mode decomposition and the Hilbert spect rum for nonlinear and Non-Stationary time series analysis. Physical and Engineering Sciences, 454: 899-995

Huang N E, Shen Z, Long S R. 1999. A new view of nonlinear waterwaves: the Hilbert spectrum. Annual Review of Fluid Mechanics, 31: 417-457

Hurrell J W. 1995. Decadal trends in the North Atlantic Oscillation: regional temperatures and precipitation. Science, 269: 676-679

Hurrell J W. 1996. Influence of Variations in Extratropical Wintertime Teleconnections on Northern Hemisphere. Geophysical Research Letters, 23: 665-668

Hutson W H. 1980. The Agulhas Current during the late Pleistocene: Analysis of modern faunal analogs. Science, 207: 64-66

Imbrie J. 1982. Astronomical theory of the Pleistocene ice ages: A brief historical review. Icarus, 50: 408-422

Imbrie J, Imbrie K P. 1979. Ice Ages: Solving the Mystery. London: MacMillan, 1-224

Imbrie J, Kipp N G. 1971. A new micropaleontological method for quantitative paleoclimatology: Application to a late Pleistocene Caribean core//Turekian K K. The late Cenozoic GlacialAges. New Haven, Conn: Yale University Press, 71-181

Imbrie J, Van Donk J, Kipp N G. 1973. Palaeoclimatic investigations of a late Pleistocene Caribbean deep-sea core: comparisons of isotopic and faunal methods. Quaternary Research, 3: 10-38

Imbrie J, Hays J D, Martinson D, et al. 1984. The orbital theory of Pleistocene climate: support from revised chronology of the marine $^{18}$O record//Berger A, Imbrie J, Hays J D, et al. Milankovitch and Climate. D. Reidel Publishing Company, 269-305

Irino T, Tada R. 2000. Quantification of aeolian dust(Kosa) contribution to the Japan Sea sediments and its variation during the last 200 ky. Geochemical Journal, 34: 59-93

Jamstec. 1994. What is the Ocean Drilling in 21st Century (OD21)? http://www. jamstec. go. jp/jamstec-e/odinfo/iodp_top. html

Jan P H, Michael S, Henning A. 2002. Bauch. Sediment-Color Record from the Northeast Atlantic Reveals Patterns of Millennial-Scale Climate Variability during the Past 500,000 Years. Quaternary Research, 57: 49-57

Jian Z, Wang L, Kienast M, et al. 1999. Benthic foraminiferal paleoceanography of the South China Sea over the last 40 000 years. Marine Geology, 156: 159-186

Johnsen S J, Clausen H B, Dansgaard W, et al. 1992. Irregular glacial interstadials recorded in a new Greenland ice core. Nature,359:311-313

Jones N. 2007. Polar research:Buried treasure. Nature,446:126-128

Jouzel J,Masson-Delmotte V,Cattani O,et al. 2007. Orbital and millennial Antarctic climate variability over the last 800 000 years. Science,317:793-796

Lowe J J,Walker M J C. 2010. 第四纪环境演变(第二版). 沈吉,于革,吴敬禄,等译. 北京:科学出版社,1-508

Kawamura K,Parrenin F,Uemura R,et al. 2006. Northern Hemisphere forcing of climatic cycles over the past 360 000 years imp lied by accurately dated Antarctic ice cores. Nature,448:912-916

Keigwin L D,Rio D,Acton G D,et al. 1998. Northwest Atlantic sediment drifts. Proc ODP Sci Init Rep,172:33-76.

Kennett J P,Peterson L C. 2002. Rapid climate change:Ocean responses to earth system instability in the late Quaternary. JOIDES Journal,28(1):5-9

Kipp N G. 1976. New transfer function for estimating past seasurface conditions from sea bed distribution of planktonic foraminiferal assemblages in the North Atlantic. Geological Society of America Memoirs,145:3-41

Kissel C,Laj C,Labeyrie L,et al. 1999. Rapid climatic variations during marine isotopic stage 3:magnetic analysis of sediments from Nordic Seas and North Atlantic. Earth Planet Sci Lett,171:489-502

Kleiven H F,Jansen E,Curry W B,et al. 2003. Atlantic Ocean thermohaline circulation changes on orbital to suborbital timescales during the mid-Pleistocene. Paleoceanography,18(1):10. 1029/2001PA000629

KoutavasA,Lynch-Stieglitz J,Marchitto TM J,et al. 2002. Deglacial and Holocene climate record from the Galapagos islands:El Niño linked to Ice age climate. Science,297(5579):226-230

Kroopnick P M. 1985. The distribution of $^{13}C$ of $\Sigma CO_2$ in the world oceans. Deep Sea Research,32(1):57-84

Larrasoana J,Roberts A P,Rohling E J. 2008. Magnetic susceptibility of Mediterranean marine sediments as a proxy for Saharan dust supply? Marine Geology,254:224-229

Lea D W. 2003. Elemental and Isotopic Proxies of Marine Temperatures//Elderfield H. The Oceans and Marine Geochemistry. Vol. 6 Treatise on Geochemistry. Oxford:Elsevier-Pergamon,365-390

Lea D W,Mashiotta T A,Spero H J. 1999. Controls on magnesium and strontium up take in planktonic foraminifera determined by live culturing. Geochimica et Cosmochimica Acta,63(16):2369-2379

Lea D W,Pak D K,Spero H J. 2000. Climate Impact of Late Quaternary Equatorial Pacific Sea Surface Temperature Variations Mg-Ca. Science,289:1719-1724

Lea D W,Pak D K,Peterson L C,et al. 2003. Synchroneity of tropical and high-latitude Atlantic temperatures over the last glacial termination. Science,301:1361-1364

Lear C H,Elderfield H,Wilson P A. 2000. Cenozoic deep sea temperatures and global ice volumes from Mg/Ca in benthic foraminiferal calcite. Science,287:269-272

Li T,Liu Z,Hall M A,et al. 2001. Heinrich event imprints in the Okinawa Trough:evidence from oxygen isotope and planktonic foraminifera. Palaeogeography Palaeoclimatology Palaeoecology,176:133-146

Lin D C,Liu C H,Fang T H,et al. 2006, Millennial-scale changes in terrestrial sediment input and Holocene surface hydrography in the northern South China Sea(IMAGE MD972146). Palaeogeography Palaeoclimatology Palaeoecology,236:56-73

Lisiecki L E,Raymo M E. 2005. A Pliocene-Pleistocene stack of 57 globally distributed benthic $\delta^{18}O$ records. Paleoceanography,20:PA1003

Liu J,Saito Y,Wang H,et al. 2007. Sedimentary evolution of the Holocene subaqueous clinoform off the Shandong Peninsula in the Yellow Sea. Marine Geology,236:165-187

Liu T S,Ding Z L,Yu Z W,et al. 1993. Susceptibility time series of the Baoji section and the bearings on paleoclimatic periodicities in the last 2. 5Ma. Quaternary International,17:33-48

Liu X M, Liu T S, Xu T C, et al. 1987. A preliminary study on magnetostratigraphy of a loess profile in Xifeng area, Gansu Province//Liu T S. Aspects of Loess Research. Beijing: China Ocean Press, 164-174

Liu Z, Trentesaux A, Clemens S C, et al. 2003. Clay mineral assemblages in the northern South China Sea: implications for East Asian monsoon evolution over the past 2 million years. Marine Geology, 201: 133-146

Long S R, Lai R J, Huang N E, et al. 1993. Blocking and trapping of waves in an inhomogeneous flow. Dynamics of Atmospheres and Oceans, 20: 79-106

Lorius C, Jouzel J, Ritz C, et al. 1985. A 150 000 year climatic record from Antarctic ice. Nature, 316 (6029): 591-596

Lorius C, Merlivat L, Jouzel J. 1989. A 30 000 years isotope climatic record from Antarctic ice. Nature, 280: 644-648

Mackensen A, Bickert T. 1999. Stable carbon isotopes in benthic foraminifera: proxies for deep and bottom water circulation and New production//Fischer G, Wefer G. Use of Proxies in Paleoceanography: Examples from the South Atlantic. Berlin Heidelberg: Springer-Berlag, 229-254

MacLachlan S E, Cottier F R, Austin W E N, et al. 2007. The salinity: $\delta^{18}$ O water relationship in Kongsfjorden, western Spitsbergen. Polar Research, 26(2): 160-167

Magny M, Beaulieu J L D, Drescher-Schneider R, et al. 2007. Holocene climate changes in the central Mediterranean as recorded by lake-level fluctuations at Lake Accesa (Tuscany, Italy). Quaternary Science Reviews, 26: 1736-1758

Manabe S, Stouffer R J. 1994. Multiple-century response of a coupled oceanatmosphere model to an increase of atmospheric carbon dioxide. Journal of Climate, 7: 5-23

Marcus R, Silke S, Dirk N, et al. 2009. Calibrating Mg/Ca ratios of multiple planktonic foraminiferal species with $\delta^{18}$ O calcification temperatures: Paleothermometry for the upper water column. Earth and Planetary Science Letters. 278: 324-336

Martin P A, Lea D W, Rosenthal Y, et al. 2002. Quaternary deep sea temperature histories derived from benthic foraminiferal Mg/Ca. Earth and Planetary Science Letter, 198: 193-209

Martinson D G, Pisias W G, Hays J D, et al. 1987. Age dating and the orbital theory of the ice age development of a high resolution to 300,000 year chronostratigraphy. Quaternary Research, 27(1): 1-29

Mashiotta T A, Lea D W, Spero H J. 1999. Glacial-interglacial changes in Subantarctic sea surface temperature and δ18O-water using foraminiferal Mg. Earth and Planetary Science Letters, 170(4), 417-432

Maxwell A E. 1993. An abridged history of deep ocean drilling. Oceanus, 36(4): 8-12

Mazzullo J M, Meyer A, Kidd R B. 1988. New sediment classification scheme for the Ocean Drilling Program// Mazzullo J M, Graham A G. Handbook for shipboard sedimentologists. ODP Tech Note, 8: 45-67

Mccave I N, Bianchi G G. 1999. Holocene periodicity in North Atlantic climate and deep-ocean flow south of Iceland. Nature, 397: 515-517

McConnell M C, Thunell R C. 2005. Calibration of the planktonic foramini-feral Mg/Ca paleothermometer: sediment trap results from the Guaymas Basin, Gulf of California. Paleoceanography, 20 (2). DOI 10. 1029/2004PA001077.

McManus J F, Oppo D W, Cullen J L. 1999. A 0.5 million year record of millennial-scale climate variability in the North Atlantic. Science, 283: 971-975

Menzies J. 2002. Modern & Past Glacial Environments. Oxford: Buttenworth-Heinemann, 1-543

Milankovitch M M. 1941. Kanon der Erdbestrahlung, Beograd. Koningglich Serbische Akademie, 484

Mix A C, Harris S E, Janecek T R, et al. 1995. Estimating lithology from nonintrusive reflectance spectral: Leg 138//Pisias N G, Mayer L A, Janecek I R, et al. Proceedings of the ocean drilling program. Scien-tific Results,

138:413-427

Mulitza S,Arz H,Kemlevon M S,et al. 1999. The South Atlantic carbon isotope record of planktonic foraminifera// Fischer G. ,Wefer G. Use of proxies in the paleoceanography:Examples from the South Atlantic. Berlin:Springer-Verlag,417-445

Mulitza S,Durkoop A,Hal E W,et al. 1997. Planktonic foraminifera as recorders of past surface-water temperature. Geology,25:335-338

Müller P J,Kirst G,et al. 1998. Calibration of the alkenone paleotemperature index $U_{37}^{K'}$ based on core-tops from the eastern South Atlantic and the global ocean ( 60° N – 60° S). Geochimica et Cosmochimica Acta, 62 ( 10 ): 1757-1772

Nature. 2006. China set to drill for Antarctica's oldest ice. Nature,444:255

Nurnberg D,Mueller A,Schneider R R. 2000. Paleo-sea surface temperature calculations in the Equatorial East Atlantic from Mg/Ca ratios in planktic Foramimifera;a comparison to sea surface temperature estimates from $U_{37}^{K'}$, oxygen isotopes,and foraminiferal transfer function. Paleoceanography,15(1):124-134

Nürnberg D. 1995. Magnesium in tests of *Neogloboquadrina pachyderma* sinistral from high Northern and Southern latitudes. Journal of Foraminiferal Research,25(4):350-368

Nürnberg D,Bijma J,Hemleben C. 1996. Assessing the reliability of magnesium in foraminiferal calcite as a proxy for water mass temperatures. Geochimica et Cosmochimica Acta,60(5):803-814

Oldfield F,Hunt A,Jones M D H,et al. 1985. Magnetic differentiation of atmospheric dusts. Nature,317:516-518

Oppo D W,Lehman S J. 1995. Suborbital timescale variability of North Atlantic Deep Water during the past 200000 years. Paleoceanography,10:901-910

Oppo D W,Sun Y. 2005. Amplitude and timing of sea-surface temperature change in the northern South China Sea: Dynamic link to the East Asian monsoon. Geology,33(10):785-788

Oppo D W,McManus J F,Cullen J L. 1998. Abrupt climate events 500,000 to 34,000 years ago:evidence from subpolar North Atlantic sediments. Science,277:1867-1870

Oppo D W,Linsley B K,Rosenthal Y,et al. 2003. Orbital and suborbital climate variability in the Sulu Sea,western tropical Pacific. Geochemistry Geophysics Geosystems,4(1):1003

Ortiz J D,Mix A C. 1997. Comparison of Imbrie-Kipp transfer function and modern analog temperature estimates using sediment trap and core top foraminiferal faunas. Paleoceanography,12(2):175-190

Ortiz J,Mix A,Harris S,et al. 1999. Diffuse spectral reflectance as a proxy for percent carbonate content in North Atlantic sediments. Paleoceanography,14:171-186

O'Brien S R,Mayewski P A,Meeker L D,et al. 1995. Complesity of Holocene climate as reconstructed from a Greenland ice core. Science,270:1962-1964

Patience A J,Kroon D. 1991. Oxygen isotope chronostratigraphy//Smart P L,Francis P D. Quaternary Dating Methods: A User's Guide. Quaternary Research Association,Cambridge,199-228

Penk A,Bruckner E. 1909. Dieaipen im Eiszeitalter Bd1-3,Chr. -Herm. Tauchnitz. Leipzig,1199

Petit J R,Jouzel J,Raynaud D,et al. 1999. Climate and atmospheric history of the past 420,000 years from the Vostok ice core,Antarctica. Nature,399:429-436

Petschick R,Kuhn G,Gingele F. 1996. Clay mineral distribution in surface sediments of the South Atlantic:sources, transport,and relation to oceanography. Marine Geology,130:203-229

Porter S C,An Z S. 1995. Correlation between climate events in the North Atlantic and China during the last glaciation. Nature,375:305-308

Prahl F G,Wakeham S G. 1987. Calibration of unsaturated patterns in long-chain ketone compositions for paleotemperature assessment. Nature,330:367-369

Prell W L. 1985. The stability of low-latitude sea-surface temperatures: An evaluation of the CLIMAP reconstruction with emphasis on the positive SST anomalies. Rep. TR025, U. S. Dep. of Energy, Washington D. C. ,1-60

Prins M A, Postma G, Weltje G. 2000. Controls on the terrigenous sediment supply to the Arabian Sea during the late Quaternary: The Makran continental slope. Marine Geology,169:351-371

Rahn K A, Borys R D, Shaw G E. 1981. Asian desert dust over Alaska: Anatomy of Arctic haze episode. Geological Society of America,186:37-70

Raymo M E. 1999. Appendix. New insights into Earths history: an introduction to Leg 162 postcruise research published in journals//Raymo M E, Jansen E, Blum P, et al. Proc. ODP, Sci. Results, 162: College Station, TX ( Ocean Drilling Program) ,273-275

Raymo M E, Ruddiman W F. 2004. DSDP Site 607 Isotope Data and Age Models, IGBP PAGES/World Data Center for Paleoclimatology Data Contribution Series #2004-010. NOAA/NGDC Paleoclimatology Program, Boulder, CO, USA

Raymo M E, Ruddiman W F, Backman J, et al. 1989. Late Pliocene variation in Northern Hemisphere ice sheets and North Atlantic deep circulation. Paleoceanography,4:413-446

Raymo M E, Ganley K, Carter S, et al. 1998. Millennial-scale climate instability during the early Pleistocene epoch. Nature,392:699-702

Raymo M E, Oppo D W, Flower B P, et al. 2004. Stability of North Atlantic water masses in face of pronounced climate variability during the Pleistocene. Paleoceanography,19

Rea D K, Snoeckx H, Joseph L H. 1998. Late Cenozoic eolian deposition in North Pacific: Asian drying, Tibetan uplift and cooling of the Northern Hemisphere. Paleoceanography,13:215-224

Rehman A. 1995. A Reworked nannofossils in the North Atlantic Ocean and subpolar basins: Implications for Heinrich events and ocean circulation. Geology,23:487-490

Riser J A M. 2002. Quaternary Geology and the Environment. Springer and Praxis Publishing, Chiehester, UK,1-290

Robinson S G. 1986. The late Pleistocene palaeoclimatic record of North Atlantic deep-sea sediments revealed by mineral magnetic measurements. Physics of the Earth and Planetary Interiors,42:22-57

Robinson S G, Oldfield F. 2000. Early diagenesis in North Atlantic abyssal p lain sediments characterized by rock-magnetic and geochemical indices. Marine Geology,163:77-107

Rohling E J, Grant K, Hemleben C, et al. 2008. New constraints on the timing of sea level fluctuations during early to middle marine isotope stage 3. Paleoceanography,23: PA3219

Rosenthal Y, Oppo D W, Linsley B K. 2003. The amplitude and phasing of climate change during the last deglaciation in the Sulu Sea, western equatorial Pacific. Geophysical Research Letters,30(8):1428

Rosenthal Y, Boyle E A, Slowey N. 1997. Temperature control on the incorporation of Mg, Sr, F and Cd into benthic foraminiferal shells from Little Bahama Bank: Prospects for thermocline paleoceanography. Geochimica et Cosmochimica Acta,61(17):3633-3643

Rostek F, Ruhland G, Bassinot F, et al. 1993. Reconstructing sea surface temperature and salinity using delta$^{18}$O and alkenone records. Nature,364:319-321

RuddimanW F, Raymo M, Mcintyre A. 1986. Matuyama 41,000 year cycles: North Atlantic Ocean and northern hemisphere ice sheets. Earth and Planetary Science Letters,80(1-2):117-129

Ruddiman W F, Raymo M E, Mantinson D G, et al. 1989. Pleistocene evolution: Northern Hemisphereice Sheets and North Atlantic Ocean. Paleooceanography,4:453-462

Russell A D, Emerson S, Nelson B K, et al. 1994. Uranium in foraminiferal calcite as a recorder of seawater uranium concentrations. Geochimica et Cosmochimica Acta,58(2):671-681

Sarnthein M,Winn K,Duplessy J C,et al. 1988. Global variations and surface ocean productivity in low and mid latitude: Influence on $CO_2$ reservoirs of deep ocean and atmosphere during the last 21,000 years. Paleoceanography,3(3):361-399

Sarnthein M,Winn K,Jung S J A,et al. 1994. Changes in the east Atlantic deepwater circulation over the last 30,000 years:eight time slice reconstructions. Paleoceanography,9(2):209-267

Sarnthein M, Kennett J P, Allen J, et al. 2002. Decadal-to-millennial-scale climate variability-chronology and mechanisms:Summary and recommendations. Quaternary Science Reviews,21:1121-1128

Savin S M,Douglas R G. 1973. Stable isotope and magnesium geochemistry of recent planktonic foraminifera from the south Pacific. Geological Society of America Bulletin,84:2327-2342

Savin S M, Yeh H W. 1981. Stable isotopes in ocean sediments, in The Sea, vol. 7// Cesare E. The Oceanic Lithosphere. Hoboken,New Jersey:John Wiley,1521-1554

Schulz H,Vonrab U,Erlenkeuser H. 1998. Correlation between Arabian Sea and Greenland climate oscillation of the past 110 000 years. Nature,393:54-57

Sepulcre S,Vidal L,Tachikawa K,et al. 2011. Sea-surface salinity variations in the northern Caribbean Sea across the Mid-Pleistocene Transition. Climate of the Past,7(1):75-90

Shackleton N J. 1967. Oxygen isotope analyses and Pleistocene temperatures re-assessed. Nature,215:15-17

Shackleton N J. 1987. Oxygen isotopes,ice volume and sea level. Quaternary Science Reviews,6:183-190

Shackleton N J,Opdyke N D. 1977. Oxygen Isotope and Paleomagnetic Evidence for Early Northern Hemisphere Glaciation. Nature,307:216-219

Shackleton N J,Pisias N G. 1985. Atmospheric carbon dioxide,orbital forcing and climate//Sundquist E T,Broecker W S. The Carbon Cyle and Atmospheric $CO_2$: Natural Variations Archean to Present American Geophysical Union,Geophysical Monograph,32:303-317

Shackelton N J, Imbrie J, Hall M A. 1983. Oxygen and carbon isotope record of East Pacific Core V19-30: Implications for the formation of deep water in the late Pleistocene. Earth and Planetary Science letters,65: 233-244

Shackleton N J,Backman J,Zimmerman H,et al. 1984. Oxygen isotope calibration of the onset of ice-rafting and history of glaciation in the North Atlantic region. Nature,307:620-623

Shackleton N J, Berger A, Peltier W R. 1990. An alternative astronomical calibration of the lower Pleistocene timescale based on ODP sit 677. Transactions of the Royal society of Edinburgh,81:251-261

Shackleton N J,Le J,Mix A,et al. 1992. Carbon isotope records from Pacific surface waters and atmospheric carbon dioxide. Quaternary Science Reviews,11:387-400

Shackleton N. 1974. Attainment of isotopic equilibrium between ocean water and the benthic foraminifera genus Uvigerina:Isotopic changes in the ocean during the last glacial//Labeyrie L. Les methodes quantitatives detude des variation du climat au cours du Pleistocene. CNRS,Paris,219:203-209

Shackleton N. 1996. Timescale Calibration,ODP 677. IGBP PAGES/World Data Center-A for Paleoclimatology Data Contribution Series # 96-018. NOAA/NGDC Paleoclimatology Program,Boulder CO,USA

Shen J,Liu X,Wang S,et al. 2005. Palaeoclimatic changes in the Qinghai Lake area during the last 18,000 years. Quaternary International,136:131-140

Shevenell A E,Kennett J P,Lea D W. 2004. Middle Miocene Southern Ocean cooling and Antarctic cryosphere expansion. Science,305(5691):1766-1770

Shipboard Scientific Party. 2002. ODP Leg 201 Preliminary Report. Texas:Texas A & M University

Sikes E L, Volkman J K. 1993. Calibration of alkenone unsaturation ratios ($U_{37}^k$) for paleotemperature estimation in cold polar waters. Geochimica et Cosmochimica Acta, 57(8):1883-1889

Sirocko F, Garbe-Schonberg D, Mcintyre A, et al. 1996. Teleconnection between the subtropic monsoon and high-latitude climate during the last deglaciation. Science, 272:526-529

Snowball I, Zillen L, Gaillard M J. 2002. Rapid early-Holocene environmental changes in northern Sweden based on studies of two varved lake-sediment sequences. The Holocene, 12(1):7-16

Sosdian S, Rosenthal Y. 2009. Deep-sea temperature and ice volume changes across the Pliocene-Pleistocene climate transitions. Science, 325:306-310

Spero H J. 1992. Do planktonic foraminifera accurately record shifts in the carbon isotopic composition of sea water $\Sigma CO_2$? Marine Micropaleontology, 19:275-285

Steph S, Tiedemann R, Groeneveld J, et al. 2006. Pliocene changes in tropical East Pacific Upper Ocean stratification: response to tropical gateways? //Tiedemann R, Mix A C, Richter C, et al. Proc ODP, Sci Results, vol. 202 of 68. Ocean Drilling Program, College Station, TX, 1-51

Stocker T F, Schmittner A. 1997. Rate of global warming determines the stability of the ocean-atmosphere system. Nature, 388:862-865

Sun D, Bloemendal J, Rea D K, et al. 2002. Grain-size distribution function of polymodal sediments in hydraulic and Aeolian environments, and numerical partitioning of the sedimentary components. Sedimentary Geology, 152:263-277

Sun Y B, Lu H Y, An Z S. 2006. Grain size of loess, palaeosol and Red Clay deposits on the Chinese Loess Plateau: Significance for understanding pedogenic alteration and palaeomonsoon evolution. Palaeogeography Palaeoclimatology Palaeoecology, 241:129-138

Syvitski J PM. 1991. Factor analysis of size frequency distributions: Significance of factor solutions based on simulation experiments//Syvitski J PM. Principles, Methods, and Application of Particle Size Analysis. Cambridge: Cambridge University Press, 249-263

Tada R, Irino T, Koizumi I. 1999. Land-ocean linkages over orbital and millennial timescales recorded in late Quaternary sediment of the Japan Sea. Paleoceanography, 14:236-247

Tamburini F, Adatte T, Fllmi K, et al. 2003. Investigating the history of East Asian monsoon and climate during the last glacial-interglacial period(0-140 000 years): mineralogy and geochemistry of ODP Sites 1143 and 1144, South China Sea. Marine Geology, 201:147-168

Taylor K C, Hammer C U, Alley R B, et al. 1993. Electrical conductivity measurements from the GISP2 and GRIP Greenland ice cores. Nature, 366:549-552

Thompson L G, Yao T E. 2000. A High-Resolution Millennial Record of the South Asian Monsoon from Himalayan Ice Cores. Science, 289:1916-1191

Thompson L G, Yao T, Davis M E, et al. 1997. Tropical climate instability: the last glacial cycle from Qinghai-Tibetan Plateau. Science, 276:1821-1825

Thunell R C, Miao Q, Calvert S E, et al. 1992. Glacial-Holocene biogenic sedimentation patterns in the South China Sea: Productivity variations and surface water $p$ CO_2. Paleoceanography, 7(2):143-162

Thunell R C, Mortyn P G. 1995. Glacial climate instability in the Northeast Pacific Ocean. Nature, 373:504-506

Tian J, Pak D K, Wang P X, et al. 2006. Late Pliocene monsoon linkage in the tropical South China Sea. Earth and Planetary Science Letters, 252(1-2):72-81

Tiedemann R, Haug G H. 1995. Astronomical calibration of cycle. stratigraphy for Site 882 in the northwest Pacific//Rea D K, Basov l A, Scholl D W, et al. Sci Program Drill Ocean, 145: College Station, TX (Ocean

Drilling Program),283-292

Ulrich C M,Stefan K,Mebus A G,et al. 2005. Cyclic climate fluctuations during the last interglacial in central Europe. Geology,33(6):449-452

Urey H C. 1947. Thermodynamic properties of isotopic substances. Journal of the Chemical Society,562

Wan S,Li A,Clift P D,et al. 2007. Development of the East Asian monsoon:Mineralogical and sedimentologic records in the northern South China Sea since 20 Ma. Palaeogeography Palaeoclimatology Palaeoecology,254: 561-582

Wang L,Sarnthein M,Duplessy J C,et al. 1995. Paleo sea surface salinities in the low-latitude Atlantic:The$\delta^{18}$O record of Globigerinoides ruber(white). Paleoceanography,10(4):749-761

Wang L,Sarnthein M,Erlenkeuser H,et al. 1999. East Asian monsoon climate during the late Pleistocene:High-resolution sediment records from the south China sea. Marine Geology,156(3/4):245-284

Wang P,Prell W L,Blum P,et al. 2000. Proc. ODP Init Repts,V184,College Station TX,Ocean Drilling Program. Texas:Publication Centre,University of Texas,1-77

Wang P,Wang L,Bian Y,et al. 1995. Late Quaternary paleoceanography of the South China Sea:surface circulation and carbonate cycles. Marine Geology,127:145-165

Wang P X,Tian J,Chen X R,et al. 2003. Carbon reservoir change preceded major ice-sheets expansion at Mid-Brunhes Event. Geology,31:239-242

Wang P X,Tian J,Chen X R,et al. 2004. Major Pleistocene stages in a carbon perspective:The South China Sea record and its global comparison. Paleoceanography,19(4):PA4005

Wang Y J,Cheng H,Edward R L,et al. 2001. A high-resolution absolute-dated late Pleistocene monsoon record from Hulu Cave. China Science,294:2245-2248

Wang Z. 2005. Two climatic states and feedbacks on thermohaline circulation in an earth system model of intermediate complexity. Climate Dynamics,25:299-314

Watanabe O,Jouzel J,Johnsen S,et al. 2003. Homogeneous climate variability across East Antarctica over the past three glacial cycles. Nature,422:509-512

Williams D F,Thunell R C,Tappa E,et al. 1988. Chronology of the oxygen isotope record,0-1. 88 million years before present. Palaeogeography Palaeoclimatology Palaeoecology,64:221-240

Wünnemann B, Mischke S, Chen F. 2006. A Holocene sedimentary record from Bosten Lake, China. Palaeogeography Palaeoclimatology Palaeoecology,234:223-238

Xiao J L,Porter S C,An Z S,et al. 1995. Grain size of quartz as an indicator of winter monsoon strength on the Loess Plateau of central China during the last 130,000 yr. Quaternary Research,43:22-29

Xiao J L,Inouchi Y,Kumai H,et al. 1997. Eolian quartz flux to lake Biwa,Central Japan,over the past 145,000 years. Quaternary research,48:48-57

Xiao S,Li A,Liu P,et al. 2006. Coherence between solar activity and the East Asian winter monsoon variability in the past 8000 years from Yangtze River-derived mud in the East China Sea. Palaeogeography Palaeoclimatology Palaeoecology,237:293-304

Yao T D,Thompson L G. 1992. Trends and features of climatic changes in the past 5000 years recorded by the Dunde ice core. Annals of Glaciology,16:21-24

Yao T D,Xie Z C,Yang Q Z,et al. 1991. Temperature and precipitation fluctuations since 1600 A. D. provided by the Dunde Ice Cap,China. IAHS Publ,208: 61-70.

Yao T D,Pu J C,Wang N L,et al. 1999. A new type of ice formation zone found in the Himalayas. Chinese Science Bulletin,44(5):469-473

Yeh T, Fu C. 1985. Climatic change—a global and multidisciplinary themes//Malone T F, Poblenes J G. Global Change. The Proceedings of A Symposium Sponsored by the ICSU, Canada: Cambrige University Press, 27-146

Yu Z W, Ding Z L. 1998. An automatic orbital tuning method for paleoclimate records. Geophysical Research Letters, 25(24):4525- 4528

Zachos J. 2001. Trends, rhythms, and aberrations in global climate 65 Ma to present. Science, 292:686-693

Zhang F, Davis C A, Kaplan M L, et al. 2001. Wavelet analysis and the governing dynamics of a large amplitude mesoscale gravity wave event along the East Coast of the United States. Quarterly Journal of Royal Metrological Society, 127:2209-2245

# 彩　图

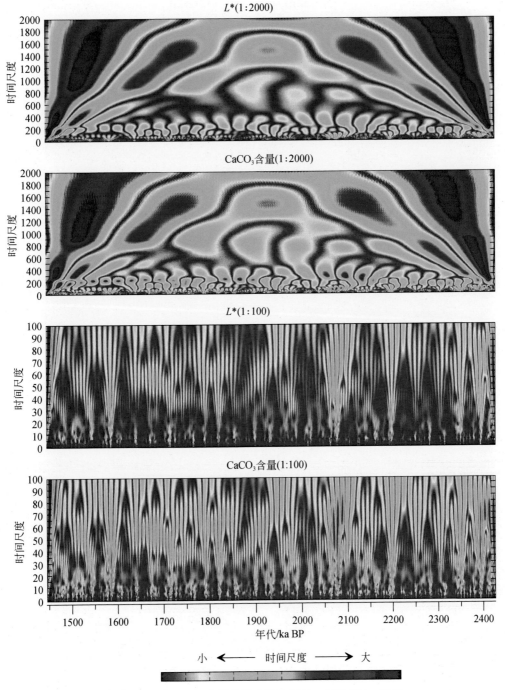

彩图 1　$L^*$ 和 CaCO$_3$ 含量连续小波分析（1∶2000 和 1∶100）

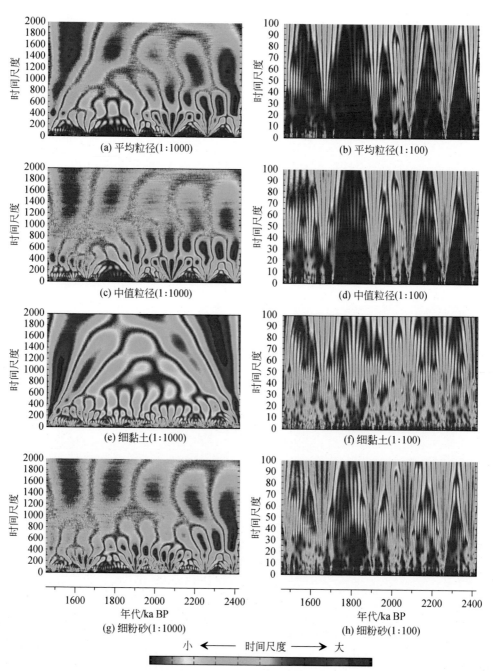

彩图 2　中值粒径、平均粒径、细黏土和细粉砂小波分析图

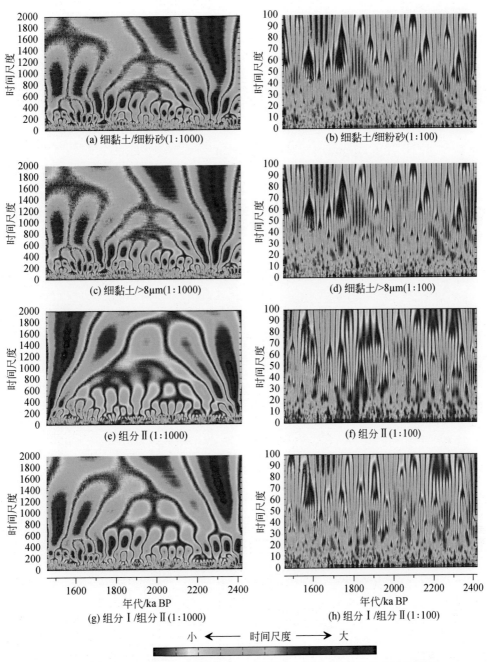

(a) 细黏土/细粉砂(1:1000)

(b) 细黏土/细粉砂(1:100)

(c) 细黏土/>8μm(1:1000)

(d) 细黏土/>8μm(1:100)

(e) 组分Ⅱ(1:1000)

(f) 组分Ⅱ(1:100)

(g) 组分Ⅰ/组分Ⅱ(1:1000)

(h) 组分Ⅰ/组分Ⅱ(1:100)

小 ←── 时间尺度 ──→ 大

彩图3 细黏土/细粉砂、细黏土/>8μm、组分Ⅱ和组分Ⅰ/组分Ⅱ小波分析图

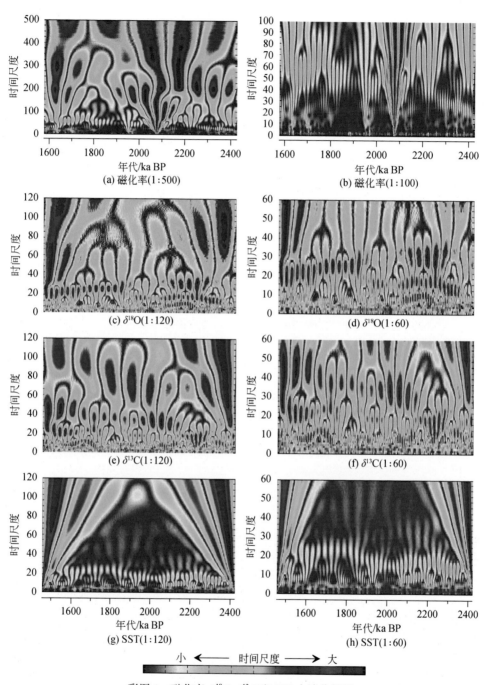

彩图4 磁化率、$\delta^{18}O$、$\delta^{13}C$ 和 SST 小波分析图